新型工业化·新计算·计算机应用与技术类系列

U0217940

COMPUTER APPLICATION

Python
大学教程

第2版

（微课视频版）

吕云翔　赵天宇　李根　刘谕笑眉／编著

 扫一扫书中二维码
观看本书配套资源

 新形态·立体化
精品系列

电子工业出版社
Publishing House of Electronics Industry
北京·BEIJING

内 容 简 介

本书介绍使用 Python 进行程序设计的方法及应用。全书共 14 章，分为 3 部分。第 1 部分为基础篇（第 1～5 章），主要介绍 Python 的基础语法，包括 Python 概述、Python 基本概念、Python 控制结构、函数和 Python 数据结构。第 2 部分为进阶篇（第 6～10 章），主要介绍 Python 的一些高级特性和功能，包括模块、字符串与正则表达式、面向对象编程、异常处理和文件处理。第 3 部分为应用篇（第 11～14 章），主要介绍 Python 在某些领域的应用方法，包括使用 Python 进行 GUI 开发、使用 Python 进行数据管理、使用 Python 进行 Web 开发和使用 Python 进行多任务编程。

本书可以作为高等学校计算机程序设计课程的教材，也可以作为社会各类工程技术与科研人员的参考书。

图书在版编目（C I P）数据

Python 大学教程 ：微课视频版 / 吕云翔等编著. --
2 版. -- 北京 ：电子工业出版社，2025.3
ISBN 978-7-121-47356-2

Ⅰ．①P… Ⅱ．①吕… Ⅲ．①软件工具－程序设计－高等学校－教材 Ⅳ．①TP311.561

中国国家版本馆 CIP 数据核字（2024）第 043430 号

责任编辑：戴晨辰
印　　刷：三河市龙林印务有限公司
装　　订：三河市龙林印务有限公司
出版发行：电子工业出版社
　　　　　北京市海淀区万寿路 173 信箱　　　邮编：100036
开　　本：787×1092　　1/16　　印张：16.5　　字数：423 千字
版　　次：2017 年 9 月第 1 版
　　　　　2025 年 3 月第 2 版
印　　次：2025 年 3 月第 1 次印刷
定　　价：59.90 元

凡所购买电子工业出版社图书有缺损问题，请向购买书店调换。若书店售缺，请与本社发行部联系，联系及邮购电话：（010）88254888，88258888。

质量投诉请发邮件至 zlts@phei.com.cn，盗版侵权举报请发邮件至 dbqq@phei.com.cn。

本书咨询联系方式：dcc@phei.com.cn。

前　言

党的二十大报告明确指出，全党要把青年工作作为战略性工作来抓，用党的科学理论武装青年，用党的初心使命感召青年，做青年朋友的知心人、青年工作的热心人、青年群众的引路人。本书着力将党的二十大精神融入教学，以素养课堂推动学生综合素质培养与教学体系建设。

Python 是一种解释型的、支持面向对象特性的、动态数据类型的高级程序设计语言。自 20 世纪 90 年代被公开发布以来，Python 经过 30 多年的发展，具有语法简洁而高效、类库丰富而强大、适合快速开发等特点，成为当下最流行的脚本语言之一，广泛应用于统计分析、计算可视化、图像工程、网站开发等专业领域。

相比 C++、Java 等语言，Python 更加易于学习和掌握，并且可利用其大量的内置函数与丰富的扩展库来快速实现许多复杂的功能。我们在学习 Python 的过程中，仍然需要通过不断练习与体会来熟悉 Python 的编程模式，尽量不要将其他语言的编程风格用在 Python 中，而要从自然、简洁的角度出发，以免设计出低效率的 Python 程序。

本书的第 1 版自 2017 年 9 月正式出版以来，经过了几次印刷，许多高校将其作为"Python 程序设计"课程的教材，深受学校师生的喜爱，获得了良好的社会效益。但从另外一个角度来看，作者有责任和义务维护好本书的质量，及时更新书中的内容，做到与时俱进。

本次再版主要修订内容如下。

（1）重新梳理了全书内容。将 Python 2.x 的描述改为了 Python 3.x 的描述。

（2）在第 1 章中，删除了 eclipse，增加了 Visual Studio Code。

（3）在第 3 章中，增加了 for-else 和 while-else 的语法说明。

（4）在第 4 章中，增加了嵌套函数中变量的作用域，即增加了 nonlocal 关键字；增加了函数注解；增加了函数装饰器的语法说明。

（5）在第 7 章中，增加了 Python 3 中默认使用的 Unicode 编码。

（6）在第 8 章中，增加了多继承和迭代器。

（7）在第 12 章中，增加了 json 模块，删除了 shelve 模块。

（8）在第 13 章中，将原来的 Django 1.x 替换为最新的 Django 4.x。

（9）对各章中的习题进行了补充。

（10）增加了 Python 编程的一些典型应用，并配有微课视频讲解。

本书的主要特色如下。

1. 知识技术全面准确

本书主要针对国内计算机相关专业的高校学生及程序设计爱好者，详细介绍了 Python 的各种规则和规范，使读者能够全面掌握这门语言，从而设计出优秀的程序。

2. 内容架构循序渐进

本书的知识脉络清晰明了，基础篇主要介绍 Python 的基础语法，进阶篇主要讲解一些更加深层的概念，而应用篇则说明 Python 在具体应用场景下应当如何使用。本书内容由浅入深，便于读者理解和掌握。

3. 代码实例丰富完整

书中大部分知识点都配有一些示例代码、辅助说明文字及运行结果，并在某些章节中对一些经典的程序设计问题进行了深入的讲解和探讨。读者可以参考源程序上机操作，加深体会。

本书包含丰富的配套教学资源，读者可登录华信教育资源网（www.hxedu.com.cn）或扫描以下二维码下载。

Python 基础知识讲解

Python 典型应用讲解
（含文档、代码、视频）

各章代码清单

教学 PPT

习题答案

教学大纲

本书由吕云翔、赵天宇、李根、刘谕笑眉编著，曾洪立参与了部分内容的编写并进行了素材整理及配套资源的制作等。

由于 Python 的教学方法还在探索之中，加上作者的水平和能力有限，书中难免有疏漏之处，恳请各位同行和广大读者给予批评指正，也希望读者能将实践过程中的经验和心得与作者交流（yunxianglu@hotmail.com）。

编著者
2025 年 1 月

目　　录

基础篇

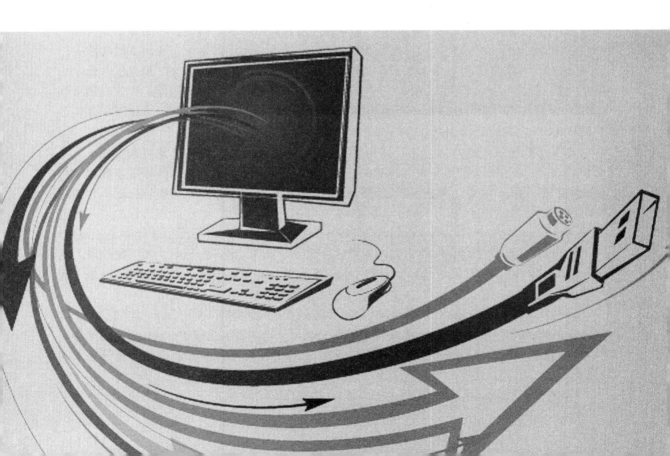

第 1 章　Python 概述

1.1　Python 的简史

Python 的英文直译是大蟒蛇，这个奇怪的名字有一个更加奇怪的出处，即 BBC 电视剧 Monty Python's Flying Circus，该电视剧是 Python 设计者 Guido van Rossum 的最爱。

Guido 在 1982 年获得了阿姆斯特丹大学的数学和计算机硕士学位。20 世纪 80 年代的计算机配置非常局限，与现实相照应的就是 Pascal、C、Fortran 等以"让机器运行得更快"为基本设计原理的许多高级编程语言的盛行。所有编译器的核心是代码优化，以防程序占满内存或占满 CPU。

Guido 使用过许多与 Python 类似的语言，但在这些语言环境下的编程体验令其非常苦恼，因为开发人员需要像计算机一样思考，为了迎合机器的要求而榨取每一丝可能的存储空间和运算时间，这就导致开发人员明明知道该如何通过某种语言写出一个功能，但实现的过程却需要耗费大量的时间。Guido 看中了 UNIX 系统中的 Shell，觉得开发人员与系统通过 Shell 进行交互式操作的方法非常舒服，但是 Shell 本身不是一种编程语言，实现通用功能并不简单，也不能全面调用计算机的功能。于是，Guido 开始构思一种语言，这种语言应具有像 C 语言一样精确的问题解决能力，又可以像 Shell 一样轻松地编程。

在 Guido 形成这种想法时，其参与了 ABC（All Basic Code）语言的设计。ABC 语言是由荷兰数学和计算机研究所开发的用于非专业开发人员教学的一门语言，更加侧重程序的可读性、语法的用户友好性等，因此 ABC 语言非常容易阅读和学习。在后来的实践中，ABC 语言没有取得成功。Guido 认为 ABC 这种语言是非常优美和强大的，最终的失败是语言的不开放等造成的。毕竟，ABC 语言不是模块化的，添加功能非常困难；无法直接读写文件，导致其应用场景被限制在极小的范围内；关键词不专业又太丰富，如使用描述性的"HOW TO…"来定义一个函数，这在开发人员看来是反常规的。

有了这些经验积累，第一个 Python 解释器在 1991 年诞生，使用 C 语言来实现，它是可以调用 C 语言编写的库文件。Python 的第一个版本就拥有列表和词典等基本数据结构（数据类型），以及函数、类和异常处理等概念。最重要的是，Python 是模块化的，也就意味着其可以被轻松地扩展。Python 非常在意可扩展性，可以在多个层次上进行扩展，既可以引入其他的 py 文件，也可以引用 C 语言的二进制库，后者在需要保证性能时更加常见。

Python 的语法大多源于 C 语言，但其风格受到了 ABC 语言的影响，如强制缩进。另外，Guido 摒弃了 ABC 语言"贴近自然"但不够简洁、有时甚至古怪的关键词，恢复了等号赋值，使用 for 进行循环，使用 def 定义函数等"常识性"的关键词。

最初的 Python 由 Guido 一人开发，随着越来越多的同事使用这门语言，他们发现了这门语言的优势并参与到 Python 的改进中。Guido 和一些同事组成了 Python 开发的核心团队，他们利用业余时间来思考和完善语言特性。在研究所之外，Python 因为其得天独厚的可扩展性和语言自身的简洁性（隐藏了许多实现细节，更多地凸显逻辑过程），受到了广大开发人员的青睐。Python 开始流行，用户越来越多，形成了强大的社区力量，扩展库日益增多，功能也随之越来越强。

在硬件性能不再受限的今天，Python 作为解释型语言的劣势越来越小，其易于掌握，快速开发的优势在"大众编程"的互联网时代显得格外耀眼。2023 年 1 月，TIOBE 统计数据显示，Python 是年度最佳的编程语言。Python 以对象为核心组织代码，支持多种编程范式，采用动态类型并且自带内存回收机制。Python 可以解释运行，也可以调用 C 语言库进行扩展。Python 的标准库功能强大，而社区与组织不断提供的像 NumPy、SciPy、Matplotlib、Gevent、Django 等一样优秀的第三方包也不断涌出，使得其成为从编程新手到软件架构师都偏爱的一门编程语言。

1.2　Python 的语言特点

Python 是一门跨平台、开源、免费的解释型高级动态编程语言，通过一些工具可以进行伪编译，还可以将 Python 源程序转换为可执行程序。Python 支持命令式编程、函数式编程和面向对象编程，并且作为把多种不同语言编写的程序无缝衔接在一起的"胶水"语言，可以发挥出不同语言和工具的优势。Python 的语法简洁明了，保证了程序的可读性。Python 是模块化的语言，极易扩展，具有强大的社区力量支持，以及大量的实用扩展库，安装和接入非常简单，大大提高了开发效率。

总结起来，Python 有以下几种特点。

1. 可扩展

Python 在设计之初就考虑到了编程语言可扩展的需求。在解释型语言中，文本文件等同于可执行的代码，创建一个 py 文件并写入代码，这个文件可以作为新的功能模块来使用。另外，Python 支持 C 语言扩展，可以嵌入 C 或 C++语言开发的项目，使程序具有脚本语言灵活的特性。

2. 语法精简

Python 中涉及的关键字很少，不需要使用分号，废弃了花括号、begin 和 end 等标记，代码块使用空格或制表符来分隔，支持使用循环和条件语句进行数据结构的初始化。这些语言设计使得 Python 程序短小精悍，并且有很高的可读性。

3. 跨平台

Python 通过 Python 解释器来解释运行，而无论是在 Windows 还是 Linux 系统下都已经有非常完善的 Python 解释器，并且可以保证 Python 程序在各个平台下的一致性。也就是说，在 Windows 系统下可以运行的程序，在 Linux 系统下仍然可以实现同样的功能。

4. 动态语言

Python 具有一定的动态性，与 JavaScript（JS）、Perl 等语言类似，变量不需要明确声明，直接赋值就可以使用。在 Python 中，动态创建的变量的类型与第一次赋值的类型相同。

5. 面向对象

Python 具有很强的面向对象特性。面向对象编程相比面向结构编程而言，大大降低了实际问题建模的复杂度。一方面，面向对象使程序设计与现实生活逻辑更加接近；另一方面，面向对象程序可以让各个组件分界更为明确，降低了程序的维护难度。面向对象的程序设计抽象出类和对象的属性与行为，将它们组织在一定作用域内，使用封装、继承、多态等方法来简化问题和明确设计。Python 在一定程度上简化了面向对象的具体实现，取消了保护类型、抽象类、接口等元素，将更多的控制权交给了开发人员。

6. 丰富的数据结构

Python 内置的数据结构丰富而强大，包括元组、列表、字典、集合等。Python 内置的数据结构简化了程序设计，缩短了代码长度，并且符号简明易懂，方便使用和维护。

7. 健壮性

Python 提供了异常处理机制、堆栈跟踪机制和垃圾回收机制。异常处理机制可以捕获程序的异常并报错；堆栈跟踪机制可以找出程序出错的位置和原因；垃圾回收机制可以有效管理申请的内存区域，及时释放不需要的空间。

8. 强大的社区支持

Python 因其出色的品质，受到专业与业余编程人士的广泛推崇。许多爱好者和第三方组织也在积极地为 Python 提供实用库。目前，Python 正在 Web 开发、网络、图形图像、数学计算等领域大放异彩，是许多领域新手入门和项目开发的常用工具。

1.3 搭建 Python 开发环境

Python 开发环境的安装和配置非常简单。Python 可以在多个平台下进行安装和开发。本节将介绍如何下载与安装 Python 及如何在命令行中使用 Python。

1.3.1 下载与安装 Python

在搭建 Python 开发环境之前，首先需要读者对 Python 的版本有一定的了解。Python 官方提供了 Python 2.x 和 Python 3.x 两种版本，这两种版本彼此不兼容，代码规范有一定区别，并且很多内置函数的实现和使用方式经过了修改，标准库也经过了重新整合。Python 官方对两种版本分别进行更新，而自 2020 年起，Python 官方停止了对 Python 2.x 版本的维护，这意味着，即使有人发现 Python 2.x 版本存在安全问题，官方也不会进行相应改进。

目前，常用的第三方库都已经对 Python 3.x 版本提供支持。部分比较陈旧的库已经无人维护，也没有对 Python 3.x 版本提供支持，但这些库往往是不常用的，或者可以找到替代方案。一般而言，Python 3.x 版本可以满足绝大多数的开发需要，除了有开发环境的限制，用户可放心地选择 Python 3.x 系列的最高版本。

注意：
本书所有代码均在 Python 3.11 下运行通过。

Python 的各个版本可以在官方网站获取，选择相应版本会进入下载信息页面，如图 1-1 所示。

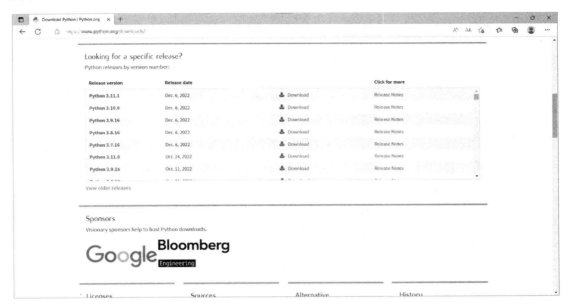

图 1-1　下载信息页面

单击一个目标版本（如 Python 3.11.1），会进入如图 1-2 所示的下载页面，页面下方的表格中提供了各个目标操作系统对应的下载项。本书若无特殊说明，均在 Windows 10 的 64 位系统环境下运行。这里选择 Windows installer (64-bit)选项，此时会启动安装文件的下载。

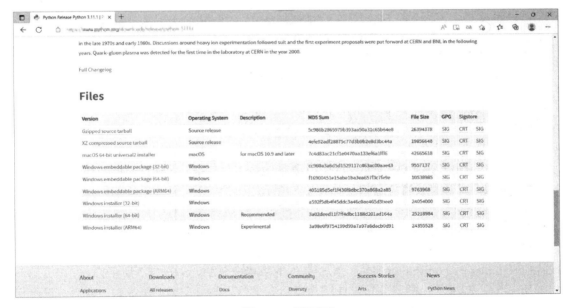

图 1-2　下载页面

在下载结束后，双击 python-3.11.1-amd64.exe 文件，弹出安装界面（见图 1-3），进行安装。

图 1-3　安装界面

勾选界面下方的 Add python.exe to PATH 复选框，在安装的过程中会自动配置环境变量，可省略后续的相关操作。选择 Customize installation 选项可自定义安装选项与路径，这里选择 Install Now 选项直接安装，如图 1-4 所示。

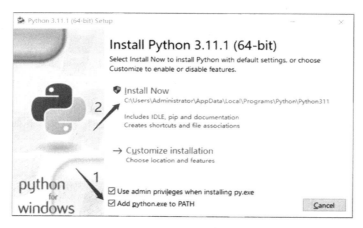

图 1-4　直接安装步骤

在安装完成后，要在控制台中使用 Python，需要将 Python 的解释器所在目录添加到环境变量中。如果在安装过程中没有勾选 Add python.exe to PATH 复选框，则需要手动配置环境变量，可遵循以下步骤。

第 1 步：右击"计算机"（Windows 10 系统中为"此电脑"），在弹出的快捷菜单中选择"属性"选项，打开"设置"窗口，如图 1-5 所示。

第 2 步：选择"高级系统设置"选项，弹出"系统属性"对话框，单击"高级"选项卡中的"环境变量"按钮，如图 1-6 所示。

第 3 步：将 Python 的安装文件夹路径（编著者的路径为 C:\Users\Administrator\AppData\Local\Programs\Python\Python311\）添加到 Path 环境变量中，如图 1-7 所示。

第 4 步：测试是否配置成功，通过"开始"菜单启动命令提示符窗口，或者打开"运行"对话框，输入"cmd"并按 Enter 键，弹出命令提示符窗口，输入"python –V"。如果安装成功，则显示 Python 的安装版本，如图 1-8 所示。

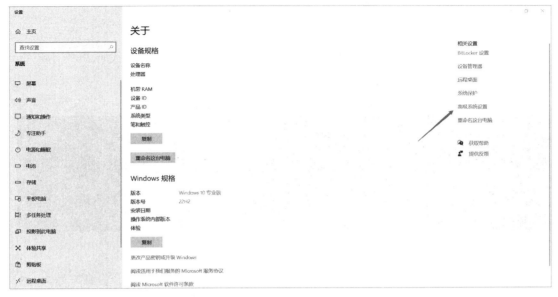

图 1-5　"设置"窗口

图 1-6　单击"环境变量"按钮

图 1-7　配置 Path 环境变量

图 1-8　在命令提示符窗口中检查 Python 配置

1.3.2　Python 命令行的使用

在成功安装 Python 后，就可以使用 Python 自带的命令行终端来执行代码了。双击 Python 安装目录下的 python.exe 程序即可打开 Python 命令行，如图 1-9 所示。

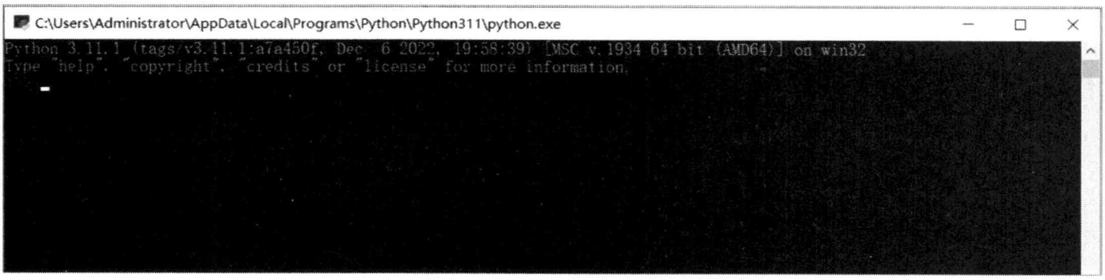

图 1-9　Python 命令行

在命令行中，可以直接向解释器输入语句来执行。用户在命令行中会看到符号"＞＞＞"，这是 Python 语句提示符，也是输入 Python 语句的位置。

虽然用户可能还没有学习过 Python 的语法，但现在可以把 Python 命令行当作一个简单的计算器进行尝试，输入一个数学算式就能计算出结果，如图 1-10 所示。

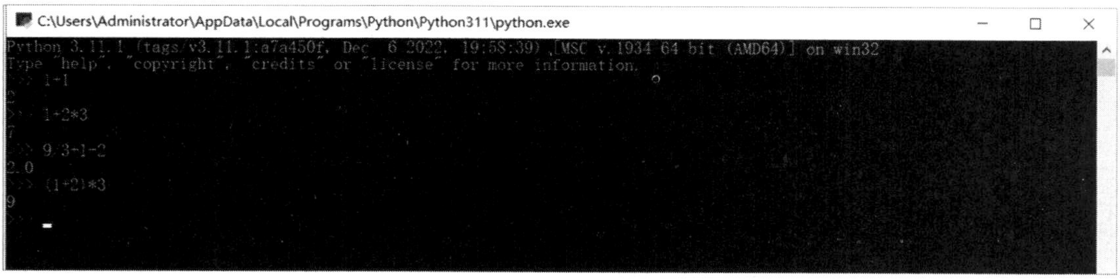

图 1-10　在 Python 命令行中输入语句

1.4　Python 的开发工具

配合 Python 进行开发的工具有很多，其中一部分是文本编辑器，还有一部分是集成开发环境（Integrated Development Environment，IDE），IDE 是用于程序开发的软件，一般包括代码编辑器、解释器、调试器和图形用户界面工具。IDE 为用户在编程语言开发项目中提供了很大方便。常用的 Python 开发工具包括 IDLE、PyCharm、Visual Studio Code 等。

1.4.1　IDLE

IDLE 是开发 Python 程序的基本 IDE，在安装 Python 环境后，IDLE 可被自动装入系统，具备基本的 IDE 的功能。IDLE 使用 Python 的 Tkinter 模块进行编写，其基本功能包括语法高亮、段落缩进、基本文本编辑、Tab 键控制、调试程序等。

IDLE 打开后是一个增强的交互命令行解释器窗口（具有比基本的交互命令提示符更好的剪切、粘贴、回行等功能），如图 1-11 所示。除此之外，还有一个针对 Python 的编辑器（无代码合并，但有语法高亮和代码自动补全功能）、类浏览器和调试器。

图 1-11　IDLE 交互命令行解释器窗口

IDLE 为编写 Python 程序提供了基本的集成环境，但其功能还不够强大，在项目管理、版本控制、智能提示等方面远不如其他 IDE。因此，如果要开发比较大型的 Python 项目，则不建议使用 IDLE。

1.4.2　PyCharm

PyCharm 是一款非常好用的跨平台的 Python IDE，它使用 Java 开发，有收费版本和社区免费版本。读者可以从 PyCharm 官网上下载其社区（Community）免费版本。

PyCharm 具有一般 IDE 具备的功能，如调试、语法高亮、Project 管理、代码跳转、智能提示、自动完成、单元测试、版本控制等。此外，PyCharm 还提供了一些很好的用于 Django 开发的功能，同时，其支持 Google App Engine 和 IronPython。

下载 PyCharm 的安装包并安装，选择设置主题等操作后，程序会自动重启并打开 PyCharm 程序。PyCharm 界面如图 1-12 所示。

选择"文件"→"新建"→"Python 文件"选项即可新建文件，并在其中编写代码。编写完成后选择"运行"→"运行"选项或按快捷键 Alt+Shift+F10 即可运行代码。

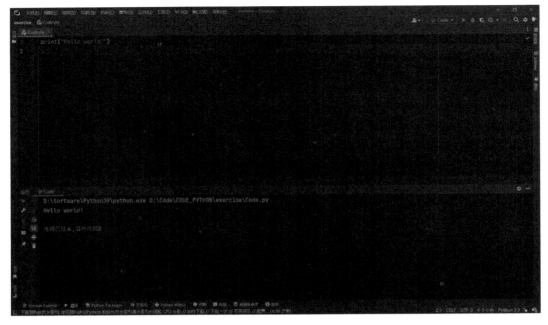

图 1-12　PyCharm 界面

1.4.3　Visual Studio Code

Visual Studio Code（以下简称 VS Code）是 Microsoft 开发的简化且高效的代码编辑器，支持调试、任务执行、版本管理等开发操作。VS Code 支持 Windows、Linux 和 macOS 等操作系统，读者可以从 VS Code 官网上下载。VS Code 界面如图 1-13 所示。安装 Python 后，在 VS Code 中根据提示安装相应插件，就可以进行 Python 开发了。VS Code 实现了 Python 代码的语法高亮、代码提示和代码自动补全等功能，并且可以调试运行 Python 程序。

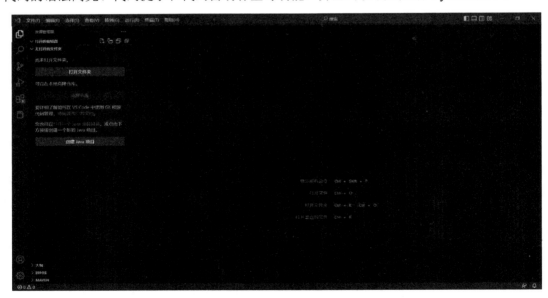

图 1-13　VS Code 界面

1.5 Python 程序——Hello,World

在成功搭建 Python 开发环境之后，下面来编写一个 Python 程序，用于输出一段文字"Hello,World"。

这个程序非常简单，只有一行代码，如代码清单 1-1 所示。

代码清单 1-1   helloWorld.py

```
1   print("Hello, World")    #display text
```

【输出结果】

```
Hello, World
```

Python 的 print()函数用于将内容输出到控制台上。因此，执行该行代码时会将括号中的字符串输出。

代码中的"#"符号及后面的文字是一条注释，用于标注该处代码。注释有助于开发人员理解程序，但不会被 Python 解释器执行。每个注释前都有一个#，当 Python 解释器读到#时，会忽略后面的文本直到行末。合理使用注释能够对代码进行良好的说明，增强代码的可读性。因此，开发人员需要养成写注释的习惯。

Python 代码可以在 Python 命令行中直接执行（见图 1-14），也可以先将代码保存在一个扩展名为".py"的文件中（也被称为 Python 脚本），再解释执行这一文件。用户可以使用前面介绍的各种 IDE 便捷地编辑、执行和

图 1-14   在 Python 命令行中执行代码

调试 Python 脚本，也可以在操作系统的命令行中使用 python 命令来执行文件。python 命令的格式如下。

```
python 文件路径
```

例如，将代码清单 1-1 存储在计算机的 D 盘根目录下，可以使用计算机命令行模式来执行该文件，如图 1-15 所示。

图 1-15   使用 python 命令执行文件

与使用 IDE 进行开发相比，使用 Python 命令执行的方式不够直观，并且不便于程序的调试。因此，在开发 Python 程序时推荐在 IDE 环境下进行。

1.6 Python 的编码规范

编码规范是使用 Python 编程时一般遵循的命名习惯、缩进习惯等。使用优秀的编码规范可以增强代码的可读性，也可以使代码得到更好的修改和维护。如果读者是编程新手，则未必能立即认识到编码规范的好处，这一节中提到的一些术语也需要在后面的章节中才

能学到，但将一些基本的规范熟记在心对学习编程还是大有益处的。

编码规范在 Python 中的意义要明显大于在 C++和 C#等强类型、类和对象作用域定义明确的面向对象语言中的意义。这是由于 Python 在面向对象编程中没有提供显式的静态、成员、私有、公有等声明性标识符，在使用时也没有明确的访问限制，所以开发人员通过自己的命名来标记变量的各方面特征就非常重要。

1.6.1　命名规则

命名规则指的是对不同类型的标识符使用不同格式以进行区分。命名规则并不是硬性的规定，而是一种习惯用法。不同的开发人员可能有不同的命名规则。下面介绍几个常见的规则。

变量名、包名、模块名通常采用小写字母开头。当其由多个单词构成时，一般采用小写字母开始的驼峰命名法，如 universityStudent；也有人习惯采用以下画线分隔的全小写形式，如 student_data_list。Python 中没有真正的常量。开发人员一般使用全大写、下画线分隔的变量名来提醒自己"这是一个常量"，如 MAX_CONNECTION_COUNT。

类名首字母采用大写字母，多个单词使用驼峰命名法，如 StudentInfo。对象（实例）的命名方法遵循一般变量的命名规则。

函数名一般采用小写字母，可以使用下画线分隔各个单词（如 async_connect），也可以使用驼峰命名法（如 asyncConnect）。

最重要的命名规则是，选取的名称应该能够清楚地说明该变量、函数、类、模块等所包含的意义，如 radius、connectToDatabase、EmployeeInfo 等，而不要采用简单的字母排列表示，如 a、b、x、y、z 等。

统一命名规则有很多好处。开发团队中统一命名规则便于统一代码的风格，理解不同的开发人员编写的代码，增强代码的可读性。规则并不是绝对的，统一命名规则、采用含义明确的名称才是制定规则的关键。

1.6.2　代码缩进

Python 对代码缩进要求非常严格，这是因为 Python 中的缩进代表程序块的作用域。如果程序中采用了错误的代码缩进，则程序将抛出一系列 IndentationError 异常。

代码缩进有两种方式：一种是采用制表符（键盘上的 Tab 键），另一种是采用若干空格。阅读代码清单 1-2。

代码清单 1-2　testIndent.py

```
1    x = 0
2    if x < 3:
3        x = x + 1
4        print(x)
5    print('end')
```

【输出结果】

```
1
end
```

代码的第 3 行和第 4 行属于同一代码块，在 if 条件被满足时执行。需要注意的是，即使在一些计算机中制表符的宽度和 4 个空格（或 8 个空格）的宽度相等，但绝对不可混用制表符和空格符，否则一样会出现无法识别的错误。

1.6.3　使用空行分隔代码

函数或语句块之间可以使用空行来分隔，以分开两段不同功能或含义的代码，增强代码的可读性。例如，代码清单 1-3 中定义了 3 个函数，使用一个空行将其隔开。

代码清单 1-3　blankLine.py

```
1   def funA():
2       print("funA")
3
4   def funB():
5       print("funB")
6
7   def funC():
8       print("funC")
```

1.6.4　语句的分隔

C、Java 等语言使用分号来标识一个语句的结束。Python 也支持使用分号作为一行语句的结束标志，但 Python 并不推荐使用分号，而是直接使用换行表示语句的结束。

如果在一行中要书写多条语句，就必须使用分号进行分隔。例如：

```
x = 1; y = 2; z = 3
```

Python 同样支持在多行中书写一条语句，此时需要使用反斜杠（\）添加到行末。当语句特别长、不易阅读时，可以将语句拆分为多行。例如：

```
print("C1 center:%s radius:%s" % \
      (c1.getCenterPosition(), c1.getRadius()))
```

1.6.5　PEP 8 编码规范

Python 采用 PEP 8 编码规范，包括以下内容：使用 4 个空格缩进（不使用制表符）；每行不应超过 79 个字符，较长的行要用反斜杠来拆分；类和函数的定义之间空 2 行，类内方法之间空 1 行，大块代码中间也空 1 行；单行注释与代码至少间隔 2 个空格并由#和 1 个空格开始，多行注释一般使用三引号；类名采用驼峰命名法，函数名采用小写字母并以下画线分隔单词，常量名采用大写字母并以下画线分隔单词。

有关 PEP 8 编码规范的详细内容，读者可以查看其官方文档。

小结

本章首先介绍了 Python 的发展历史和语言特点，然后说明了 Python 开发环境的配置过程。Python 可以在原生的命令行中或使用 python 命令进行开发，也可以在集成开发环境中进行开发。良好的编码规范有助于开发人员编写出可读性好的代码，形成良好的编程习惯和代码风格。

习题

一、选择题

1. （　　）不属于 Python 的优势。
   　A．易于掌握　　　　B．模块化　　　　C．语言简洁　　　D．运行速度快

2. （　　）开发工具不能使用 Python。
   　A．IDLE　　　　　　　　　　　　　B．Visual Studio
   　C．Dev C　　　　　　　　　　　　 D．PyCharm

3. PyCharm 内运行代码的快捷键是（　　）。
   　A．Alt+Shift+F10　　　　　　　　B．F10
   　C．Ctrl+F10　　　　　　　　　　　D．F11

4. （　　）不是 Python 的注释方法。
   　A．#注释　　　　　B．'''注释'''　　　C．//注释　　　　D．"""注释"""

5. （　　）在 Python 中是合法的变量名。
   　A．#abs　　　　　B．stu_buaa　　　C．2re　　　　　D．%s17

二、判断题

1. Python 以对象为核心组织代码，支持多种编程范式，采用动态类型并且自带内存回收机制。　　　　　　　　　　　　　　　　　　　　　　　　　　　　　　　（　　）

2. Python 中变量需要明确声明，直接赋值就可以使用变量。　　　　　　（　　）

3. PyCharm 具有一般 IDE 具备的功能，如调试、语法高亮、Project 管理、代码跳转、智能提示、自动完成、单元测试、版本控制等。　　　　　　　　　　　　（　　）

4. Python 在面向对象编程中没有提供显式的静态、成员、私有、公有等声明性标识符。
　　　　　　　　　　　　　　　　　　　　　　　　　　　　　　　　　（　　）

5. Python 的代码缩进可以混用制表符和空格符。　　　　　　　　　　（　　）

三、填空题

1. Python 官方提供了 Python 2.x 和＿＿＿＿＿＿＿两种版本。

2. VS Code 是＿＿＿＿＿＿＿开发的简化且高效的代码编辑器。

3. Python 直接使用＿＿＿＿＿＿＿表示语句的结束。

4. 合理使用注释能够对代码进行良好的说明，增强代码的＿＿＿＿＿＿＿。

5. Python 同样支持在多行中书写一条语句，此时需要使用＿＿＿＿＿＿＿添加到行末。

四、简答题

1. 简要说明 Python 这一编程语言的几大特点。

2. 举例说明如何应用 Python 的编码规范。

3. 简要说明 PyCharm 相比 IDLE 有什么优势。

4. 概述如何用 Python 在控制台中输出"Hello,World"。

5. 说明写注释有什么好处。

第 2 章　Python 基本概念

2.1　基本数据类型

计算机可以处理各种各样的数据，不同的数据需要定义不同的数据类型来存储。数据类型决定了如何将代表这些数据值的位存储到计算机的内存中。例如，整数"25"和字符串"Python"会在计算机内存中用不同的方式来存储和组织。

Python 的基本数据类型包括整型、浮点型、复数、字符串、布尔值和空值。

1. 整型

Python 可以处理任意大小的整数，包括负整数。十进制整数的表示方式与数学上的写法相同，如 10、-255、0、2016 等。Python 还支持十六进制整数、八进制整数和二进制整数。

十六进制整数需要用 0x 或 0X 作为前缀，用 0～9 和 a～f（或 A～F）作为基本的 16 个数字，如 0xffff、0X4F5DA2 等。

八进制整数需要用 0o 作为前缀，用 0～7 作为基本的 8 个数字，如 0o11、0o376 等。

二进制整数需要用 0b 或 0B 作为前缀，用 0 和 1 作为基本数字，如 0b1010、0B10110 等。

代码清单 2-1 展示了 Python 中几种不同进制下的整数及长整数的使用方法。

代码清单 2-1　integer.py

```
1    print(2016)
2    print(0xffff)
3    print(0o376)
4    print(0b101101)
```

【输出结果】

```
2016
65535
254
45
```

实际上，Python 中的整数可以分为普通整数和长整数。普通整数对应 C 语言中的 long 类型，其精度至少为 32 位，长整数具有无限的精度范围。当所创建的整数大小超过普通整数取值范围时，将自动创建为长整数，或者通过对数字添加后缀"L"或"1"来手动创建一个长整数。

2. 浮点型

在 Python 中，浮点型用于表示实数，在绝大多数情况下用于表示小数。浮点数可以使用普通的数学写法，如 1.234、-3.14159、12.0 等。

对于特别大或特别小的浮点数，可以使用科学记数法来表示，如-1.23e11、3.2e-12

等。其中，使用字母 e 或 E 表示 10 的幂。因此，前面的两个例子可以表示为-1.23×10^{11} 和 3.2×10^{-12}。

3. 复数

除了整数和浮点数，Python 还提供了复数作为其内置类型之一，如 3+2j、7−2j 等。其中，j 代表虚数单位。

4. 字符串

字符串是使用单引号或双引号引起来的任意文本，如'Hello World'，"Python"等。需要注意的是，引号本身不是字符串的一部分，只用于说明字符串的范围。例如，字符串'ab'只包含 a 和 b 两个字符。使用''或""可以表示空字符串。

一个字符串使用哪种引号开头就必须以哪种引号结束。例如，字符串"I'm"包含了 I、'、m 三个字符，字符串的结束是双引号而非单引号。

通过以上的说明，我们可以知道字符串'He's good'是不合法的，因为字符串将在第二个单引号处结束，后边的字符部分和第三个单引号成为非法部分。这个问题有两种解决方法：第一种方法是将外部的单引号换成双引号，将字符串变为"He's good"。但是，当字符串中包含两种引号时，这种方法就无效了。

第二种方法是使用反斜杠作为转义字符来标识引号。通过在某些字符前加上反斜杠可以表示特别的含义。在上文所说的这一情况下，通过在引号前加上反斜杠来输出引号。因此，上述字符串可以被写作'He\'s good'。同样，\"用于在字符串中表示一个双引号字符。

除了对引号进行转义，转义字符还可以表示一些特殊的字符。例如，\n 表示换行符，即一行的结束。Python 中常用的转义字符如表 2-1 所示。

表 2-1　Python 中常用的转义字符

转 义 字 符	名　　称	ASCII 值
\b	退格符	8
\t	制表符	9
\n	换行符	10
\f	换页符	12
\r	回车符	13
\\	反斜杠	92
\'	单引号	39
\"	双引号	34

如果字符串中有许多字符需要转义，就需要添加很多反斜杠，这会降低字符串的可读性。Python 可以使用 r 加在引号前表示内部的字符默认不转义。例如，字符串 r"a\tb"中的\t 将不再转义，其表示反斜杠字符和 t 字符。

另外，Python 还提供了一种特殊的符号——三引号（连续三个单引号'''或连续三个双引号"""）。三引号可以接收多行内容，也可以直接打印出字符串中无歧义的引号。

代码清单 2-2 展示了 Python 中字符串及转义字符的使用方式。

代码清单 2-2　string.py

```
1    print('Hello World')
2    print("Python")
```

```
3    print("He's good")
4    print('He\'s good')
5    print("a\tb\nc\td")
6    print(r"a\tb")
7    print('''abc
8    def''')
```

【输出结果】

```
Hello World
Python
He's good
He's good
a    b
c    d
a\tb
abc
def
```

5. 布尔值

布尔值就是真（True）或假（False）。在 Python 中，可以直接使用 True 或 False 表示布尔值。当把其他类型转换成布尔值时，值为 0 的数字（包括整数 0，浮点数 0.0 等）、空字符串、空值（None）、空集合被认为是 False，其他值均被认为是 True。

6. 空值

空值是 Python 中一个特殊的值，用 None 表示。

2.2　变量

变量用于存储程序中的各种数据，对应于计算机内存中的一块区域。变量通过唯一的标识符来标识，通过各种运算符对变量中存储的值进行操作。

2.2.1　变量的命名

标识符用于标识变量的名称。在 Python 中，命名标识符需要遵循以下规则。

（1）标识符可以由字母、数字及下画线组成。

（2）标识符的第一个字符可以是字母或下画线，但不能是数字。

（3）标识符不能与 Python 的关键字重名。

（4）标识符是区分大小写的。例如，xyz 和 Xyz 指的不是同一个变量。

例如，abc、name、_myvar 等都是合法的标识符，而下列例子中的标识符均不符合标识符的命名规则，因此都不是合法的标识符。

（1）2abc：标识符不能以数字开头。

（2）xy#z：标识符中不能有特殊字符#。

（3）Li Hua：标识符中不能有空格。

（4）if：标识符不能与关键字重名。

2.2.2 变量的创建

Python 是一种动态类型语言，因此变量不需要显式地声明其数据类型。在 Python 中，所有的数据都被抽象为"对象"，变量通过赋值语句来指向对象，变量被赋值的过程就是将变量与对象进行关联的过程。当变量被重新赋值时，不是修改对象的值，而是创建一个新的对象并用变量与其进行关联。因此，Python 中的变量可以被反复赋值成不同的数据类型。与 C 语言等强类型语言不同，Python 中的变量不需要声明，变量会在第一次赋值时被创建。

在 Python 中，使用等号（=）表示赋值，如 a=1 表示将整数 1 赋给变量 a。

代码清单 2-3 展示了 Python 中变量赋值的方法。

代码清单 2-3　variable.py

```
1    a = 1
2    print(a)
3    b = a
4    print(b)
5    a = 'ABC'
6    print(a)
7    print(b)
```

【输出结果】

```
1
1
ABC
1
```

在上面的例子中，变量的创建和赋值过程如图 2-1 所示。在执行第 1 行代码时，程序首先创建变量 a，在内存中创建值为 1 的整型对象并将变量 a 指向这一区域。在执行第 3 行代码时，程序将创建变量 b 并指向变量 a 所指向的内存区域。在执行第 5 行代码时，程序将在内存中创建字符串'ABC'并将变量 a 重新指向这一区域。

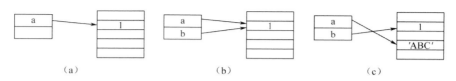

图 2-1　变量的创建和赋值过程

在程序中，还有一些一旦被初始化之后就不能被改变的量，被称为常量。Python 并没有提供常量的关键字，一般使用全部大写的变量名表示常量。例如：

```
PI = 3.1415926535898
```

实际上这种表示常量的方式只是一种约定俗成的用法，PI 仍是一个变量，Python 仍然允许用户修改其值。

2.3　运算符

在程序中，运算符是对操作数进行运算的某些符号。例如，在表达式"1+2"中，"+"是运算符，1 和 2 是其操作数。Python 中的运算符可以按照其功能划分为算术运算符、关系运算符、逻辑运算符、位运算符、身份运算符和成员运算符。运算符还可以按操作数的个数分为单目运算符和双目运算符。

2.3.1　算术运算符

算术运算符用于对操作数进行各种算术运算。Python 中的算术运算符如表 2-2 所示。

表 2-2　Python 中的算术运算符

运　算　符	描　　　述	实　　　例
+	加法运算或正号	1+2 结果为 3，+1 结果为 1
−	减法运算或负号	5−3 结果为 2
*	乘法运算	2*10 结果为 20
/	除法运算	15/3 结果为 5.0，16/3 结果为 5.3333333333333333，5.0/2=2.5
**	求幂运算	2**3 结果为 8
//	取整除法	5//2 结果为 2，5.0//2.0 结果为 2.0
%	求模运算	7%3 结果为 1

2.3.2　关系运算符

关系运算符也称为比较运算符，其作用是比较两个操作数的大小并返回一个布尔值。

关系运算符的两个操作数可以是数字或字符串。当操作数是字符串时，会将字符串自左向右逐个字符比较其 ASCII 值，直到出现不同的字符或字符串为止。例如，字符串 'computer'> 'compare'。

Python 中的关系运算符如表 2-3 所示。

表 2-3　Python 中的关系运算符

运　算　符	描　　　述	实　　　例
==	等于	1 == 1 返回 True，'abc' == 'ABC'返回 False
<	小于	5 < 10 返回 True，'computer'< 'compare'返回 False
>	大于	2 > 6 返回 False，'abc'> 'ab'返回 True
<=	小于或等于	6 <= 7 返回 True
>=	大于或等于	9 >= 9 返回 True
!=	不等于	'abc' != 'ABC'返回 True

2.3.3　逻辑运算符

逻辑运算符用于对布尔值进行与、或、非等逻辑运算。其中，布尔非是单目运算符，布尔与和布尔或是双目运算符。逻辑运算符的操作数都应该是布尔值，如果是其他类型的值，则将转换为布尔值进行运算。

Python 中的逻辑运算符如表 2-4 所示。

表 2-4　Python 中的逻辑运算符

运 算 符	描　　述	实　　例
and	布尔与	True and True 返回 True True and False 返回 False False and True 返回 False False and False 返回 False
or	布尔或	True and True 返回 True True and False 返回 True False and True 返回 True False and False 返回 False
not	布尔非	not True 返回 False not False 返回 True

2.3.4　位运算符

位运算符将数字看作二进制数进行运算。在 Python 中，位运算符包括左移（<<）、右移（>>）、按位与（&）、按位或（|）、按位异或（^）和按位取反（~）运算符。

Python 中的位运算符如表 2-5 所示。

表 2-5　Python 中的位运算符

运 算 符	描　　述	实　　例
<<	将左操作数的二进制位全部向左移动若干（右操作数）位，高位丢弃，低位补 0	2<<3 返回 16 二进制解释：00000010 　　　　→00010000
>>	将左操作数的二进制位全部向右移动若干（右操作数）位，低位丢弃，高位补 0	13>>2 返回 3 二进制解释：00001101 　　　　→00000011
&	将两个操作数对应的二进制位做与运算，得到结果	22&7 返回 6 二进制解释：00010110 　　　　　　00000111 　　　　→00000110
|	将两个操作数对应的二进制位做或运算，得到结果	22|7 返回 23 二进制解释：00010110 　　　　　　00000111 　　　　→00010111
^	将两个操作数对应的二进制位做异或运算，得到结果	22^7 返回 17 二进制解释：00010110 　　　　　　00000111 　　　　→00010001
~	将操作数的每个二进制位取反，得到结果	~7 返回−8 二进制解释：00000111 　　　　→11111000（−8 的补码表示）

2.3.5　身份运算符

身份运算符用于比较两个对象的内存位置是否相同。Python 中的身份运算符如表 2-6 所示。

表 2-6　Python 中的身份运算符

运　算　符	描　　述	实　　例
is	如果运算符两侧变量指向同一对象，则返回 True，否则返回 False	i=1 j=i i is j 返回 True
is not	如果运算符两侧变量指向不同对象，则返回 True，否则返回 False	i=1 j=2 i is not j 返回 True

2.3.6　成员运算符

成员运算符用于查找对象是否在某个序列中。序列包括字符串、列表和元组。Python 中的成员运算符如表 2-7 所示。

表 2-7　Python 中的成员运算符

运　算　符	描　　述	实　　例
in	当在指定序列中找到值时，返回 True，否则返回 False	'a' in 'abc' 返回 True 'ac' in 'abcd' 返回 False
not in	当在指定序列中找到值时，返回 False，否则返回 True	'a' not in 'abc' 返回 False 'ac' not in 'abcd' 返回 True

2.4　表达式

表达式是由数字、变量、运算符、括号等组成的有意义的组合。表达式依据其中的值和运算符进行若干次运算，最终得到表达式的返回值。

2.4.1　算术表达式

表达式中最常见、最基础的就是算术表达式。在 Python 中编写一个算术表达式十分简单，就是使用运算法与括号对数学表达式进行直接转换。例如，数学表达式：

$$\frac{5(27x-3)}{12}+\left(\frac{10y+7}{9}\right)^2$$

可被转换为如下算术表达式：

```
5 * (27 * x - 3) / 12 + ((10 * y + 7) / 9) ** 2
```

Python 的算术表达式的运算规则与数学表达式的相同：首先，执行括号内的运算，内层括号优先被执行；其次，执行求幂（**）运算；再次，执行乘法（*）运算、除法（/）、整除（//）运算及求模（%）运算；最后，执行加法（+）和减法（-）运算。

只要在算术表达式之前定义变量 x 与变量 y 的值，即可计算出算术表达式的值。代码清单 2-4 展示了在 Python 中计算上述算术表达式的值并输出。

代码清单 2-4　cal_expression.py

```
1   x = 1
2   y = 2
3   print(5 * (27 * x - 3) / 12 + ((10 * y + 7) / 9) ** 2)
```

【输出结果】

```
19.0
```

2.4.2　优先级

在一个表达式中，Python 会根据运算符的优先级从高到低进行运算。Python 运算符的优先级如表 2-8 所示，由上向下优先级递增。

表 2-8　Python 运算符的优先级

运　算　符	描　　述
lambda	lambda 表达式
or	布尔或
and	布尔与
not	布尔非
in、not in、is、is not、<、<=、>、>=、<>、!=、==	比较，包括成员测试和身份测试
|	按位或
^	按位异或
&	按位与
<<、>>	移位
+、-	加法和减法
*、/、//、%	乘法、除法、整除、求模
+x、-x、~x	正数、负数、按位取反
**	求幂
x[index]、x[index:index]、x(arguments...)、x.attribute	下标、切片、调用、属性引用
(expressions...)、[expressions...]、{key: value...}、expressions...`	元组生成、列表生成、字典生成、字符串转换

2.5　赋值语句

在 2.2.2 节中简要介绍了变量的赋值，本节将对赋值语句进行更加深入的介绍。

2.5.1　赋值运算符

将一个值赋给一个变量的语句被称为赋值语句。在 Python 中，使用等号作为赋值运算符。一般而言，赋值语句的语法格式为变量=表达式。

赋值运算符右边的表达式可以是一个数字或字符串，也可以是一个已被定义的变量或复杂的式子。代码清单 2-5 展示了一些简单的赋值语句代码。

代码清单 2-5　assignment.py

```
1    x = 1                    #变量 x 被赋值为整数 1
2    y = 2.3                  #变量 y 被赋值为浮点数 2.3
3    z = (1 + 2) * 3          #变量 z 被赋值为表达式的返回值
4    t = x + 1                #变量 t 被赋值为变量 x 与 1 的和
```

需要注意的是，一个变量可以在赋值运算符两边同时使用。例如：

```
x = 2 * x + 1
```

在数学中，这看起来更像一个方程；在 Python 中，这是一个合法的赋值语句，其表示将原有 x 的值先乘以 2 再加 1 后重新赋给变量 x，但在这条语句之前必须已经定义了变量 x。

如果一个值被赋给多个变量，则可以连用多个赋值运算符。例如：

```
x = y = z = 1
```

由于这条语句中的赋值运算符是从右向左结合的，这等价于以下 3 条语句：

```
z = 1
y = z
x = y
```

在程序设计中，使用赋值语句交换变量的值是十分常见且基础的操作。假设程序中有两个变量 x 和 y，如何编写 Python 代码交换这两个变量的值呢？代码清单 2-6 展示了一种最常见的写法，即引入一个临时变量。

代码清单 2-6　swap.py

```
1    x = 1
2    y = 2
3    temp = x                 #将变量 x 的值赋给临时变量 temp
4    x = y                    #将变量 y 的值赋给变量 x
5    y = temp                 #将存储了原变量 x 的值的临时变量 temp 赋给变量 y
```

除此之外，Python 还支持一种同时赋值的语法：

```
var1, var2, …, varn = exp1, exp2, …, expn
```

这一表达式是将赋值运算符右边的表达式的值同时赋给左边对应的变量。这一语法使得我们可以通过一条赋值语句完成交换两个变量值的工作：

```
x, y = y, x
```

由于赋值是同时的（至少语句表现出来的效果和同时的效果相同），因此两个值可以不需要临时变量的过渡就可以完成交换。

2.5.2　增强型赋值运算符

在使用赋值运算符时，经常会对某个变量的值进行修改并将结果赋给自身，例如：

```
x = x + 1
```

Python 允许将某些双目运算符和赋值运算符结合使用来简化这一语法。例如，上面的赋值语句可以写为

```
x += 1
```

Python 中所有的增强型赋值运算符如表 2-9 所示。

表 2-9　Python 中所有的增强型赋值运算符

运　算　符	描　述	实　例
+=	加法赋值运算符	a += b 等价于 a = a + b
-=	减法赋值运算符	a-= b 等价于 a = a - b
*=	乘法赋值运算符	a *= b 等价于 a = a * b
/=	除法赋值运算符	a /= b 等价于 a = a / b
//=	整除赋值运算符	a //= b 等价于 a = a // b
%=	求模赋值运算符	a %= b 等价于 a = a % b
**=	求幂赋值运算符	a **= b 等价于 a = a ** b
>>=	右移赋值运算符	a >>= b 等价于 a = a >> b
<<=	左移赋值运算符	a <<= b 等价于 a = a << b
&=	按位与赋值运算符	a &= b 等价于 a = a & b
|=	按位或赋值运算符	a |= b 等价于 a = a | b
^=	按位异或赋值运算符	a ^= b 等价于 a = a ^ b

需要注意的是，增强型赋值运算符的两个符号中间不能有空格，否则编译器将返回一条错误信息。

2.6　常用的模块与函数

Python 标准库有许多模块与函数供开发人员使用。学习和使用这些函数对更好地使用 Python 进行程序设计有很大帮助。

2.6.1　常用的内置函数

内置函数（也被称为内建函数）指的是不需要导入任何模块即可直接使用的函数。函数就是程序中一段包装起来的具有特定功能的代码。有关函数的具体内容，请参阅本书的第 4 章。

函数通过函数名和参数列表进行调用，通过返回值向外部返回结果。例如，调用最大值函数 max() 的代码如下。

```
max_num = max(2, 3)
```

Python 提供了极其丰富的内置函数，可以进行类型转换、常用的数学运算等。本节将对其中经常使用的内置函数进行说明。本书也会在后续章节中陆续介绍其他内置函数。

若想要了解完整的内置函数列表，则可以查看官方文档，或者执行如下 Python 语句。

```
print(dir(__builtins__))
```

1. 类型转换函数

Python 提供的类型转换函数用于在各种数据类型之间互相转换。

bin(i)：这个函数将整数转换为二进制字符串，以'0b'开头。例如，执行 bin(12) 将返回字符串'0b1100'。

bool([x])[①]：这个函数将一个值转换为布尔值。如果 x 为空值、空字符串、0 或省略，则返回 False，否则均返回 True。例如，执行 bool('Hello World')将返回 True，而执行 bool()将返回 False。

chr(i)：这个函数将一个 ASCII 值转换为对应的单字符字符串。参数 i 应该是闭区间[0,255]内的整数，否则程序将抛出 ValueError 错误。例如，执行 chr(97)将返回字符串'a'。

complex([real[,imag]])：这个函数将两个整型参数转换为一个复数，其值为 real+imag*j，其中 j 是虚数单位。如果省略参数，则被省略的参数默认为 0。例如，执行 complex(3,2)将返回复数(3+2j)，而执行 complex(2)将返回复数(2+0j)。此外，这个函数还支持从字符串到复数的转换。此时，函数只接收一个字符串参数。例如，执行 complex('5+6j')将返回复数(5+6j)。

float([x])：这个函数将字符串或数字转换为浮点数。例如，执行 float(3)将返回 3.0，而执行 float('3.14')将返回浮点数 3.14。如果省略参数，则返回 0.0。

hex(x)：这个函数将整数转换为十六进制字符串，以'0x'开头。例如，执行 hex(255)将返回字符串'0xff'。

int([x[,base]])：这个函数将数字或字符串转换为一个十进制整数。如果 x 是浮点数，则转换为整数时将向 0 截断。例如，执行 int(3.14)将返回 3。

如果 x 为字符串（或 Unicode 对象），则允许使用参数 base 表示该串整数的基数。例如，当 base=8 时，第一个字符串参数将被解释为八进制整数。以 n 为基数的字符串可以包括数字 0 到 $n-1$，并可以用字母 a～z（或 A～Z）表示数字 10～35。例如，执行 int('13',7)将返回整数 10，执行 int('ak',30)将返回整数 320。

参数 base 的默认值为 10，即如果直接执行 int('123')，将返回整数 123。

oct(x)：这个函数将一个整数转换为一个八进制字符串，以'0o'开头。例如，执行 oct(10)将返回字符串'0o12'。

ord(c)：这个函数将一个单字符字符串（或 Unicode 对象）转换为一个整数。这个函数可被看作 chr()的逆运算。例如，执行 ord('a')将返回整数 97。

str([object])：这个函数将一个对象转换为一个可打印的字符串。如果省略参数，则返回空字符串"。例如，执行 str(3.14)将返回字符串'3.14'。

2. 数学运算函数

Python 提供的数学运算函数用于进行简单的数学运算。

abs(x)：这个函数返回一个数的绝对值。参数可以是一个整数、长整数或浮点数。如果参数是复数，则返回该参数的模。例如，执行 abs(-12.3)将返回浮点数 12.3，执行 abs(3+4j)将返回浮点数 5.0。

max(arg1, arg2, *args)：这个函数返回多个（两个及以上）参数中的最大值。例如，执行 max(3, 2, 5, 1)将返回整数 5。

min(arg1, arg2, *args)：这个函数返回多个（两个及以上）参数中的最小值。例如，执行 min(2, 6, 1)将返回整数 1。

---

① 语句中的方括号在这里指参数可省略，下同。当有多层方括号嵌套时，意味着只有内层括号中的参数省略后才能省略外层括号中的参数。

pow(x, y[, z])：这个函数返回 x 的 y 次幂，相当于 x ** y。如果提供了可选参数 z，则返回 x 的 y 次幂对 z 取模的结果。例如，执行 pow(2, 3)将返回整数 8，执行 pow(2, 3, 5)将返回整数 3。

round(number[, ndigits])：这个函数返回一个浮点数的近似值，保留小数点后 ndigits 位。如果省略参数 ndigits，则默认为 0。例如，执行 round(3.14159, 2)将返回 3.14，执行 round(3.7)将返回 4.0。

2.6.2　常用的模块及函数

Python 使用模块将代码进行封装。除 Python 的内置函数之外，Python 标准库所提供的函数均被封装在各个模块中。有关模块的相关内容，请参阅本书的第 6 章。

要调用模块中的函数，需要在代码顶部使用 import 语句导入该模块，并且在调用时使用类似"模块名.函数名(参数)"的格式进行调用。以 math 模块中的 ceil()函数为例，在代码顶部需要添加语句：

```
import math
```

调用 ceil()函数时使用类似下面的语句：

```
result = math.ceil(3.3)
```

本节将介绍 Python 中 math 模块和 random 模块中的部分函数。要查看 Python 标准库提供的模块和函数，可查阅相关官方文档。

1. math 模块

math 模块为 Python 提供了许多数学函数。math 模块的部分函数如表 2-10 所示。

表 2-10　math 模块的部分函数

函 数 原 型	描　　　述	实　　　例
math.fabs(x)	以浮点型返回 x 的绝对值	fabs(−2)返回 2.0
math.ceil(x)	返回一个整数，即 x 向上取整的结果	math.ceil(3.2)返回 4
math.floor(x)	返回一个整数，即 x 向下取整的结果	math.floor(3.2)返回 3
math.factorial(x)	返回 x 的阶乘	math.factorial(6)返回 720
math.exp(x)	返回 e^x 的值	math.exp(2)返回 7.380956
math.log(x[, base])	返回以 base 为底的 x 的对数，即 $\log_{base}x$；省略参数 base 将返回 x 的自然对数，即 ln x	math.log(math.e)返回 1.0 math.log(100,10)返回 2.0
math.log10(x)	返回 x 的常用对数（以 10 为底）	math.log10(1000)返回 3.0
math.pow(x,y)	返回 x^y 的结果	math.pow(3,2)返回 9.0
math.hypot(x, y)	返回欧几里得范数，即 $\sqrt{x^2+y^2}$	math.hypot(3.0, 4.0)返回 5.0
math.sin(x)	返回 x 的正弦值，x 以弧度表示	math.sin(math.pi/2)返回 1.0
math.cos(x)	返回 x 的余弦值，x 以弧度表示	math.cos(math.pi)返回−1.0
math.tan(x)	返回 x 的正切值，x 以弧度表示	math.tan(math.pi/4)返回 1.0
math.asin(x)	返回 arcsin x，以弧度表示	math.asin(1.0)返回 1.570796
math.acos(x)	返回 arccos x，以弧度表示	math.acos(1.0)返回 0.0
math.atan(x)	返回 arctan x，以弧度表示	math.atan(0.0)返回 0.0
math.atan2(y, x)	返回原点至(x,y)的方位角，以弧度表示	math.atan2(−1, −1)返回−2.35619449
math.degrees(x)	将 x 从弧度制转换为角度制	math.degrees(math.pi)返回 180.0
math.radians(x)	将 x 从角度制转换为弧度制	math.radians(180)返回 3.14159265

此外，math 模块还定义了数学常量 π 和 e。使用 math.pi 和 math.e 可以访问这两个常量。

使用 math 库中的数学函数可以解决许多数学问题。例如，由高中数学知识可知，若已知三角形 3 条边的长度，可以计算出三角形 3 个角的度数。代码清单 2-7 展示了如何使用 Python 和 math 模块来解决这个问题。

代码清单 2-7　cal_angles.py

```
1   import math
2
3   x1, y1, x2, y2, x3, y3 = 1, 1, 6.5, 1, 6.5, 2.5
4   #计算 3 条边的长度
5   a = math.sqrt((x2 - x3) * (x2 - x3) + (y2 - y3) * (y2 - y3))
6   b = math.sqrt((x1 - x3) * (x1 - x3) + (y1 - y3) * (y1 - y3))
7   c = math.sqrt((x1 - x2) * (x1 - x2) + (y1 - y2) * (y1 - y2))
8   #利用余弦定理计算 3 个角的度数
9   A = math.degrees(math.acos((a * a - b * b - c * c) / (-2 * b * c)))
10  B = math.degrees(math.acos((b * b - a * a - c * c) / (-2 * a * c)))
11  C = math.degrees(math.acos((c * c - a * a - b * b) / (-2 * a * b)))
12  #输出 3 个角的度数
13  print("The three angles are", round(A, 2), round(B, 2), round(C, 2))
```

【输出结果】

```
The three angles are 15.26 90.0 74.74
```

在上面的程序中，第 3 行用于定义三角形 3 个点的坐标；第 5～7 行用于计算 3 条边的长度；第 9～11 行利用余弦定理计算 3 个角的度数；第 13 行用于输出结果。其中，第 5～7 行可以使用 math 模块的 hypot() 函数替换，请读者自行思考并尝试。

2. random 模块

在编写程序时，有时需要程序提供一些随机的行为。例如，在某网络游戏中，进行一次物理攻击有 80% 的概率命中目标。大多数编程语言提供了生成伪随机数的函数，在 Python 中，这类函数被封装在 random 模块中。

random 模块的部分函数如表 2-11 所示。

表 2-11　random 模块的部分函数

函 数 原 型	描　　述
random.random()	在[0.0,1.0)区间内随机返回一个浮点数
random.uniform(a, b)	在[a,b]（或[b,a]）区间内随机返回一个浮点数
random.randint(a, b)	在[a,b]区间内随机返回一个整数

2.7　基本输出与基本输入

输出与输入是程序中非常重要的一部分，程序通过输出和输入与用户进行交互。本节将介绍 Python 中的基本输出与基本输入。

2.7.1 基本输出

在本书前面的章节中，我们已经使用过 print() 函数进行输出。在 Python 3.x 中，print() 作为内置函数，用来打印表达式的值。最简单的 print() 函数格式如下。

```
print(表达式)
```

执行此语句将在控制台上输出表达式的值并自动换行。

当需要使用 print() 函数打印多个表达式的值时，需要将多个表达式用逗号隔开，格式如下。

```
print(表达式 1，表达式 2，表达式 3，…)
```

执行此语句会在控制台上输出多个表达式的值，并以空格隔开，最后自动换行。

print() 函数的参数 end 默认为换行符，如果不想让函数最后自动输出空行，则可以将参数 end 指定为空字符串，如 print(表达式,end='')。同理，可以指定参数 end 为其他任意字符串。

代码清单 2-8 展示了 print() 函数的使用方法。读者可以自行编写代码，以熟悉该函数的使用方法。

代码清单 2-8　print.py

```
1    import math
2
3    a = 1
4    b = 2
5    print("The two numbers are", a, b)          #输出三个表达式
6    print("The sum of the numbers is", a + b)    #输出两个表达式
7    print("PI equals", end=' ')                  #输出后不换行而改为空格
8    PI = math.pi
9    print(PI)
```

【输出结果】

```
The two numbers are 1 2
The sum of the numbers is 3
PI equals 3.14159265359
```

2.7.2 基本输入

除了将程序的结果打印到控制台上，程序有时也需要接收来自用户的输入作为某些变量的值。Python 3.x 提供了一个内置函数来接收用户的控制台输入，即 input() 函数。

在介绍 input() 函数之前，需要先介绍另一个内置函数——eval() 函数。eval() 函数可以接收一个字符串参数，并将该参数作为 Python 表达式来演算，返回值是被演算的表达式的结果。代码清单 2-9 展示了 eval() 函数的使用方法。

代码清单 2-9　eval.py

```
1    import math
2
3    x = 3
4    print('x+1')
```

```
5    print(eval('x+1'))
6    print('math.pi*2')
7    print(eval('math.pi*2'))
```

【输出结果】

```
x+1
4
math.pi*2
6.28318530718
```

input()函数接收用户在控制台中的输入并将输入作为字符串返回（去掉末尾的换行符）。input()函数有一个可选参数，如果存在该参数，则先输出该参数再接收用户的输入。例如：

```
string = input('Please input here:')
```

这条语句将在控制台中先输出字符串"Please input here:"，再准备接收用户的输入。

由于 input()函数返回的是字符串，可能需要程序进行类型转换之后再进行操作。可以使用 2.6.1 节中介绍过的内置类型转换函数实现转换，也可以借助 eval()函数实现转换。代码清单 2-10 展示了通过 input()函数处理输入的方法。

代码清单 2-10　input.py

```
1    number1 = int(input("Please input an integer:"))
2    number2 = eval(input("Please input another integer:"))
3    number3, number4, number5 = eval(input("Please input three integers:"))
4    sum = number1+number2+number3+number4+number5
5    print("The sum of these 5 integers is", sum)
```

【输出结果】[①]

```
Please input an integer:1
Please input another integer:2
Please input three integers:3,4,5
The sum of these 5 integers is 15
```

第 1 行代码和第 2 行代码分别使用内置函数 int()和 eval()将 input()函数的返回结果转换为整型，在此例中达到的效果一样。在第 3 行代码中，input()函数接收由逗号分隔的 3 个整数作为输入，通过 eval()函数转换为 Python 表达式后，与赋值运算符的前半部分构成了同时赋值的语法，相当于同时输入了 3 个整数。

实际上，用户的输入完全有可能不是预期的类型或出现某种错误。因此，当对 input()函数的返回值进行类型转换时，不当的输入会使程序出现错误并终止运行。本书第 9 章将介绍如何处理这些错误，以使程序继续运行。

小结

本章讲解了 Python 基本概念，包括 Python 的基本数据类型、变量、运算符、表达式、赋值语句，以及基本输出与基本输入。此外，本章简单介绍了 Python 中常用的内置函数与

① 【输出结果】中添加底纹的部分来自用户的输入，下同。

math 模块和 random 模块中的函数。Python 的变量与 C、Java 等语言的变量有很大不同，需要用户理解变量与对象的关系，以及变量的创建过程。运算符和表达式是 Python 中经常使用的内容，这些知识是编写控制结构的基础。基本输出与基本输入是程序与人进行交互的最简单的方式，也是编写控制台程序最常用的语句。

习题

一、选择题

1.（　　　）不属于 Python 的基本数据类型。
　　A．整型　　　　　　　B．复数　　　　　　C．浮点型　　　　　　D．指针

2.（　　　）不是 Python 中可取的变量名。
　　A．a　　　　　　　　B．Li_Hua　　　　　C．if　　　　　　　　D．s1y2

3．Python 中的 in 运算符属于（　　　）。
　　A．成员运算符　　　B．位运算符　　　　C．逻辑运算符　　　　D．关系运算符

4．Python 导入外部模块使用的是（　　　）语句。
　　A．include　　　　　B．import　　　　　C．insert　　　　　　D．inform

5．（　　　）是 Python 的基本输出函数名。
　　A．print　　　　　　B．printf　　　　　C．puts　　　　　　　D．output

二、判断题

1．Python 的基本数据类型包括整型、浮点型、字符串、布尔值和空值等。　（　　　）

2．Python 对变量的标识符大小写不敏感。　（　　　）

3．Python 中的变量在使用前不需要声明数据类型。　（　　　）

4．对于 Python 中的变量 a，语句 a++ 的含义与语句 a+=1 的含义一致。　（　　　）

5．Python 中 input() 函数的返回值是任意类型的。　（　　　）

三、填空题

1．在 Python 中，当所创建的整数大小超过普通整数取值范围时，将自动创建为长整数，可以对数字添加后缀_____来手动创建一个长整数。

2．空值是 Python 中的一个特殊的值，用_____来表示。

3．关系运算符也被称为关系运算符，其作用是比较两个操作数的大小并返回一个_____。

4．Python 中的 "+=" "*=" 等一类运算符，被称为_____。

5．math 模块还定义了数学常量 π，使用_____对其进行访问。

四、简述题

1．Python 有几种基本数据类型？分别介绍其作用。

2．Python 有几类运算符？分别介绍其作用。

3．什么是增强型赋值运算符？

4．简要介绍 Python 中 random 模块的函数。

5．简要介绍 Python 中的几个数学运算函数。

五、实践题

1．编写 Python 程序，输出下列数学表达式的值。

（1）$\dfrac{x}{y}+(5z+14)^2$，$x=4$，$y=2$，$z=1$。

（2）$\sin x \cos y$，$x=\dfrac{\pi}{4}$，$y=\dfrac{\pi}{6}$。

2．假如要把一笔钱以固定年利率存入账户，当这笔钱被存入账户若干年后，一共应有多少钱？计算公式为

$$最终金额=本金（1+年利率）^{年数}$$

3．编写一个程序，提示用户输入三角形的 3 个顶点(x1, y1)、(x2, y2)、(x3, y3)，并输出三角形的面积。计算三角形面积的公式为

$$s=\dfrac{a+b+c}{2}$$

$$S=\sqrt{s(s-a)(s-b)(s-c)}$$

式中，a、b、c 分别代表三角形 3 条边的边长。

第 3 章　Python 控制结构

3.1　3 种基本控制结构

在结构化程序设计中，有 3 种基本控制结构（也被称为控制语句），分别是顺序结构、选择结构和循环结构。这 3 种基本控制结构在 1996 年被意大利的 Bohra 和 Jacopini 提出。

顺序结构是最简单的控制结构，即按照语句的书写顺序依次执行。本书前面的示例代码均是顺序结构的。

选择结构也被称为分支结构，表示根据程序运行时的某些特定条件选择其中一个分支执行。选择结构可以分为单选择结构、双选择结构和多选择结构。

循环结构指程序在满足某条件时会反复执行某些操作。循环结构可以分为当型循环和直到型循环。循环结构作为程序设计中最能发挥计算机特长的基本控制结构，可以减少程序代码重复书写的工作量。

3.2　选择结构

选择结构根据程序中的某些特定条件执行特定语句。Python 提供了 if 语句、if-else 语句及 if-elif-else 语句来支持选择结构。Python 3.x 还支持将条件表达式作为一种轻量级的选择结构。

3.2.1　单选择结构——if 语句

本节介绍选择结构中最简单的单选择结构。单选择结构就是当且仅当某条件为真时，执行某代码段。Python 中单选择结构的语法结构如下。

```
if 表达式:
    语句块
```

其中，if 为 Python 的关键字，后边的表达式要返回一个布尔值或能够转换为布尔值的对象。如果该表达式返回 True，则执行下一行的语句块。需要注意的是，这里的语句块必须向右缩进若干长度；如果语句块包含多行语句，则需要有相同的缩进长度。

图 3-1 所示为 if 语句的流程图。流程图是用来描述算法或过程的图，将程序中的步骤描述为一些形状，连接这些形状的箭头表示控制流，即程序的执行方向和路线。图 3-1 中的菱形框表示条件，而普通矩形框则表示一般语句。

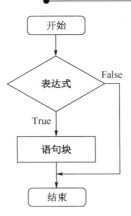

图 3-1　if 语句的流程图

代码清单 3-1 展示了一个使用 if 语句实现单选择结构的例子。程序需要用户输入两个整数，并按照升序将其输出。

代码清单 3-1　if.py

```
1    a = int(input("Please input the first integer:"))
2    b = int(input("Please input the second integer:"))
3    print("before exchange:", a, b)
4    if a > b:                        #if 语句的条件
5        a, b = b, a                  #if 语句块
6    print("after exchange", a, b)    #if 语句结构外的语句，该语句一定会被执行
```

【输出结果】

```
Please input the first integer:3
Please input the second integer:1
before exchange: 3 1
after exchange 1 3
```

在上面的程序中，第 1 行和第 2 行接收用户的输入；第 3 行打印交换前两个变量的值。当变量 a 的值小于变量 b 的值时（第 4 行），交换两个变量的值（第 5 行）。第 6 行输出交换后两个变量的值，此时变量 a 的值一定不大于变量 b。

if 语句中的表达式可以是单个变量或对象，也可以包含本书 2.3 节中介绍的运算符。其中，最常用的运算符有关系运算符（>、<、==、<=、>=、!=）和逻辑运算符（and、or、not）。这些运算符结合使用可以创造出更复杂的条件。例如，当判断一个变量 x 是否为两位数时，其代码如下。

```
if x >= 10 and x < = 99:
    …
```

与其他编程语言不同的是，Python 中的关系运算符可以连用。因此，上面的代码也可以被写为

```
if 10 <= x <= 99:
    …
```

另外，Python 还禁止在 if 后的表达式中使用赋值运算符 "="，这避免了其他编程语言中误把关系运算符 "=="写成赋值运算符 "="所带来的问题。在 Python 中，如果在 if 语句的表达式中出现赋值运算符，则程序将抛出 invalid syntax 错误。

3.2.2　双选择结构——if-else 语句

当某个条件为 True 时，使用一个 if 语句会完成一个动作；当条件为 False 时，程序将不执行任何动作而继续向后执行。如果需要在条件为 False 时也执行一些动作应该怎么办呢？这就需要使用代表双选择结构的 if-else 语句。if-else 语句会根据条件是 True 还是 False 而分别执行不同的动作。

if-else 语句的语法如下。

```
if 表达式:
    语句块 1
else:
    语句块 2
```

如果 if 关键字后的表达式返回 True，则程序执行语句块 1；如果 if 关键字后的表达式返回 False，则程序执行语句块 2。if-else 语句的流程图如图 3-2 所示。

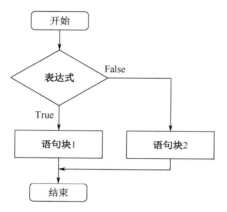

图 3-2　if-else 语句的流程图

代码清单 3-2 展示了一个使用 if-else 语句判断奇偶数的程序。

代码清单 3-2　if_else.py

```
1   x = int(input("Please input an integer:"))
2   if x % 2 == 0:
3       print(x, "is even.")      #如果 if 条件满足，则执行该句
4   else:
5       print(x, "is odd.")       #如果 if 条件不满足，则执行该句
```

【输出结果】

```
Please input an integer:15
15 is odd.
```

在上面的程序中，第 2 行用于判断用户输入的整数是否对 2 取模为 0，如果是，则该整数为偶数（第 3 行），否则为奇数（第 5 行）。

此外，Python 3.x 引入了条件表达式作为一种轻量级的双选择结构。条件表达式的作用类似于 C 语言中三目运算符（A?x:y）的作用。条件表达式的语法如下。

```
x if C else y
```

条件表达式将首先计算 C 的值，如果 C 为 True，则计算表达式 x 的值并返回，否则计算表达式 y 的值并返回。例如，下面的语句可以实现类似于绝对值函数的作用：当变量 x 为负数时，去掉负号，否则返回自身。

```
y = x if x >= 0 else -1 * x
```

3.2.3　多选择结构——if-elif-else 语句

当选择结构需要的分支多于两个时，就需要使用多选择结构，在 Python 中表现为 if-elif-else 语句。该语句将依次根据多个表达式来决定执行哪个语句块：当某个表达式返回值为 True 时，将执行该条件下的语句块，而不执行其余分支的语句块；当所有表达式都返回 False 时，将执行 else 语句下的语句块。

if-elif-else 语句的语法如下。

```
if 条件表达式 1:
    语句块 1
elif 条件表达式 2:
    语句块 2
elif 条件表达式 3:
    语句块 3
…
else:
    语句块 n
```

首先，计算条件表达式 1，如果返回 True，则执行语句块 1，否则计算条件表达式 2。如果条件表达式 2 返回 True，则执行语句块 2，否则计算条件表达式 3……如果全部表达式均返回 False，则执行 else 语句后的语句块 n。图 3-3 所示为 if-elif-else 语句的流程图。

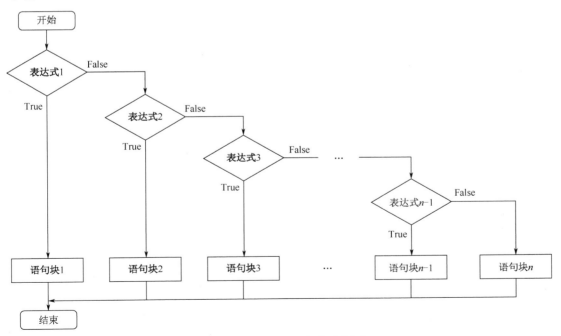

图 3-3　if-elif-else 语句的流程图

另外，if-elif-else 语句允许省略 else 语句，此时相当于 else 语句下的语句块为空语句。也就是说，如果前面所有表达式均不满足，则该选择结构将不执行任何动作。

使用多选择结构可以解决多分支的问题。例如，设计一个将百分制成绩转换为学分绩点的程序。百分制成绩与学分绩点的转换关系如表 3-1 所示。

表 3-1　百分制成绩与学分绩点的转换关系

成绩（百分制）	绩　　点
90～100	4
80～89	3
70～79	2
60～69	1
0～59	0

代码清单 3-3 展示了这个问题的解决方案。

代码清单 3-3　if_elif_else.py

```
1    score = float(input("Please input the score:"))
2    if score < 0.0 or score > 100.0:        #第1个分支
3        gpa = -1
4    elif score >= 90.0:                      #第2个分支
5        gpa = 4
6    elif score >= 80.0:                      #第3个分支
7        gpa = 3
8    elif score >= 70.0:                      #第4个分支
9        gpa = 2
10   elif score >= 60.0:                      #第5个分支
11       gpa = 1
12   else:                                    #如果所有条件均不满足，则执行此分支
13       gpa = 0
14   #下面的if-else语句用来输出结果
15   if gpa >= 0:
16       print("GPA is", gpa)
17   else:
18       print("invalid score:", score)
```

【输出结果】

```
Please input the score:97
GPA is 4
```

在上面的程序中，第 1 行接收用户输入的分数并存入变量 score。第 2～13 行是程序的多选择结构。首先，测试第 1 个条件，即分数是否合法。如果输入的成绩不合法（小于 0 分或大于 100 分），则将变量 gpa 赋值为不合法的-1。其他条件分支分别对应表 3-1 中的成绩范围，并在分支内将变量 gpa 赋值为对应的绩点。第 15～18 行的 if-else 语句判断计算出的变量 gpa 是否合法。如果 gpa 不小于 0，则输出转换后的绩点；如果 gpa 小于 0（对应第 3 行的赋值），则输出错误信息，提示用户输入不合法。

3.2.4 选择结构的嵌套

在 Python 中，一个选择结构子句中的语句也可以包括另一个选择结构。此时，内部 if 语句被称为嵌套在外部的 if 语句。内部的 if 语句也可以继续嵌套另一个 if 语句。嵌套的深度是没有限制的。

在使用嵌套的 if 语句时，需要更加注意代码的缩进量，因为这决定了代码是处在哪一级代码块中的，从而影响程序的逻辑是否被正确地实现。

代码清单 3-4 展示了 if 语句的嵌套。用户输入三角形的 3 条边的长度，程序判断能否组成三角形，如果能组成三角形，则输出三角形的面积并判断该三角形满足哪些类型（锐角三角形、直角三角形、钝角三角形、等腰三角形、等边三角形）。

代码清单 3-4　triangleType.py

```
1   import math
2   #接收用户输入的三角形 3 条边的长度
3   a = float(input("Please input a:"))
4   b = float(input("Please input b:"))
5   c = float(input("Please input c:"))
6   #升序排列 3 条边的长度
7   if a < c:
8       a, c = c, a
9   if a < b:
10      a, b = b, a
11  if b < c:
12      b, c = c, b
13
14  if b + c > a:                    #如果构成三角形
15      s = (a + b + c) / 2.0
16      area = math.sqrt(s * (s - a) * (s - b) * (s - c))
17      print("The triangle's area is", area)
18      #计算最大内角的余弦值
19      cosA = (b * b + c * c - a * a) / 2.0 / b / c
20      if cosA > 0.0:              #锐角三角形
21          print("The triangle is an acute triangle.")
22      elif cosA == 0.0:          #直角三角形
23          print("The triangle is a right triangle.")
24      else:                      #钝角三角形
25          print("The triangle is an obtuse triangle.")
26
27      if a == b == c:            #等边三角形
28          print("The triangle is an equilateral triangle.")
29      elif a == b or b == c:     #等腰三角形
30          print("The triangle is an isosceles triangle.")
31  else:                          #如果不构成三角形
32      print("Not a triangle.")
```

【输出结果】

```
Please input a:6
Please input b:6
Please input c:6
The triangle's area is 15.5884572681
The triangle is an acute triangle.
The triangle is an equilateral triangle.
```

在上面的程序中，第 3～5 行接收用户输入；第 7～12 行将 3 条边的长度 a、b、c 按照升序排列；第 14～32 行进入最外层的选择结构，判断最短的两边之和（a+b）是否大于最长边（c），如果大于，则进入内层语句块，否则输出构不成三角形的信息（第 32 行）。在内层语句块中，第 15～17 行利用海伦公式计算三角形面积并输出。第 19 行利用余弦公式计算最大角 A 的余弦值。第 20～25 行的第 1 个内层 if 语句根据 cosA 值输出三角形是锐角三角形（第 21 行）、直角三角形（第 23 行）还是钝角三角形（第 25 行）。第 27～30 行的第 2 个内层 if 语句输出三角形是等边三角形（第 28 行）还是等腰三角形（第 30 行）。如果三角形既不是等腰三角形也不是等边三角形，则不输出信息（第 2 个内层 if 语句无 else 子句）。

3.3 实例：使用选择结构进行程序设计

本节将介绍两个使用选择结构的程序实例，以加深读者对选择结构和 if 语句的认识。

3.3.1 鉴别合法日期

本节将使用选择结构来判断用户输入的日期是否为合法日期。用户输入代表年、月、日的 3 个整数，程序输出该日期是否合法。为了简化问题，这里假定程序只认定公元 1 年及之后的年份合法。

在这个问题中，需要特别注意的是闰年问题。要注意闰年 2 月和平年 2 月的天数是不同的。如果一个年份能被 4 整除但不能被 100 整除，或者能被 400 整除，则该年为闰年。因此，使用下面的布尔表达式可以判断这一年是否为闰年。

```
(year % 4 == 0 and year % 100 != 0) or (year % 400 == 0)
```

代码清单 3-5 展示了鉴别合法日期完整程序。

代码清单 3-5 checkDate.py

```
1    #接收用户输入的代表年、月、日的整数
2    year = int(input("Please input the year:"))
3    month = int(input("Please input the month:"))
4    day = int(input("Please input the day:"))
5
6    if year > 0:                                  #年份合法
7        if month in {1, 3, 5, 7, 8, 10, 12}:
8            if 1 <= day <= 31:                    #31 天的月份的日期合法
9                print("Valid date.")
10           else:
11               print("Invalid day.")
12       elif month in {4, 6, 9, 11}:
```

```
13              if 1 <= day <= 30:                        #30 天的月份的日期合法
14                  print("Valid date.")
15              else:
16                  print("Invalid day.")
17          elif month == 2:
18              if (year % 4 == 0 and year % 100 != 0) or (year % 400 == 0):
19                  if 1 <= day <= 29:                     #闰年 2 月的日期合法
20                      print("Valid date.")
21                  else:
22                      print("Invalid day.")
23              else:
24                  if 1 <= day <= 28:                     #平年 2 月的日期合法
25                      print("Valid date.")
26                  else:
27                      print("Invalid day.")
28          else:                                          #月份不合法
29              print("Invalid month.")
30      else:                                              #年份不合法
31          print("Invalid year.")
```

【输出结果】

```
Please input the year:1900
Please input the month:2
Please input the day:29
Invalid date.
```

在上面的程序中，第 2～4 行用于接收用户的输入。程序首先判断变量 year（年份）是否合法（大于 0），若不合法，则输出信息（第 30 行和第 31 行）；若合法，则检查变量 month（月份）。若月份为 1 月、3 月、5 月、7 月、8 月、10 月或 12 月（第 7 行），则 day 的值应该在 1 到 31 之间（第 8～11 行）；若月份为 4 月、6 月、9 月或 11 月（第 12 行），则 day 的值应该在 1 到 30 之间（第 13～16 行）；若月份为 2 月（第 17 行），则根据年份是否为闰年（第 18 行）来决定 day 的范围是 1～29，还是 1～28。若变量 month 的范围不是以上几个范围，则输出月份非法信息（第 28 行和第 29 行）。

第 7 行和第 12 行采用成员运算符 in 来判断变量 month 的范围。运算符后使用花括号括起来的几个数字构成一个集合。有关集合的概念将在本书第 5 章中介绍。第 12 行中的表达式等价于下面的表达式：

```
month == 4 or month == 6 or month == 9 or month == 11
```

3.3.2　判断两个圆的位置关系

在游戏编程中，经常需要检测两个图形之间的关系。本节将给出判断平面内两个圆的位置关系的程序。用户需要输入两个圆的圆心坐标及半径，程序输出一行表明两个圆的关系的语句。

在中学数学课上我们已经学过，平面内两个圆之间有 5 种位置关系，即外离、外切、相交、内切、内含，再加上重合，一共有 6 种位置关系。设两个圆的半径分别为 R 和 $r(R \geq r)$，两个圆的圆心距为 d，则两个圆的位置关系的判定条件如表 3-2 所示。

表 3-2　两个圆的位置关系的判定条件

位　置　关　系	判　定　条　件	图　　　示
外离	$d>R+r$	
外切	$d=R+r$	
相交	$R-r<d<R+r$	
内切	$d=R-r\ (R\neq r)$	
内含	$d<R-r$	
重合	$d=0$ 且 $R=r$	

圆心距 d 可以由两个圆的圆心坐标计算得出，计算公式为 $d=\sqrt{(x_2-x_1)^2+(y_2-y_1)^2}$ 。
我们可以将其直接翻译成 Python 表达式，也可以调用 math 模块的 hypot()函数实现。

代码清单 3-6 展示了这段程序。

代码清单 3-6　twoCircles.py

```
1   import math
2   #接收用户输入的两个圆的圆心位置和半径
3   x1, y1 = eval(input("Input the center of the first circle x,y:"))
4   r1 = float(input("Input the radius of the first circle:"))
5   x2, y2 = eval(input("Input the center of the second circle x,y:"))
6   r2 = float(input("Input the radius of the second circle:"))
7
8   d = math.hypot(x1 - x2, y1 - y2)                      #求圆心距
9
10  if d < abs(r1 - r2):
11      print("Internal circles.")                       #内含
12  elif d == abs(r1 - r2):
13      if r1 == r2:
14          print("Coincided circles.")                  #重合
15      else:
16          print("Internally tangent circles.")         #内切
17  elif d < r1 + r2:
```

```
18        print("Secant circles.")                          #相交
19 elif d == r1 + r2:
20        print("Externally tangent circles.")              #外切
21 else:
22        print("External circles.")                        #外离
```

【输出结果】

```
Input the center of the first circle x,y:0,0
Input the radius of the first circle:150
Input the center of the second circle x,y:60,80
Input the radius of the second circle:50
Internally tangent circles.
```

在上面的程序中，第 3～6 行接收用户输入的两个圆的圆心坐标和半径；第 8 行计算圆心距 d；第 10～22 行是程序的主体部分，判断两个圆的位置关系并输出相应信息。

我们还可以将程序中描述的图形绘制出来，更加直观地验证这一程序。Python 标准库提供的 turtle 模块可以进行简单的图形绘制。当然，该模块的学习不是强制性的，读者可以选择跳过或以后再学习。

turtle 模块可以模拟一只海龟在屏幕上的移动，并将移动的轨迹选择性地打印在屏幕上。使用 turtle 模块创建一个窗口，窗口暗含一个平面直角坐标系，窗口中心为坐标原点，向右为 x 轴正方向，向上为 y 轴正方向。

窗口显示一个箭头代表画笔（海龟），通常情况下位于屏幕中心（坐标系原点）并朝右。画笔有两种状态，即放下的和拿起的，可以使用 turtle.pendown() 函数和 turtle.penup() 函数进行切换。在默认情况下，画笔是放下的。当画笔处于放下的状态时，调用一些函数可以移动画笔并绘制其移动轨迹；当画笔处于拿起的状态时，仅移动画笔而不绘制轨迹。

turtle 模块的部分函数如表 3-3 所示。若要查看该模块的所有函数，请参考 Python 官方文档。

表 3-3　turtle 模块的部分函数

函 数 原 型	描　　述
turtle.penup()	设置画笔状态为拿起的
turtle.pendown()	设置画笔状态为放下的
turtle.forward(distance)	将画笔向前移动 distance 像素
turtle.backward(distance)	将画笔向后移动 distance 像素
turtle.right(angle)	将画笔向右旋转 angle 度
turtle.left(angle)	将画笔向左旋转 angle 度
turtle.goto(x, y)	将画笔直线移动到(x,y)坐标处
turtle.setheading(to_angle)	设置画笔角度为 to_angle
turtle.circle(radius)	以当前画笔方向为切线方向，以 radius 为半径画圆
turtle.dot(size=None, *color)	在画笔位置绘制一个点，两个可选参数用来设置点的大小和颜色
turtle.write(arg)	打印信息
turtle.done()	结束绘制

代码清单 3-7 仅用 turtle 模块就将代码清单 3-6 的程序结果直观地绘制了出来。通过代码清单 3-7 绘制出的图形及输出的信息可以验证代码清单 3-6 中的程序是否正确。

代码清单 3-7   twoCircles_turtle.py

```
1    import math
2    import turtle
3    #接收用户输入的两个圆的圆心位置和半径
4    x1, y1 = eval(input("Input the center of the first circle x,y:"))
5    r1 = int(input("Input the radius of the first circle:"))
6    x2, y2 = eval(input("Input the center of the second circle x,y:"))
7    r2 = int(input("Input the radius of the second circle:"))
8
9    d = math.hypot(x1 - x2, y1 - y2)                              #求圆心距
10   #绘制第1个圆
11   turtle.penup()
12   turtle.goto(x1, y1 - r1)
13   turtle.pendown()
14   turtle.circle(r1)
15   #绘制第2个圆
16   turtle.penup()
17   turtle.goto(x2, y2 - r2)
18   turtle.pendown()
19   turtle.circle(r2)
20   #准备绘制文字说明
21   turtle.penup()
22   turtle.goto((x1 + x2) / 2 - 70, min(y1 - r1, y2 - r2) - 20)
23   turtle.pendown()
24   #通过选择结构来输出文字说明
25   if d < abs(r1 - r2):
26       turtle.write("Internal circles.")                        #内含
27   elif d == abs(r1 - r2):
28       if r1 == r2:
29           turtle.write("Coincided circles.")                   #重合
30       else:
31           turtle.write("Internally tangent circles.")          #内切
32   elif d < r1 + r2:
33       turtle.write("Secant circles.")                          #相交
34   elif d == r1 + r2:
35       turtle.write("Externally tangent circles.")              #外切
36   else:
37       turtle.write("External circles.")                        #外离
38
39   turtle.hideturtle()
40   turtle.done()
```

【输出结果】

```
Input the center of the first circle x,y:0,0
Input the radius of the first circle:150
Input the center of the second circle x,y:60,80
Input the radius of the second circle:50
```

程序绘制结果如图 3-4 所示。

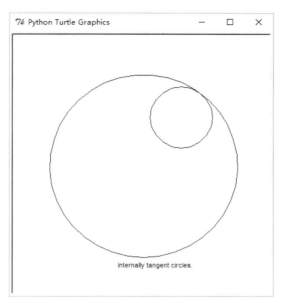

图 3-4　程序绘制结果

3.4　循环结构

假设需要程序执行一些重复的行为，如打印出 1～1000 的所有整数，那么写 1000 行 print 语句将是一个非常乏味的过程。因此，编程语言提供了循环的概念。在循环结构中，程序将重复执行某一过程，直至满足某些特定条件。

循环结构是控制一个语句块重复执行的结构。Python 有两种类型的循环语句：while 循环和 for 循环。while 循环是一种条件控制循环，通过判断某个条件的真与假来控制；for 循环是一种计数器控制循环，将循环内的语句块重复执行特定的次数。

3.4.1　while 循环

在 Python 中，while 循环的语法如下。

```
while 表达式：
    语句块
```

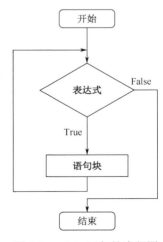

其中，while 为关键字，后边的表达式将返回一个布尔值或返回能转换为布尔值的对象。程序首先计算该表达式的值，如果表达式返回 True，则执行语句块；然后程序跳转回 while 语句的第 1 行重新计算表达式的值，直到表达式返回 False，则跳出 while 循环，执行后面的语句。语句体每执行一次被称为这个循环的一次迭代。图 3-5 所示为 while 语句的流程图。

图 3-5　while 语句的流程图

要使用 while 循环实现本节一开始所说的打印 1～1000 的所有整数的程序，只需使用代码清单 3-8 中的 4 行代码。

代码清单 3-8　printNumbers.py

```
1    number = 1
2    while number <= 1000:    #循环条件
3        print(number)
4        number += 1
```

在上面的程序中，第 1 行初始化变量 number 的值为 1；第 2～4 行开始 while 循环，当 number 小于或等于 1000 时，重复执行语句块。循环的一次迭代为先打印 number 的值，再使其自增 1。迭代 1000 次后跳出循环，结束程序。

需要注意的是，while 循环中的语句块同样要比 while 关键字一行缩进若干字符长度。假设上面的程序中第 4 行没有缩进，那么这个循环将是一个死循环，程序会一直打印整数 1。

在编写 while 循环时，需要确保这个循环会在执行有限次迭代后停止，否则程序会进入一个死循环，不会自动结束运行，也不会执行循环后面的语句。

回顾代码清单 3-4 中让用户输入三角形 3 条边的长度来判断三角形的类型。现在学习了 while 循环，可以改进这个程序，如果用户输入的 3 条边的长度无法构成三角形，则提醒用户重新输入，直到可以构成三角形，如代码清单 3-9 所示。

代码清单 3-9　triangleType.py

```
1    import math
2    #接收用户输入的 3 条边的长度
3    a = float(input("Please input a:"))
4    b = float(input("Please input b:"))
5    c = float(input("Please input c:"))
6    #按升序排列 3 条边的长度
7    if a < c:
8        a, c = c, a
9    if a < b:
10       a, b = b, a
11   if b < c:
12       b, c = c, b
13   #循环结构可以保证构成三角形
14   while b + c <= a:         #无法构成三角形
15       print("Not a triangle. Try again.")
16       #重新输入 3 条边的长度并按升序排列
17       a = float(input("Please input a:"))
18       b = float(input("Please input b:"))
19       c = float(input("Please input c:"))
20       if a < c:
21           a, c = c, a
22       if a < b:
23           a, b = b, a
24       if b < c:
25           b, c = c, b
26
27   s = (a + b + c) / 2.0
28   area = math.sqrt(s * (s - a) * (s - b) * (s - c))
```

```
29   print("The triangle's area is", area)
30   #计算最大内角的余弦值
31   cosA = (b * b + c * c - a * a) / 2.0 / b / c
32   if cosA > 0.0:              #锐角三角形
33       print("The triangle is an acute triangle.")
34   elif cosA == 0.0:          #直角三角形
35       print("The triangle is a right triangle.")
36   else:                      #钝角三角形
37       print("The triangle is an obtuse triangle.")
38
39   if a == b == c:            #等边三角形
40       print("The triangle is an equilateral triangle.")
41   elif a == b or b == c:     #等腰三角形
42       print("The triangle is an isosceles triangle.")
```

【输出结果】

```
Please input a:1
Please input b:2
Please input c:5
Not a triangle. Try again.
Please input a:6
Please input b:6
Please input c:7
The triangle's area is 17.0568901034
The triangle is an acute triangle.
The triangle is an isosceles triangle.
```

在 Python 中，while 循环也可与 else 语句搭配使用：

```
while 表达式:
    语句块
else:
    语句块
```

else 语句将在 while 循环正常结束后执行。

3.4.2　for 循环

在使用循环结构时，用户经常会控制一个循环体执行若干次。这种使用一个控制变量统计执行次数的循环被称为计数器控制的循环。在使用 while 循环时，程序大致被设计为如下形式。

```
i = initialValue
while i < endValue:
    语句块
    i += 1
```

此时，while 循环将会执行 endValue−initialValue 次迭代。我们可以使用 for 循环来简化上面的循环。for 循环的语法如下。

```
for 变量 in 序列:
    语句块
```

序列中一般以某种方式存储多个对象。在 Python 中，字符串、列表、元组、集合等都属于序列型的对象。这些内容主要在第 5 章和第 7 章中讲解。现在，使用内置函数 range() 来产生一个列表。

range() 函数的原型为 range(start, stop[, step])，参数必须是整型的。使用两个参数可以创建一个[start,end)区间内的连续整数的列表。如果指定第 3 个参数，则创建该区间内的一个公差为 step 的等差数列。

因此，上面的 while 循环可以被下面的 for 循环代替：

```
for i in range(initialValue, endValue):
    语句块
```

假设要统计用户输入的一段字符串中某个字符的数量，则可以通过 for 循环来实现，如代码清单 3-10 所示。

代码清单 3-10　calSpaces.py

```
1    str = input("Please input a sentence:")
2    count = 0
3    for ch in str:              #遍历每个字符
4      if ch == ' ':
5          count += 1            #如果字符为空格，则计数器加 1
6    print("The sentence has", count, "space(s).")
```

【输出结果】

```
Please input a sentence:I love learning Python.
The sentence has 3 space(s).
```

与 while 循环相同，for 循环也可与 else 语句搭配使用：

```
for 变量 in 序列:
    语句块
else:
    语句块
```

3.4.3　break 语句与 continue 语句

break 语句与 continue 语句一般用于循环结构，为循环结构提供额外的控制。

1. break 语句

break 语句只包含一个关键字 break，且只能出现在 while 循环或 for 循环中。当程序执行到 break 语句时，将跳出整个循环结构而继续执行后面的语句。需要注意的是，由于 break 语句会使循环非正常结束，在 while-else 与 for-else 结构中使用 break 语句将同时跳过 else 语句下方的缩进代码。

例如，某系统要求用户登录时在 3 次以内输入正确的密码，否则禁止该用户登录。代码清单 3-11 使用 break 语句展示了这一程序。

代码清单 3-11　breakStatement.py

```
1    PASSWORD = "12345678"
2
3    flag = False
```

```
4     for i in range(1, 4):
5         pwd = input("Please input the password:")
6         if pwd == PASSWORD:              #如果密码正确
7             flag = True                  #设置变量 flag
8             break                        #结束输入密码的循环
9         print("Password is not correct,Try Again.")
10    if flag:
11        print("You just logged in.")
12    else:
13        print("You failed to log in.")
```

【输出结果】

```
Please input the password:123
Password is not correct, Try Again.
Please input the password:12345678
You just logged in.
```

在上面的程序中，第 4～9 行的 for 循环实现了输入 3 次密码并判断用户是否输入正确的过程。如果用户输入正确，则改变变量 flag 的值并跳出 for 循环，否则打印错误信息并准备开始下一次迭代。在 for 循环结束后，程序通过检测变量 flag 的值来判断密码是否被正确输入并打印对应提示信息（第 10～13 行）。

2. continue 语句

continue 语句只包含一个关键字 continue，同样也只能出现在 while 循环或 for 循环中。当程序执行到 continue 语句时，将立即终止当前迭代，并开始下一次迭代。

代码清单 3-12 展示了在循环中使用 continue 语句的效果，用来计算 1～100 范围内不是 7 的倍数的所有整数的和。

代码清单 3-12　continueStatement.py

```
1     sum = 0
2     for num in range(1, 101):
3         if num % 7 == 0:              #如果数字是 7 的倍数
4             continue                  #跳过该数，进行下一次迭代
5         sum += num                    #如果该数没有被跳过，则将其加到总和中
6     print("The sum is", sum)
```

【输出结果】

```
The sum is 4315
```

程序的主体是一个从 1 到 100 的 for 循环，当变量 num 是 7 的倍数时（第 3 行），程序执行到 continue 语句时将跳过第 5 行的累加操作，重新执行下一次迭代。

合理地使用 break 语句和 continue 语句能使程序变得简单且容易理解。但是使用过多的 break 语句和 continue 语句会使循环有太多退出点而导致很难被读懂，因此应该小心使用。

3.4.4　循环结构的嵌套

与选择结构相同，循环结构也可以进行嵌套。在嵌套的循环结构中，当外层循环进入

下一次迭代时，内层循环将重新初始化并重新开始。在使用嵌套的循环结构时，同样要注意代码的缩进问题，否则也会导致代码的逻辑发生变化。另外，当 break 语句和 continue 语句出现在嵌套的循环结构中时，将只作用于最内层循环。

代码清单 3-13 展示了一个使用嵌套 for 循环来打印乘法口诀表的程序。

代码清单 3-13　multiplicationTable.py

```
1    print("Multiplication Table")
2    for i in range(1, 10):                #外层循环，每次迭代输出一行
3        for j in range(1, i + 1):         #内层循环，每次迭代输出一个式子
4            print(i, "*", j, "=", i * j, "\t", end=" ")
5        print("")
```

【输出结果】

```
Multiplication Table
1*1=1
2*1=2    2*2=4
3*1=3    3*2=6    3*3=9
4*1=4    4*2=8    4*3=12    4*4=16
5*1=5    5*2=10   5*3=15    5*4=20    5*5=25
6*1=6    6*2=12   6*3=18    6*4=24    6*5=30    6*6=36
7*1=7    7*2=14   7*3=21    7*4=28    7*5=35    7*6=42    7*7=49
8*1=8    8*2=16   8*3=24    8*4=32    8*5=40    8*6=48    8*7=56    8*8=64
9*1=9    9*2=18   9*3=27    9*4=36    9*5=45    9*6=54    9*7=63    9*8=72
9*9=81
```

在上面的程序中，第 1 行输出标题；第 2～5 行为外层循环，外层循环每迭代一次就打印一行的信息；第 3 行和第 4 行为内层循环，内层循环每迭代一次就打印一个乘法式；第 5 行的作用是打印完一行后换行。

需要注意的是，循环嵌套所执行的命令数量是乘法上升的，这也意味着计算机执行该程序的时间也是乘法上升的。在上面的程序中，假设输出一个乘法式需要消耗 1 单位时间，则该程序需要执行 $(1+9)×9/2=45$ 单位时间。当每层循环需要迭代的次数增加时，嵌套循环所消耗的时间会显著增加。

3.5　实例：使用循环结构进行程序设计

3.5.1　计算质数

在小学数学课上我们已经学过，如果一个正整数（1 除外）只能被 1 和其自身整除，那么这个数就是质数（也被称为素数）。例如，2、3、5 都是质数，而 4、6、8 都不是质数。

当前任务是输出 100 以内的所有质数，每行显示 10 个，并显示总的质数的数量。显然，我们需要一个循环来对每个数进行检查，如果满足条件，则该数为质数。对于每个数的检查过程，又需要一个循环来检查该数有没有除 1 和其自身以外的因数。因此，程序需要使用两层循环来实现。

由数学知识可知，为了判断一个数 number 是否是质数，需要检测这个数能否被 2、3、

4、…、$\lfloor \sqrt{number} \rfloor$ 中的一个数整除。如果能，则这个数不是质数，否则这个数是质数。

代码清单 3-14 展示了计算质数的完整程序。

代码清单 3-14　primeNumber.py

```
1    import math
2
3    MAX_NUM = 100
4    count = 0
5    print("The prime numbers in [1,100] are" )
6    for number in range(2, MAX_NUM):         #外层循环每次迭代为一个待检测的数
7        isPrime = True
8        #内层循环检测一个数是否是质数
9        for divisor in range(2, int(math.floor(math.sqrt(number))) + 1):
10           if number % divisor == 0:         #能够被 1 和其自身以外的数整除
11               isPrime = False
12               break
13       if isPrime:                           #如果该数为质数
14           count += 1
15           print(number, "\t", end=" ")     #输出该数
16           if count % 10 == 0:               #每 10 个数换行输出
17               print("")
```

【输出结果】

```
The prime numbers in [1,100] are
2    3    5    7    11   13   17   19   23   29
31   37   41   43   47   53   59   61   67   71
73   79   83   89   97
```

程序的主体部分（第 6～17 行）为两层 for 循环的嵌套。外层循环遍历 100 以内的数字，内层循环用来检查某个数是否是质数，并使用布尔型变量 isPrime 来记录，如果该数是质数，则打印该数。同时，使用变量 count 统计质数的数量，当数量为 10 的倍数时，控制输出换行（第 16 行和第 17 行）。

实际上，该算法并不是求某个范围内质数的最快速的算法。在学习了有关列表的知识后，本书将对该算法进行优化。

3.5.2　计算 π 的近似值

在数学中，圆周率 π 是一个非常重要的常数。通过计算机编程，可以快速地计算圆周率的近似值。本节将展示两种计算 π 的近似值的方法。

1. 级数估计法

由微积分中有关级数的知识可以推导出下面的式子：

$$\frac{\pi}{4} = \arctan(1) = 1 - \frac{1}{3} + \frac{1}{5} - \frac{1}{7} + \frac{1}{9} - \frac{1}{11} + \cdots + \frac{(-1)^{i+1}}{2i-1} \quad (i = 2, 3, \cdots)$$

当 $i \to \infty$ 时，这一级数将趋近于 π/4。在程序设计中，无法实现模拟无限项的和，因此只能通过使 i 足够大来求得一个近似值。i 的值越大，所求得的值越精确。使用级数估计法

计算 π 的近似值的完整程序如代码清单 3-15 所示。

代码清单 3-15　series.py

```
1    import math
2    #输出math模块定义的常量pi
3    print("PI given by math.PI is", math.pi)
4
5    MAX_NUMBER = 100000
6    ans = 0.0
7    for i in range(1, MAX_NUMBER, 2):          #i 表示每一项的分母
8        i *= 1 if (i - 1) % 4 == 0 else -1 #计算项前的符号
9        ans += 1.0 / i                         #每次迭代计算级数的一项并加到结果中
10   print("PI estimated by Series is", ans * 4)
```

【输出结果】

```
PI given by math.PI is 3.14159265359
PI estimated by Series is 3.14157265359
```

2. 蒙特卡罗模拟

蒙特卡罗模拟使用随机数来解决问题，在各个方面都有非常广泛的应用。使用蒙特卡罗模拟也可以估计某些图形的面积。

例如，在一个平面直角坐标系中有一个封闭图形，我们可以使用蒙特卡罗模拟来估计该图形的面积：首先找到该图形的外接矩形，然后在该矩形中随机地选取 n 个点，最后计算在该图形内部的点的数量为 m，可以认为

$$\frac{m}{n} \approx \frac{\text{待求图形面积}}{\text{矩形面积}}$$

当该图形为圆时，可以先使用蒙特卡罗模拟来估计圆的面积，再根据圆的面积公式来计算圆周率的值。假设圆的半径为 1，圆心位于坐标原点，其外接正方形面积为 4，则可以推导出 $\pi \approx \frac{4m}{n}$。使用蒙特卡罗模拟计算 π 的近似值的完整程序如代码清单 3-16 所示。

代码清单 3-16　monteCarloSimulation.py

```
1    import math
2    import random
3    #输出math模块定义的常量pi
4    print("PI given by math.PI is", math.pi)
5
6    NUMBER_OF_TRIALS = 1000000
7    hit = 0
8    for i in range(0, NUMBER_OF_TRIALS):        #每次迭代为一个点的随机选取
9        x = random.uniform(-1.0, 1.0)          #随机产生横坐标
10       y = random.uniform(-1.0, 1.0)          #随机产生纵坐标
11       if x * x + y * y <= 1.0:               #如果点在圆内
12           hit += 1                            #增加计数器的值
13   print("PI estimated by Monte Carlo simulation is",\
14       float(hit) / NUMBER_OF_TRIALS * 4)
```

【输出结果】

```
PI given by math.PI is 3.14159265359
PI estimated by Monte Carlo simulation is 3.141924
```

在上面的程序中，第 9 行和第 10 行在正方形范围内产生随机点(x,y)，如果 $x^2 + y^2 \leqslant 1$，那么这个点就在圆内。最终根据上面的式子推导出 π 的近似值。

小结

本章介绍了 Python 的 3 种基本控制结构——顺序结构、选择结构和循环结构。Python 使用 if 语句表示选择结构，与 C++、Java 等语言的用法非常相似，只是格式略有不同。while 循环和 for 循环可以表示循环结构。break 语句和 continue 语句为循环结构提供了额外的控制。在实际应用中，几乎所有问题都需要使用选择结构和循环结构进行控制。本章所介绍的知识是学习一门编程语言的基础，也是最基本的要求。

习题

一、选择题

1. Python 提供了结构化程序设计的 3 种基本结构，这 3 种基本结构是（　　）。
   A．递归结构、选择结构、循环结构
   B．选择结构、过程结构、顺序结构
   C．过程结构、输入输出结构、转向结构
   D．选择结构、循环结构、顺序结构

2. 以下关键字中不属于分支或循环语句的是（　　）。
   A．else　　　　　B．in　　　　　C．for　　　　　D．while

3. Python 中用于表示代码块所属关系的语法是（　　）。
   A．缩进　　　　　B．冒号　　　　　C．花括号　　　　　D．圆括号

4. 以下关于 Python 循环结构的描述中，错误的是（　　）
   A．continue 语句只结束本次循环
   B．遍历循环中的遍历结构可以是字符串、文件、组合数据类型和 range()函数等
   C．break 语句用来结束当前当次语句，但不跳出当前的循环体
   D．Python 通过 for、while 等关键字构建循环结构

5. 以下关于 Python 分支的描述中，错误的是（　　）
   A．缩进是 Python 分支语句的语法部分，缩进不正确会影响分支功能
   B．Python 分支结构使用关键字 if、elif 和 else 来实现，每个 if 后面必须有 elif 或 else
   C．if 语句会判断 if 后面的逻辑表达式，当表达式为 True 时，执行 if 后续的语句块
   D．if-else 结构是可以嵌套的

二、判断题

1．在 Python 中，关系运算符可以连续使用，如 1<3<5 等价于 1<3 and 3<5。（　　）

2．如果仅用于控制循环次数，那么使用 for i in range(20)和 for i in range(20,40)的作用是等价的。（　　）

3．有 else 语句的循环如果因为执行了 break 语句而退出，则会执行 else 语句中的代码。（　　）

4．对于有 else 语句的循环语句，如果是因为循环条件表达式不成立而自然结束循环，则执行 else 语句中的代码。（　　）

5．条件表达式中允许使用赋值运算符，不会提示语法错误。（　　）

三、填空题

1．Python 提供了 if 语句、if-else 语句及＿＿＿＿＿＿＿＿＿＿＿语句来支持选择结构。

2．在循环语句中，＿＿＿＿＿＿＿＿＿＿＿语句的作用是提前结束本层循环。

3．在循环语句中，＿＿＿＿＿＿＿＿＿＿＿语句的作用是提前进入下一次循环。

4．＿＿＿＿＿＿＿＿＿＿＿语句是 else 语句和 if 语句的组合。

5．在使用嵌套的 if 语句时，需要更加注意代码的＿＿＿＿＿＿＿＿＿＿＿，因为这决定了代码是处在哪一级代码块中的，从而影响程序的逻辑是否被正确地实现。

四、简答题

1．简述 3 种基本控制结构的作用。

2．while 循环和 for 循环有哪些区别？

3．举例说明 break 语句和 continue 语句的作用。

4．Python 中的选择语句包括哪几种常用的形式？

5．if 语句中的表达式可以是哪些形式的？

五、实践题

1．编写程序，先随机产生两个 100 以内的正整数，再提示用户输入这两个整数的和。如果用户输入的答案正确，则提示用户计算正确，否则提示用户计算错误。

2．平面上有两条线段 a 和 b，线段 a 的两端点坐标为(x1, y1)和(x2, y2)，线段 b 的两端点坐标为(x3, y3)和(x4, y4)。设计程序提示用户输入这 4 个点的坐标，判断两条线段是否有交点并输出结果。

3．编写程序，先提示用户输入正整数 n，再计算下面式子的和。

$$\frac{1}{1+\sqrt{2}}+\frac{1}{\sqrt{2}+\sqrt{3}}+\frac{1}{\sqrt{3}+\sqrt{4}}+\cdots+\frac{1}{\sqrt{n-1}+\sqrt{n}}$$

4．编写程序，先指定用户输入一个大于 1 的正整数 n，再将 n 分解为质因数并升序输出。例如，如果用户输入整数 120，则程序应输出 2、2、2、3、5。

第4章 函　　数

4.1　函数的定义

在程序设计过程中，很多操作的功能是非常相似甚至完全相同的。当然，可以把代码块复制到不同位置，但如果需要对这段代码进行纠错或修改，则会遇到很大困难，使代码间的关系变得更加复杂，很可能在修补旧漏洞的同时引入新的漏洞。那么，只编写一个通用的代码重复使用会不会更好呢？此时，可以定义一个函数，这样可以创建可重用代码。

函数是为实现一个操作而集合在一起的语句集。函数不仅可以实现代码的复用，还可以保证代码的一致性。在前面的章节中，读者已经学习了如何调用一些函数。例如，当调用 math.sin(x)时，系统会执行函数中的语句并返回结果。在本章中，读者要学习如何定义和使用函数，以及如何应用函数来解决复杂的问题。

4.2　定义函数

定义一个函数的语法如下。

```
def 函数名(参数列表):
    函数体
```

例如，可以定义一个函数来找出两个数中比较大的那个。这里将这个函数命名为 max，其中包括两个参数，执行该函数将返回较大的数。图 4-1 所示为 max()函数的定义，并标注了各个部分。

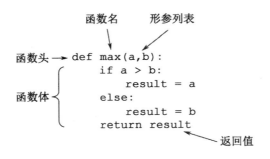

图 4-1　max()函数的定义

函数的定义包括函数头和函数体两部分。函数头以 def 关键字开始，其后必须跟着函数名和形参列表，并以冒号结束。函数头中的参数被称为形式参数（简称形参）。函数可以有 0 到多个参数。即使函数中没有参数，也需要保留括号。

函数体包含一系列语句，用于实现函数的具体内容。例如，图 4-1 中的 max()函数在函数体中通过一个选择结构来判断两个参数中哪个更大并返回这个数的值。

一些函数有返回值，而另一些函数没有返回值。使用带关键字的 return 语句可以使函数返回一个值。执行 return 语句意味着终止函数。

4.3 调用函数

函数的定义用来说明函数要做什么。要使用函数就必须调用函数。在前几章中已经尝试过调用某些内置函数和模块函数。对于函数，可以通过"函数名(实参列表)"的语法来调用。

如果函数有返回值，则可以在调用函数的同时传递返回值，此时这个函数调用可以被当作一个值来处理。例如，当调用系统内置函数 abs()时，可以使用赋值运算符和一个变量来存储这个值：

```python
number = abs(-1)
```

也可以将这个函数直接放在其他表达式或语句中进行运算。例如：

```python
abs(pow(-2, 3))
print(abs(-1) * 3 + pow(2, 2))
```

函数也可以通过一条语句来调用而不接收任何值。这种情况一般应用于无返回值的函数。实际上，当函数有返回值时，也可以被当作语句来调用，此时会忽略函数的返回值。这种情况很少见，但如果函数调用者对返回值不感兴趣，这样也是允许的。

代码清单 4-1 展示了定义和调用图 4-1 中的 max()函数的完整程序。

代码清单 4-1　maxFunction.py

```python
1    def max(a, b):          #定义 max()函数
2        if a > b:
3            result = a
4        else:
5            result = b
6            return result
7
8    def main():             #定义 main()函数
9        x = 1
10       y = 2
11       z = max(x, y)       #在 main()函数中调用 max()函数
12       print("The larger number of", x, "and", y, "is", z)
13
14   main()                  #全局调用 main()函数
```

这个程序包含 max()函数和 main()函数。第 14 行调用了 main()函数。在 Python 中，main()函数的使用并不像 C 语言等一样是强制的，但大多数开发人员习惯上还是会定义一个 main()函数。

当程序执行到函数调用语句时，程序的控制权会被转移到被调用的函数中。当函数执行完成后（执行完最后一行或遇到 return 语句），程序将控制权交还给调用者。

在代码清单 4-1 中，解释器逐行读取代码文件。当解释器读取到第 1～6 行和第 8～12 行的函数时，会记录函数原型，但此时不会让函数执行。当解释器读取到第 14 行时，调用 main()函数，此时控制权被转移到 main()函数中，跳转到第 8 行中执行。

当程序执行到 main()函数时,会先执行变量 x 和变量 y 的两条赋值语句,再在第 11 行中调用 max(x, y)函数,此时控制权被转移到 max()函数中,跳转到第 1 行中执行。

当程序跳转到 max()函数中执行时,变量 x 的值会被传递给形参 a,变量 y 的值会被传递给形参 b,并跳转到 max()函数内部执行。当 max()函数的 return 语句执行完成后,max()函数会将控制权转移给调用者(此例中是 main()函数),并且解释器继续执行第 11 行的赋值运算,将 max()函数的返回值赋给 z。程序继续执行 print 语句打印结果,之后 main()函数执行完成,控制权被转移给调用者(第 14 行),此时程序执行完毕。

4.4 变量的作用域

变量的作用域指的是该变量可以在程序中被引用的范围。本节讨论函数范围中变量的作用域。

在函数内部定义的变量被称为局部变量。局部变量只能在函数内部被访问,其作用域从创建变量的位置开始,到包含该局部变量的函数结束。

在所有函数之外创建的变量被称为全局变量。全局变量可以被所有函数访问。全局变量可以在程序的任意位置被访问,而试图在作用域外访问局部变量会造成错误。请看下面的例子。

```
x = 1
def func():
    y = 2
    x += 1
    print(x)
func()
print(y)
```

程序先创建全局变量 x。在执行 func()函数时,将首先创建局部变量 y,然后修改全局变量 x 的值,最后打印新值(程序输出 2)。在最后一行试图打印局部变量 y 时,会抛出 NameError 异常。这是因为变量 y 的作用域仅限于 func()函数内,在最后一行无法找到对变量 y 的定义。

如果在函数内部创建一个与全局变量同名的局部变量,那么不可以在该函数中访问全局变量,而只能访问局部变量,但在该函数之外,依然可以访问全局变量。请看下面的例子。

```
x = 1
def func():
    x = 2
    print(x)
func()
print(x)
```

在上面的例子中,程序将先输出 2,再输出 1。这是因为在 func()函数中创建了与全局变量 x 同名的局部变量,因此在函数内不能访问全局变量 x,打印的是局部变量的值。在最后一行中,只能访问全局变量 x,因此打印的是全局变量的值。

在 Python 中,使用 global 语句可以将一个局部变量的作用域解释为全局的。例如:

```
x = 1
def func():
```

```
    global x
    x = 3
func()
print(x)
```

上面的程序将输出 3。global 语句将变量 x 声明为全局变量。由于在开始已经定义了全局变量 x，此时变量 x 会被映射到该全局变量中。（如果第 1 行没有定义全局变量 x，那么程序会保持正确，并且将新建一个全局变量 x。）此时，对变量 x 的赋值会变成对全局变量的修改，因此程序输出 3。

在 Python 中，nonlocal 语句与 global 语句的功能相似，作用为在内层声明外层局部变量。例如：

```
x = 1
def func1():
    x = 2
    def func2():
        nonlocal x
        x = 3
```

在上面的代码中，func1()函数和 func2()函数使用相同的局部变量 x，而不映射到第 1 行的全局变量 x 中。

不使用 global 语句和 nonlocal 语句在函数内部对全局变量的访问限于读取和自运算（如 +=、*=等运算），而不能使用赋值运算符进行直接赋值（会被解释为创建同名的局部变量）。

4.5　函数的参数

函数的作用在于处理参数的能力。Python 对函数的参数提供了多种灵活的支持方法，主要包括默认值参数、位置参数、关键字参数、可变长度参数。本节将详细介绍函数的参数。

4.5.1　形参与实参

4.2 节和 4.3 节介绍在定义函数时函数头中包含的参数是形参（形式参数），而在调用函数时使用的参数是实参（实际参数）。在定义函数时，形参类似于占位符的作用，而不是拥有值的变量。只有在调用时，调用者将实参的值传递给形参，形参才具有值。

一般情况下，形参和实参的数量要相同、对应位置要一致，这样才能正确地传递参数。在传递参数时，会涉及传递机制问题，即实参是以何种方式传递给形参的。

函数的参数传递机制问题在本质上是调用者和被调用者在发生调用时通信方法的问题。基本的参数传递机制有两种：值传递和引用传递。

在值传递过程中，被调用者的形参作为被调用者的局部变量来处理，即在程序堆栈中重新开辟内存空间以存放由调用者放进来的实参的值，从而形成实参的一个副本。值传递的特点是被调用者对形参的任何操作都是作为局部变量进行的，不会影响调用者的实参变量的值。

在引用传递过程中，被调用者的形参虽然也作为局部变量在堆栈中开辟了内存空间，但此时存放的是由调用者放进来的实参变量的地址。被调用者对形参的任何操作都会被处理成间接寻址，即通过地址访问调用者的实参变量。正因为如此，被调用者对形参的任何操作都会影响调用者中的实参变量。

学习过 C++语言的读者可能对这一组概念很熟悉。简单来说，值传递方式在函数内部对参数的修改仅限于函数内部，即不会影响函数外部的值，而引用传递方式在函数内部对参数的修改将扩展到函数外部，即会影响传入的实参值。

那么 Python 究竟是采用哪种机制来传递参数的呢？Python 不允许开发人员采用值传递和引用传递的机制。Python 参数传递采用的是"传对象引用"的机制。这种机制相当于值传递与引用传递的结合。简单来说，这种机制在函数内部对形参所指向对象的修改可以影响函数外部，但形参变量本身不能被修改为指向其他对象。

具体来说，需要对 Python 的对象按照内容是否可变划分为可变对象和不可变对象。可变对象指的是对象的内容是可变的，而不可变对象指的是对象的内容是不可变的。

（1）可变对象包括列表、字典。

（2）不可变对象包括数字（整型、浮点型、布尔型等）、字符串、元组[①]。

在传递参数时，如果参数是可变对象，那么函数内部的修改会影响函数外部的实参变量（相当于引用传递）；如果参数是不可变对象，那么函数内部的修改不会影响函数外部的实参变量（相当于值传递）。代码清单 4-2 展示了这个例子。

代码清单 4-2　increment.py

```
1    def incrementInt(x):
2        x += 1                    #整型是不可变对象，原实参内容不会发生变化
3
4    def incrementList(x):
5        x += [1]                  #列表是可变对象，原实参内容会发生变化
6
7    def main():
8        a = 3
9        b = [2, 3, 4]
10       incrementInt(a)
11       print(a)
12       incrementList(b)
13       print(b)
14
15   main()
```

【输出结果】

```
3
[2, 3, 4, 1]
```

在代码清单 4-2 中，incrementInt()函数传入的参数是整型，是不可变对象，因此函数内部对其自增的修改不会影响函数外部的实参 a；incrementList()函数传入的参数是列表，是可变对象，因此函数内部对其添加元素的修改会影响函数外部的实参 b。

---

① 元组、列表和字典类型将在本书第 5 章中进行详细讲解。

4.5.2　默认值参数

Python 中的函数允许定义默认值参数。如果在调用函数时没有传入某些参数的值，那么函数会将参数的默认值传递给实参。需要注意的是，如果混用默认值参数或非默认值参数，则非默认值参数必须定义在默认值参数之前。代码清单 4-3 展示了如何定义及调用有默认值参数的函数。

代码清单 4-3　defaultParameters.py

```
1    def power(base, index=2):        #参数 index 有默认值
2        return base ** index
3
4    def calc(a=1, b=2, c=3):         #参数 a、b、c 均有默认值
5        return a + b * c
6
7    print(power(2, 5))               #两个参数均传入非默认值实参
8    print(power(10))                 #参数 index 传入默认值
9    print(calc())                    #参数 a、b、c 均传入默认值
10   print(calc(4))                   #参数 b、c 均传入默认值
11   print(calc(4, 5))                #参数 c 传入默认值
12   print(calc(4, 5, 6))             #参数 a、b、c 均传入非默认值实参
```

【输出结果】

```
32
100
7
10
19
34
```

在上面的程序中，power()函数有 2 个参数，第 2 个参数 index 有默认值 2。在调用 power()函数时，可以正常传入两个参数（第 7 行），也可以只传入一个参数（第 8 行），此时第 2 个参数 index 将使用其默认值作为实参。calc()函数有 3 个参数且都有默认值，因此在调用 calc()函数时，可以传 0～3 个参数（第 9～12 行），并将按照位置依次传入，如果传入的实参数量不足，则后面的参数均使用其默认值。

注意：

许多语言都支持函数重载，即在同一个模块（域）下定义两个同名但参数个数或参数类型不同的函数，但是 Python 并不支持这个功能。通过默认参数可以做到只定义一次函数，但可以通过多种方式调用。这和其他语言中函数重载的效果一样。如果在 Python 中定义了多个函数，那么后面定义的函数会覆盖前面函数的定义。

4.5.3　位置参数与关键字参数

在调用函数时，将实参传递给形参是函数执行的关键一步。Python 将实参定义为两种类型：位置参数和关键字参数。

使用位置参数要求参数按照函数定义时的顺序进行传递。前面使用的实参都是位置参

数，大多数程序设计语言也都是按照位置参数的方式来传递参数的。例如，定义 divide()函数如下。

```
def divide(a, b):
    return a/b
```

若调用 divide(4,2)，则函数返回 2；若调用 divide(2,4)，则函数返回 0.5。

使用关键字参数调用函数通过类似"name=value"的格式传递每个参数。例如，上面的divide()函数同样可以通过 divide(a = 6, b = 2)的方法来调用。这种调用方法的参数顺序是无关紧要的，使用 divide(b = 2, a = 2)也可以得到相同的效果。

当函数的参数有默认值时，使用关键字参数能够选择其中某些参数传入，其他参数传递其默认值。

另外，位置参数和关键字参数可以混合使用，但要注意位置参数不能在任何关键字参数之后出现，并且位置参数和关键字参数不能传递给同一个形参。例如，定义 func()函数的函数头如下。

```
func(x = 1, y = 2, z = 3):
```

此时，可以使用 func(10, z = 2, y = 1)或 func(20, y = 1)等语句来调用。使用 func(x = 3, 30, z = 5)语句会报错，这是因为位置参数 30 位于关键字参数 x 之后，解释器不知道该参数位置对应哪个形参。使用 func(40, x = 2)语句也会报错，这是因为两个参数传递给了同一个形参，编译器不知道程序想要接收哪个值。

4.5.4　可变长度参数

Python 同样支持可变长度参数。可变长度参数指的是在定义函数时可以使用个数不确定的参数，同一个函数可以使用不同个数的参数调用。

Python 使用类似"*parameter"的语法表示可变长度参数，在函数体内可以使用 for 循环来访问可变长度参数中的内容。定义 sum()函数如下。

```
def sum(*p):
    res = 0
    for i in p:
        res += i
    return res
```

在调用 sum()函数时，可以传递任意个参数（包括 0 个），并返回所有参数的和。例如，sum(2,3,5,7,11)或 sum(2)。

Python 还支持使用另一种语法表示可变长度参数，即使用类似"**parameter"的语法，在调用时使用类似关键字参数的格式进行传递。

注意：

实际上，可变长度参数的第一种语法是将多个参数转换为一个元组传入函数，第二种语法是将参数转换为一个字典进行传递。

4.5.5　函数注解

函数注解是 Python 3 中特有的功能，在 Python 的官方文档中对函数注解的描述是"函数注解是关于用户自定义函数使用类型的完全可选的元信息"，即函数注解可以为函数的参数和返回值提供提示信息。

给函数中的参数做注解的方法是在参数后添加冒号，后接需要添加的注解（可以是类型，如 str、int 等，也可以是字符串或表示式）；给返回值做注解的方法是将注解添加到 def 语句结尾的冒号和->之间。

通过如下方法可以查看函数注解。

```
def add(a: int, b: int) -> "ans_of_a_add_b":
    return a + b
print(add.__annotations__)
```

上面程序段的输出为

```
{'a': <class 'int'>, 'b': <class 'int'>, 'return': 'ans_of_a_add_b'}
```

事实上，函数注解并不局限于类型提示，而且在 Python 及其标准库中也没有单个功能可以利用这种注解，这也是这个功能独特的原因。

需要注意的是，函数注解只是元数据，可以为用户提供一些提示，也可以供 IDE、框架和装饰器等工具使用，在语法上没有任何含义。换句话说，为函数做的注解，Python 解释器不做检查，不做强制，不做验证，函数注解在 Python 解释器中没有任何意义。

4.6　返回多个值

与其他程序设计语言不同，Python 支持函数返回多个值。若需要接收函数返回的多个值，则可以使用类似 2.5.1 节中介绍的同时赋值的语法。例如，代码清单 4-4 展示了一个返回多个值的函数。

代码清单 4-4　sort2Function.py

```
1   def sort2(a, b):              #函数按升序返回 a、b 两个值
2       if a > b:
3           return b, a
4       else:
5           return a, b
6
7   def main():
8       x, y = eval(input("Please input two numbers:"))
9       x, y = sort2(x, y)
10      print("After Sort:", x,",", y)
11
12  main()
```

在上面的程序中，sort2()函数返回了两个值，第 9 行使用同时赋值语法接收了两个返回值。

注意：
事实上，同时赋值和函数返回多个值的语法都使用了元组的特性。

4.7　实例：将功能封装为函数

函数的使用对应应用抽象的概念。用户程序可以在不知道函数实现细节的情况下使用函数。函数的实现细节被封装在函数内，并对调用者隐藏，这被称为信息隐藏或封装。如

果要修改或优化函数的实现，只要函数原型（函数名、参数的个数及作用、返回值的个数及作用等）不改变，用户程序对函数的调用就不会受影响。

将功能封装为函数能够将一个大问题分解为更小的、更易于解决的多个小问题。每个小问题都可以使用函数来实现。这种方法可以使程序易于编写、重用、调试、测试、修改和维护。本节将以几个实例来介绍如何将功能封装为函数。

4.7.1 鉴别合法日期

3.3.1 节编写了一个鉴别日期是否合法的程序。本节使用几个函数将这一程序重新进行封装，如代码清单 4-5 所示。

代码清单 4-5 checkDateFunction.py

```
1    #检测年份是否为闰年
2    def isLeapYear(year):
3        if (year % 4 == 0 and year % 100 != 0) or (year % 400 == 0):
4            return True
5        else:
6            return False
7
8    #返回该月的最大天数，参数 leapYear 表示是否为闰年
9    def getMaxDayInMonth(month, leap Year):
10       if month in {1, 3, 5, 7, 8, 10, 12}:
11           return 31
12       elif month in {4, 6, 9, 10}:
13           return 30
14       elif leapYear:
15           return 29
16       else:
17           return 28
18
19   #检测年信息是否合法
20   def isYearValidate(year):
21       if year > 0:
22           return True
23       else:
24           return False
25
26   #检测月信息是否合法
27   def isMonthValidate(month):
28       if 0 < month < 13:
29           return True
30       else:
31           return False
32
33   #检测日信息是否合法，并调用 getMaxDayInMonth()函数
34   def isDayValidate(month, day, leapYear):
35       if 1 <= day <= getMaxDayInMonth(month, leapYear):
```

```
36          return True
37      else:
38          return False
39
40  #检测日期是否合法，并调用上面 3 个函数
41  def isDateValidate(year, month, day):
42      leapYear = isLeapYear(year)
43      if isYearValidate(year) and isMonthValidate(month) \
44              and isDayValidate(month, day, leapYear):
45          return True
46      else:
47          return False
48
49  #定义 main() 函数
50  def main():
51      year = int(input("Please input the year:"))
52      month = int(input("Please input the month:"))
53      day = int(input("Please input the day:"))
54      if isDateValidate(year, month, day):
55          print("Valid date.")
56      else:
57          print("Invalid date.")
58
59  main()                      #调用 main() 函数
```

在上面的程序中，main() 函数主要负责与用户交互，实现输入和输出的功能。isDateValidate() 函数用于返回整体日期是否合法。在实现 isDateValidate() 函数时，首先使用 isLeapYear() 函数来返回年份是否为闰年，然后通过 3 个小函数来分别判断年、月、日是否合法。在 isDayValidate() 函数中，还使用了 getMaxDayInMonth() 函数来返回该月的天数上限。

在设计编写一个程序时，可以使用一种名为"逐步求精"的策略，将大问题不断分解为小问题，每个问题的解决对应于一个函数，这样既可以使设计出的程序更易于理解，也可以方便以后的重用。

4.7.2 封装 turtle 模块图形函数

3.3.2 节编写了使用 turtle 模块来绘制一些图形的程序。在绘制图形时，经常需要一些常用的功能，如绘制一条线段、一个圆等。现在通过开发一些可重用的函数来简化程序设计。代码清单 4-6 展示了一些 turtle 模块的可重用函数，并为测试这些函数编写了 main() 函数。

代码清单 4-6　turtleFunctions.py

```
1   import turtle
2
3   #绘制线段
4   def drawLine(x1, y1, x2, y2):
5       turtle.penup()
```

```
6        turtle.goto(x1, y1)
7        turtle.pendown()
8        turtle.goto(x2, y2)
9
10   #绘制点
11   def drawPoint(x, y, size=1, color="black"):
12       turtle.penup()
13       turtle.goto(x, y)
14       turtle.pendown()
15       turtle.dot(size, color)
16
17   #绘制圆
18   def drawCircle(x, y, radius):
19       turtle.penup()
20       turtle.home()
21       turtle.goto(x, y - radius)
22       turtle.pendown()
23       turtle.circle(radius)
24
25   #绘制矩形
26   def drawRectangle(x, y, width, height):
27       turtle.penup()
28       turtle.goto(x, y)
29       turtle.pendown()
30       turtle.goto(x + width, y)
31       turtle.goto(x + width, y + height)
32       turtle.goto(x, y + height)
33       turtle.goto(x, y)
34
35   #结束绘制并挂起
36   def mainLoop():
37       turtle.hideturtle()
38       turtle.done()
39
40   #定义 main() 函数
41   def main():
42       drawCircle(0, 0, 100)
43       drawLine(-100, -100, 100, 100)
44       drawPoint(0, 0, 5, "red")
45       drawRectangle(-50, -30, 100, 60)
46       mainLoop()
47
48   main()          #调用 main() 函数
```

在上面的程序中，分别定义了 drawLine()、drawPoint()、drawCircle()、drawRectangle()
函数来封装绘制线段、点、圆和矩形的功能，mainLoop() 函数用来在绘制完成后隐藏光标并
等待退出。main() 函数对这些函数分别进行了一次调用。程序的绘制结果如图 4-2 所示。

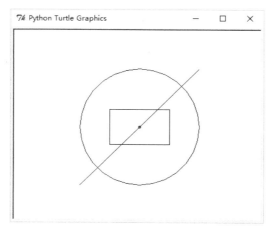

图 4-2　程序的绘制结果

在学习过本书后面的模块的知识后，读者可以将除 main()函数以外的函数封装为一个模块，在使用这些函数时引入这个模块即可。

4.8　递归

读者已经知道在一个函数内部可以调用其他函数。其实，一个函数在内部也可以调用自身。直接或间接调用自身的函数被称为递归函数，使用递归函数来解决问题的编程技巧被称为递归。

递归是一种广泛应用的程序设计技术。递归能够将一个大规模的、复杂的问题层层转换为一个与原问题相似的小规模问题来求解，给出一个自然、直观、简单的解决方案。下面通过一个简单的例子来介绍递归。

许多数学函数都是使用递归来定义的。例如，对于阶乘运算 $n! = 1 \times 2 \times 3 \times \cdots \times n$，可以按如下方式进行定义：

$$n! = \begin{cases} 1 & n = 1 \\ n \times (n-1)! & n > 1 \end{cases}$$

按照这个定义编写 fact()函数，如代码清单 4-7 所示。

代码清单 4-7　factorial.py

```
1   def fact(n):
2       if n == 0:
3           return 1                      #递归边界条件
4       else:
5           return n * fact(n - 1)        #递归调用 fact(n-1)
6
7   def main():
8       n = int(input("Please input a nonnegative integer:"))
9       print("Factorial of", n, "is", fact(n))
10
11  main()
```

【输出结果】

```
Please input a nonnegative integer:5
Factorial of 5 is 120
```

读者可以看到，在 fact() 函数的定义中，当参数 n 为 0 时，能立刻返回结果 1。这种最简单的情况被称为基础情况或边界条件，其他复杂的情况最终都会被转换为这一情况。当参数 n 大于 0 时，函数会把这个问题转换为 n-1 阶乘的子问题。子问题和原问题具有相同的性质，但是具有不同的参数，按照这种方式一直进行递归调用，最终能转换到参数为 0 的边界条件处，从而解决原问题。

如果计算 fact(3)，则计算机调用这一函数的过程如图 4-3 所示。

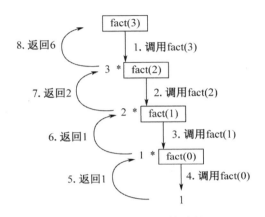

图 4-3　调用 fact(3) 的过程

通过上面的例子，可以简单总结出以下递归函数特点。

（1）函数会使用选择结构将问题分成不同的情况。

（2）函数中会有一个或多个基础情况用来结束递归。

（3）非基础情况的分支会递归调用自身，递归会将原始问题简化为一个或多个子问题，这些子问题与原问题性质一样但规模更小。

（4）每次递归调用会不断接近基础情况，直到变成基础情况，才终止递归。

注意：

实现阶乘函数更加高效的方法是使用循环结构。这里使用递归只是作为演示递归概念的一个例子。一般来说，如果一个问题可以使用循环来代替递归，往往使用循环的程序效率会更高。但是，有一些问题很难不使用递归来解决，这些将在后续内容中给出一些例子。

递归函数的优点是定义简单、逻辑清晰，但是一般的递归函数会占用大量的程序栈，尤其是当递归深度特别大时，有可能导致栈溢出。读者可以试试在代码清单 4-7 中调用 fact(10000)。

在编写递归函数时，需要仔细考虑边界情况。当递归不能使全部的问题简化收敛到边界情况时，程序会无限运行下去并且在程序栈溢出时导致运行时的错误。

上面讨论的问题是直接调用自身的递归函数，这被称为直接递归。事实上，也可以创建一个间接递归，间接递归会涉及多个函数。例如，A() 函数调用 B() 函数，而 B() 函数又反过来调用 A() 函数。

4.9 实例：使用递归解决问题

为了通过递归解决问题，我们需要培养递归的思考方式，即将一个问题分解为更小规模的子问题。本节将介绍几个使用递归的实例。

4.9.1 实例：计算斐波那契数

斐波那契数也被称为斐波那契数列、黄金分割数列、费氏数列，指的是这样一个数列：0, 1, 1, 2, 3, 5, 8, 13, 21,…斐波那契数由意大利数学家列昂纳多·斐波那契（Leonard Fibonacci）发现，其是为建立兔子繁殖数量的增长模型而构造了这个数列。斐波那契数可用于数值优化和其他领域。

斐波那契数从 0 和 1 两项开始，之后的每项都是前两项的和。斐波那契数递归的定义为

$$\text{Fibonacci}(x) = \begin{cases} 0 & x = 0 \\ 1 & x = 1 \\ \text{Fibonacci}(x-1) + \text{Fibonacci}(x-2) & x \geq 2 \end{cases}$$

根据这个递归的定义式，可以实现求第 x 个斐波那契数的递归函数。其中，当 x 等于 0 或 1 时，是递归的边界条件，其他情况下转换为前两个斐波那契数的和。使用递归计算斐波那契数的程序如代码清单 4-8 所示。

代码清单 4-8　recursiveFibonacci.py

```
1   def fibonacci(x):
2       if x == 0:
3           return 0                                        #递归边界条件
4       elif x == 1:
5           return 1                                        #递归边界条件
6       else:
7           return fibonacci(x - 1) + fibonacci(x - 2)  #递归调用
8
9   def main():
10      index = int(input("Please input an index:"))
11      print("Fibonacci(", index, ") =", fibonacci(index))
12
13  main()
```

【输出结果】

```
Please input an index:10
Fibonacci( 10 ) = 55
```

在上面的程序中，当 x>1 时，每调用一次 fibonacci()函数就会产生两个递归调用。例如，调用 fibonacci(4)会产生两个递归调用——fibonacci(3)和 fibonacci(2)，并返回这两个函数的和。由于 Python 中的操作数是从左到右计算的，因此会先递归调用 fibonacci(3)，再递归调用 fibonacci(2)。图 4-4 所示为 fibonacci(4)的调用过程及顺序。

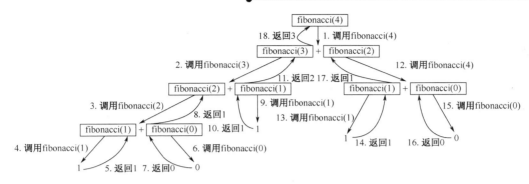

图 4-4　fibonacci(4)的调用过程及顺序

表 4-1 所示为 fibonacci()函数的调用次数与参数 x 的关系。由表 4-1 可知，随着调用深度的增加，递归函数的调用次数呈爆炸式增长，并且其中会出现很多重复的递归调用。

表 4-1　fibonacci()函数的调用次数与参数 x 的关系

参数 x	2	3	4	10	20	30	40	50
调 用 次 数	3	5	9	177	21891	2692537	331160281	2075316483

通过上面的分析可以看出，fibonacci()函数的递归实现非常简单、直接，但不高效。这里讲解这一实例是因为该实例是一个演示如何编写递归函数的很好的例子。对于这个问题，可以使用循环代替递归来实现。代码清单 4-9 展示了计算斐波那契数的程序。

代码清单 4-9　iterativeFibonacci.py

```
1    def fibonacci(x):
2        a = 0
3        b = 1
4        c = 0
5        for i in range(0, x):           #进行 x 次迭代
6            a = b
7            b = c
8            c = a + b                    #每次迭代产生下一个斐波那契数
9        return c
10
11   def main():
12       index = int(input("Please input an index:"))
13       print("Fibonacci(", index, ") =", fibonacci(index))
14
15   main()
```

【输出结果】

```
Please input an index:10
Fibonacci( 10 ) = 55
```

4.9.2　实例：解决汉诺塔问题

汉诺塔问题是一个经典的递归问题，源于印度的一个传说：大梵天在创造世界时做了 3 根柱子，其中一根柱子从下往上放置着从大到小 64 个圆盘。无论白天还是黑夜，总有一位婆

罗门在移动圆盘。每次只能移动一个圆盘，并且任何情况下一个圆盘都不能在比其小的圆盘上面。传说当所有的圆盘从一根柱子完全移动到另一根柱子上时，世界就会毁灭。

从上面的传说中可以抽象出一个问题，即将给定个数且大小不等的圆盘从一根柱子移动到另一个柱子上，但要遵守以下规则。

（1）有 3 个标记为 A、B、C 的柱子，以及 n 个大小完全不同的圆盘（编号为 1~n）。

（2）在任何条件下，任何一个圆盘都不能被放在比其小的圆盘上面。

（3）开始时，所有圆盘按顺序放在柱子 A 上，当所有圆盘都被移动到柱子 C 上时结束。

（4）每次只能移动一个位于柱子顶端的圆盘。

如果只有 1 个圆盘，则只需直接将 1 号圆盘从柱子 A 移动到柱子 C 上。如果有 2 个圆盘，则需要移动 3 步：首先将 1 号圆盘从柱子 A 移动到柱子 B 上，然后将 2 号圆盘从柱子 A 移动到柱子 C 上，最后将 1 号圆盘从柱子 B 移动到柱子 C 上。如果有 3 个圆盘，则需要移动 7 步。当圆盘数量较大时，这个问题是比较复杂的，但是可以寻找隐藏在这个问题中的递归性质，从而找出解决方案。

当圆盘的个数 n 大于 1 时，可以将原问题拆分为以下 3 个子问题，并依次进行。

（1）将 1~n-1 号圆盘从柱子 A 移动到柱子 B 上。

（2）将 n 号圆盘从柱子 A 移动到柱子 C 上。

（3）将 1~n-1 号圆盘从柱子 B 移动到柱子 C 上。

解决汉诺塔问题的 3 个步骤如图 4-5 所示。在这 3 个步骤中，第 2 步只需一次移动，是原子问题（不可被拆分的问题）。第 1 步和第 3 步都是与原问题性质相同（将若干圆盘从一个柱子移动到另一个柱子上），但规模更小的子问题，符合递归的条件。因此，可以通过这 3 个步骤来解决汉诺塔问题。需要注意的是，当 n 等于 1 时，是递归的边界条件，此时只需一次移动。代码清单 4-10 展示了汉诺塔问题的程序实现。

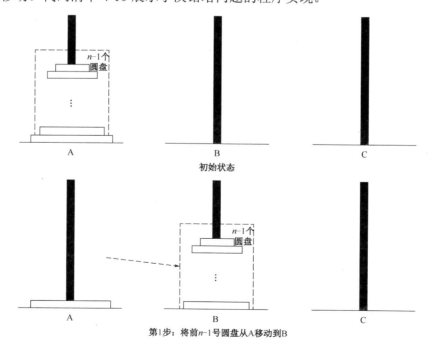

图 4-5　解决汉诺塔问题的 3 个步骤

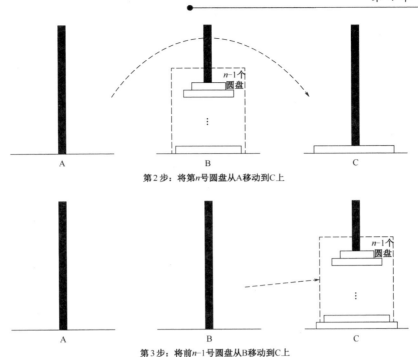

第2步：将第*n*号圆盘从A移动到C上

第3步：将前*n*-1号圆盘从B移动到C上

图 4-5 解决汉诺塔问题的 3 个步骤（续）

代码清单 4-10 hanoi.py

```
1   def hanoi(n, fromTower, auxTower, toTower):
2       if n == 1:                                    #递归边界条件，一步移动
3           print("Move disk", n, "from", fromTower, "to", toTower)
4       else:
5           hanoi(n - 1, fromTower, toTower, auxTower) #第1步，递归调用
6           #第2步，输出信息
7           print("Move disk", n, "from", fromTower, "to", toTower)
8           hanoi(n - 1, auxTower, fromTower, toTower) #第3步，递归调用
9
10  def main():
11      n = int(input("Please input number of disks:"))
12      print("The solution of tower of Hanoi is:")
13      hanoi(n, 'A', 'B', 'C')
14
15  main()
```

【输出结果】

```
Please input number of disks:4
The solution of tower of Hanoi is:
Move disk 1 from A to B
Move disk 2 from A to C
Move disk 1 from B to C
Move disk 3 from A to B
Move disk 1 from C to A
```

```
Move disk 2 from C to B
Move disk 1 from A to B
Move disk 4 from A to C
Move disk 1 from B to C
Move disk 2 from B to A
Move disk 1 from C to A
Move disk 3 from A to C
Move disk 1 from A to B
Move disk 2 from A to C
Move disk 1 from B to C
```

在 main()函数中，程序先提示用户输入圆盘的个数，再调用 hanoi()递归函数来输出移动圆盘的解决方案。

下面重新看看本节开始时介绍的印度传说。这里定义函数 $H(n)$ 为移动 n 个圆盘的步数。由上面的递归性质可以很容易地得出 $H(n)$函数的递归式：

$$H(n) = \begin{cases} 1 & n = 1 \\ 2H(n-1)+1 & n > 1 \end{cases}$$

由数列知识可以求出 $H(n) = 2^n - 1$。当 n 等于 64 时，需要移动的步数为 $2^{64} - 1 \approx 1.84467440 \times 10^{19}$。假如每移动一步需要 1 秒的时间，那么将 64 个圆盘全部移动完大约需要 5845.54 亿年。

4.10 lambda 表达式

lambda 表达式用于创建一个匿名函数，即没有与标识符绑定的函数。lambda 表达式的语法格式如下。

```
lambda 参数列表:表达式
```

lambda 表达式以 lambda 关键字开始，参数列表与一般函数的参数列表的语法格式相同，参数之间用逗号隔开，允许参数有默认值。表达式相当于匿名函数的返回值，但只能由一个表达式组成，不能有其他的复杂结构。

通常而言，只要将 lambda 表达式赋值给一个变量，这个变量就可以作为函数来使用，此时就把 lambda 表达式和变量绑定在一起了。代码清单 4-11 展示了几个 lambda 表达式的定义和调用。

代码清单 4-11 lambda.py

```
1    sum = lambda x, y: x + y
2    sub = lambda x, y: x - y
3    max = lambda x, y: x if x > y else y          #带条件表达式的 lambda 表达式
4    min = lambda x, y: x if x < y else y          #带条件表达式的 lambda 表达式
5
6    print(sum(2, 3))
7    print(sub(5, 4))
8    print(max(2, 5))
9    print(min(4, 1))
10   print((lambda x, y: y * x)(2, 3))             #输出匿名 lambda 表达式结果
```

【输出结果】

```
5
1
5
1
6
```

在上面的程序中，第 1～4 行定义了 4 个 lambda 表达式并绑定了 4 个变量，其中变量 max 和变量 min 都使用了条件表达式（lambda 表达式中无法使用语句）；第 6～9 行分别调用这 4 个变量并输出结果；第 10 行没有将 lambda 表达式与变量进行绑定，而是直接定义并调用。这个表达式用来返回两个数的乘积，并且将 2 和 3 作为形参传入。

调用 lambda 表达式的语法与调用函数的语法完全相同。另外，可以使用关键字参数的方式来调用。

4.11　生成器

生成器（Generator）是创建迭代器（Iterator）对象的一种简单而强大的工具。生成器的语法就像正常的函数，只是返回数据时需要使用 yield 语句而非 return 语句。

与一般函数不同的是，一般函数在执行到 return 语句时会终止函数的执行，而生成器在执行到 yield 语句时不会终止执行，而是继续向下执行，直至函数结束。如果生成器执行了多个 yield 语句，那么生成器会把这些 yield 语句中所有要返回的值组成一个生成器对象并返回。在生成器外部，通过 next() 函数可以依次获得每个值，也可以将其转换为某一类型的可迭代对象（如列表、元组等）。代码清单 4-12 展示了一个使用生成器的例子。

代码清单 4-12　fibonacciGenerator.py

```
1   def fibonacci(x):
2       a = 0
3       b = 1
4       c = 0
5       yield 0                    #生成第一项斐波那契数
6       for i in range(0, x):
7           a = b
8           b = c
9           c = a + b
10          yield c                #每次迭代生成下一项斐波那契数
11
12  def main():
13      index = int(input("Please input an index:"))
14      fibs = fibonacci(index)
15      for i in range(0,index+1):
16          print("Fibonacci (",i,")=", next(fibs)) #循环访问生成器对象的每个值
17
18  main()
```

【输出结果】

```
Please input an index:10
Fibonacci( 0 )= 0
Fibonacci( 1 )= 1
Fibonacci( 2 )= 1
Fibonacci( 3 )= 2
Fibonacci( 4 )= 3
Fibonacci( 5 )= 5
Fibonacci( 6 )= 8
Fibonacci( 7 )= 13
Fibonacci( 8 )= 21
Fibonacci( 9 )= 34
Fibonacci( 10 )= 55
```

在上面的程序中，第 1～10 行定义了一个生成斐波那契数前 n 项的生成器（关于斐波那契数的有关内容可参考 4.9.1 节和代码清单 4-9），使用 yield 语句返回了多个数据项。main()函数接收用户输入并以此为参数调用 fibonacci()函数，将返回值赋给变量 fibs。此时，变量 fibs 中存储着一个迭代器对象，在第 15 行和第 16 行的 for 循环中使用 next()函数将其逐项输出。

4.12 函数装饰器

4.12.1 嵌套函数

嵌套函数指函数中还有函数。Python 中的函数分为外函数和内函数。嵌套函数是为函数内部服务的，主要目的是减少函数内部的重复代码，提高代码的可读性等。若在 Python 中需要调用函数，则需要使用函数名，内函数也是如此；若在 Python 中不需要调用内函数，则永远不会执行内函数。

例如，以下代码在 func1()函数中定义并调用了 func2()函数：

```
def func1():
    print("This is outer func")
    def func2():
        print("This is inner func")
    func2()
func1()
```

上面程序的输出为

```
This is outer func
This is inner func
```

不能在函数外部直接调用内函数，但可以使用 return 语句返回内函数来达到在函数外部调用内函数的目的。例如：

```
def func1():
    def func2():
        print("This is inner func")
    return func2()
```

```
A = func1()
A
```

上面程序的输出为
```
This is inner func
```

4.12.2 应用函数装饰器

请看以下代码。
```
from datetime import datetime
def print_time():
    print("Time is {}".format(datetime.now()))


def hello():
    print_time()
    print("hello user")


def bye():
    print_time()
    print("bye user")


hello()
bye()
```

这段代码是可以工作的,但是在设计上存在一些问题。因为函数的设计应该专注于其需要完成的核心任务,所以不应该把打印时间这部分代码直接加到函数体内,否则会有以下两个问题。

一个问题是业务逻辑混乱,因为打印时间不是这个函数要完成的目标,而相应的代码却被加入函数体内了,虽然只调用了一个函数。

另一个问题是如果需求有变更,如后续不需要打印时间这一任务了,则需要删除每个函数体内相应的代码,代价较大。

上述代码的可读性和可维护性皆存在不足,而函数装饰器可以改善这个问题。函数装饰器的本质是函数,只接受一个函数作为参数,最终的返回值也是一个函数。例如:
```
from datetime import datetime
def func_decorator(func):
    def run_func():
        print("Time is {}".format(datetime.now()))
        func()
    return run_func


def hello():
    print("hello user")


def bye():
    print("bye user")


timed_hello = func_decorator(hello)
timed_bye = func_decorator(bye)
```

```
timed_hello()
timed_bye()
```

上面例子中的调用方法比较麻烦，Python 提供了更加简洁的语法，可以更加容易地对函数进行装饰：

```
from datetime import datetime
def func_decorator(func):
    def run_func():
        print("Time is {}".format(datetime.now()))
        func()
    return run_func
@func_decorator
def hello():
    print("hello user")
@func_decorator
def bye():
    print("bye user")
hello()
bye()
```

小结

本章介绍了 Python 中的函数。Python 使用 def 关键字来定义一个函数。Python 中函数的传参方式为"传对象引用"，并支持默认值参数与可变长度参数，另外可以按照关键字参数的方式传参。递归是程序设计中的一个重要的思想，也是程序控制的一种可选形式。理解递归的思想有助于读者深入理解编程思想。有些问题使用递归可以给出一个简单、清楚的解决方案。

习题

一、选择题

1. 以下几段汉诺塔代码，正确的是（　　　）。

    A.

```
def hanoi(n, fromTower, auxTower, toTower):
    if n == 1:
        print("Move disk", n, "from", fromTower, "to", toTower)
    else:
        hanoi(n - 1, fromTower, toTower, auxTower)
        print("Move disk", n, "from", fromTower, "to", toTower)
        hanoi(n - 1, auxTower, fromTower, toTower)
    def main():
        n = int(input("Please input number of disks:"))
        print("The solution of tower of Hanoi is:")
        hanoi(n, 'A', 'B', 'C')
main()
```

B.

```
def hanoi(n, fromTower, auxTower, toTower):
    if n == 1:
        print("Move disk", n, "from", fromTower, "to", toTower)
    else:
        hanoi(n - 1, fromTower, toTower, auxTower)
        print("Move disk", n, "from", fromTower, "to", toTower)
        hanoi(n - 1, auxTower, fromTower, toTower)
    def main():
        n = int(input("Please input number of disks:"))
        print("The solution of tower of Hanoi is:")
        hanoi(n, 'A', 'C', 'D')
main()
```

C.

```
def hanoi(n, fromTower, auxTower, toTower):
    if n == 1:
        print("Move disk", n, "from", fromTower, "to", toTower)
    else:
        hanoi(n - 1, fromTower, toTower, auxTower)
        print("Move disk", n, "from", fromTower, "to", toTower)
        hanoi(n - 1, auxTower, fromTower, toTower)
    def main():
        n = int(input("Please input number of disks:"))
        print("The solution of tower of Hanoi is:")
        main(n, 'A', 'B', 'C')
main()
```

D.

```
def hanoi(n, fromTower, auxTower, toTower):
    if n == 1:
        print("Move disk", n, "from", fromTower, "to", toTower)
    else:
        main(n - 1, fromTower, toTower, auxTower)
        print("Move disk", n, "from", fromTower, "to", toTower)
        main(n - 1, auxTower, fromTower, toTower)
    def main():
        n = int(input("Please input number of disks:"))
        print("The solution of tower of Hanoi is:")
        hanoi(n, 'A', 'B', 'C')
main()
```

2. 绘制一条从(1,1)到(2,2)的直线段需要使用的代码是（　　　　）。

A.

```
import turtle
    def drawLine(x1, y1, x2, y2):
    turtle.penup()
    turtle.goto(x1, y1)
    turtle.pendown()
    turtle.goto(x2, y2)
```

B.

```
import turtle
    def drawLine(x1, y1, x2, y2):
    turtle.penup()
    turtle.goto(x1, y1)
    turtle.pendown()
    turtle.circle(x2, y2)
```

C.

```
import turtle
    def drawLine(x1, y1, x2, y2):
    turtle.penup()
    turtle.goto(x1, y1)
    turtle.pendown()
    turtle.dot(x2, y2)
```

D.

```
import turtle
    def drawLine(x1, y1, x2, y2):
    turtle.penup()
    turtle.goto(x1, y1)
    turtle.pendown()
    turtle.line(x2, y2)
```

3. 以下代码输出的是（　　）。

```
def func1():
    print("This is outer func")
    def func2():
        print("This is inner func")
    func2()
func1()
```

A.
```
This is outer func
This is inner func
```

B.
```
This is outer func
```

C.
```
This is outer func
This is inner func
This is outer func
This is inner func
```

D.
```
This is outer func
This is inner func
This is outer func
```

4. 若输入为 2、1，则以下函数的返回值为（　　）。

```
def sort2(a, b):              #函数按升序返回 a、b 两个值
    if a > b:
        return b, a
    else:
        return a, b
```

A. (1,2)　　　　B. (2,1)　　　　C. (1,1)　　　　D. (2,2)

5. 若执行函数 sum(1,2,3,5,7)，则返回值为（　　）。

```
def sum(*p):
    res = 0
```

```
    for i in p:
        res += i
return res
```

    A．6   B．15   C．18   D．0

二、判断题

1．lambda()函数用于循环。   （   ）

2．生成器返回值依然需要使用 return 语句来实现。   （   ）

3．汉诺塔问题可以使用 for 循环来实现。   （   ）

4．Python 支持函数返回多个值。   （   ）

5．函数内部变量的作用域可以延伸到函数体外。   （   ）

三、填空题

1．定义函数需要函数头、函数名、形参及＿＿＿＿＿＿＿＿。

2．基本的参数值传递机制有两种：＿＿＿＿＿＿＿＿、＿＿＿＿＿＿＿＿。

3．在调用函数且没有传入默认参数值时，＿＿＿＿＿＿＿＿会被传递给实参。

4．同时赋值和函数返回多个值的语法都是使用＿＿＿＿＿＿＿＿的特性。

5．lambda()函数的功能与＿＿＿＿＿＿＿＿函数的功能相同。

四、简答题

1．简述封装函数有什么好处。

2．简述全局变量和局部变量的区别。

3．简述 global 语句的作用。

4．Python 中的可变对象、不可变对象包括什么？

5．Python 采用什么机制传递参数？

6．在程序中使用函数有哪些好处？

7．举例说明什么是位置参数，什么是关键字参数。

8．简述递归的思想。

五、实践题

1．编写一个程序来实现摄氏度和华氏度之间的转换。程序需要包含下面两个函数。

```
def celsiusToFahrenheit(celsius):          #将摄氏度转换为华氏度
def fahrenheitToCelsius(fahrenheit):        #将华氏度转换为摄氏度
```

转换公式为

$$华氏度=32+摄氏度×1.8$$

2．重新改写代码清单 3-3，将百分制成绩转换为 GPA 的功能封装为 scoreToGPA()函数。

3．编写递归函数来计算一个整数中各个位置上的数字之和。函数头定义为

```
def sumDigits(n):
```

例如，sumDigits(234)将返回 9（2+3+4）。

4．编写一个递归函数，输出一个字符串的所有排列。例如，对于字符串 abc，输出为 abc、acb、bac、bca、cab、cba。

第 5 章 Python 数据结构

5.1 列表

通过前面几章学习的程序设计知识,如果要设计程序计算用户输入的 3 个数的平均数,则可以在程序中声明 3 个变量来存储这 3 个数值,并计算它们的平均值。但是,假如要计算的数有 100 个、1000 个,甚至更多个呢?在程序中,手动声明这么多的变量并进行运算是不切实际的。因此,Python 使用列表来存储这些数据。

5.1.1 列表的基本操作

程序经常需要存储大量的值。Python 提供了一种被称为列表的数据结构来存储任意大小的数据集合。列表提供了一种高效且有条理的方式来管理数据。

Python 中的列表类似于 C 语言中的数组概念,一个列表中可以包含任意个数据,每个数据被称为元素。Python 允许同一个列表中元素的数据类型不同,可以是整数、字符串等基本类型,也可以是列表、集合及其他自定义类型的对象。

1. 列表的创建

创建一个列表的最简单方法是先将列表元素放在一对方括号([和])内并以逗号分隔,再用赋值运算符将一个列表赋值给变量。例如:

```
list1 = []
list2 = [2, 3, 4]
list3 = ["red", "green", "blue"]
```

列表可以通过 Python 内置的 list 类来定义,也可以使用 list 类的构造函数来创建,使用这种方法可以将元组、字符串或其他类型的可迭代对象类型的数据转换为列表。例如:

```
list1 = list()
list2 = list([2, 3, 4])
list3 = list(["red", "green", "blue"])
list4 = list(range(2, 7))
list5 = list("Hello")
```

Python 中的列表可以包括不同类型的元素。例如:

```
list6 = [1, "Hello", 3.14]
```

列表还可以使用以下语句进行初始化:

```
list7 = [0] * 100
```

这条语句将创建一个长度为 100 的列表,并且将每个元素都被初始化为 0。事实上,这条语句应用的是列表的乘法运算,本书在后面会对该方法进行详细介绍。

2. 通过下标访问元素

列表中的元素可以通过下标来访问，语法如下。

```
list[index]
```

与 C 语言等相同，列表的下标也是从 0 开始的。如果一个列表的长度为 r，则合法的下标为 $0 \sim r\text{-}1$。例如，定义列表 myList 如下。

```
myList = [1, 2, 3, 4, 5]
```

其中，myList[0]的值为 1，myList[4]的值为 5。如果在程序中试图访问下标大于 4 的元素，则会导致 IndexError 的运行错误。

list[index]可以与变量一样进行读取或写入，所以其也被称为下标变量。例如，下面的代码将列表中的 myList[0]和 myList[1]相加后的结果存储在 myList[2]中。

```
myList[2] = myList[0] + myList[1]
```

Python 也允许使用附属作为下标来引用相对于列表末端的位置。例如，myList[-3]表示列表倒数第 3 个元素。特别地，使用 myList[-0]与使用 myList[0]相同。

3. 列表的拼接和复制

在 Python 中，使用+运算符可以连接两个列表，并返回一个新列表。例如：

```
list1 = [1,2]
list2 = [3,4]
list3 = list1 + list2
```

此时，列表 list3 中存储的内容为[1, 2, 3, 4]。

使用*运算符可以将一个列表复制若干次后形成一个新列表。例如：

```
list1 = [1, 2]
list2 = list1 * 3
```

此时，列表 list2 中存储的内容为[1, 2, 1, 2, 1, 2]。需要注意的是，list1*3 与 3*list1 相同。

4. 列表的遍历

对列表内的每个元素均做一次访问被称为对列表的一次遍历。前面已经介绍过使用下标访问列表元素的方法，通过 while 循环依次访问列表的各个下标可以实现对列表的一次访问。下面的例子展示了使用 while 循环遍历列表并输出列表中的所有元素。其中，len()函数是 Python 的内置函数，用于返回列表的大小。

```
i = 0
while(i < len(list)):
    print(list[i])
    i += 1
```

使用 for 循环也可以遍历列表，这样可以在不使用下标变量的情况下顺序遍历列表。下面的代码使用 for 循环来遍历并打印列表中的元素。

```
for ele in list:
    print(ele)
```

通过灵活地运用循环结构，可以以不同的方式访问列表中的元素。例如，下面的代码输出列表中所有偶数下标的元素。

```
for i in range(0, len(list), 2):
    print(list[i])
```

5. in/not in 运算符

使用 in/not in 运算符可以判断一个元素是否在列表中。例如，列表 myList 包含的元素为[2, 3, 5, 7]，变量 val 的值为 4，则表达式 val in myList 的返回值为 False，而表达式 val not in myList 的返回值为 True。

6. 列表的切片

列表的切片操作使用语法 list[start:end]来返回列表 list 的一个片段。这个片段是由原列表从下标 start 到 end−1 的元素构成的一个新列表。例如：

```
myList = [1, 2, 3, 4, 5]
newList = myList[2 : 4]
```

此时，列表 newList 中包含的元素为[3, 4]。

在切片操作中，可以省略起始下标和结束下标。如果省略起始下标，则默认起始下标为 0，即从列表的第一个元素开始截取。例如，list[:2]与 list[0:2]完全等价。如果省略结束下标，则默认结束下标为列表长度，即截取到列表的最后一个元素。例如，list[3:]与 list[3:len(list)]完全等价。

切片操作可以使用负数下标，其含义与列表的下标相同，表示倒数第若干个元素。例如：

```
myList = [1, 2, 3, 4, 5]
newList = myList[1 : -1]
```

此时，列表 newList 中的值为[2, 3, 4]。

在正常情况下，切片操作的参数应当满足 start<end≤len(list)。如果 start≥end，则切片操作会返回一个空列表。如果 end 指定了一个大于列表长度的值，则 Python 会使用列表长度来代替 end，即自动截取到列表的最后一个元素。

切片操作可以对列表进行写操作。例如：

```
myList[1:4] = [3, 4, 7]
myList[len(myList):] = [1, 2, 3, 4, 5]
```

第一条语句是将从原列表下标为 1 到下标为 3 的片段写入新的值。第二条语句是在原列表的最后添加新的值，相当于 myList = myList + [1, 2, 3, 4, 5]。

7. 列表的比较

关系运算符（<、>、==、<=、>=、!=）可以对列表进行比较。两个列表的比较规则：比较两个列表的第一个元素，如果两个元素相同，则继续比较下面两个元素；如果两个元素不同，则返回两个元素的比较结果；一直重复这个过程，直到有不同的元素或比较完所有元素。例如：

```
list1 = ["python", "java", "C++"]
list2 = ["C++", "python", "java"]
```

此时，表达式 list1 > list2 将返回 True，因为字符串"python"按照字典序排在"C++"之后。

8. 列表推导式

列表推导式提供了一个生成列表的简洁方法。一个列表推导式由方括号括起来，方括号内包含一个表达式，该表达式后可以接一个或多个 for 子句或 if 子句。列表推导式可以产生一个由表达式求值结果组成的列表。例如，若想创建一个列表，其中包含 1~20 的平方，可以使用 while 循环或 for 循环来实现，也可以使用下面的一条语句来实现。

```
myList = [x * x for x in range(1, 21)]
```

可以这样理解这条语句：对于每个在区间[1, 21)内的整数 x，x*x 将成为新列表中的一个元素。

列表推导式还可以在第一个 for 子句后面添加 for 子句或 if 子句。例如：

```
list1 = [1, 2, 3]
list2 = [2, 4, 6]
list3 = [x + y for x in list1 for y in list2 if x != y]
```

这里的列表 list3 将包含列表 list1 和 list2 中所有不相等的元素的和。

5.1.2 列表的函数

一些 Python 的内置函数可以与列表一起使用。list 类也提供了一些成员函数供用户使用。本节将介绍这些与列表相关的函数。

1. 列表的内置函数

Python 中的一些内置函数为列表的使用提供了便利。实际上，这些函数大部分用于各种可迭代类型，包括字符串、元组等其他类型。

注意：

实际上，本节所介绍的函数不仅能应用于列表，还能应用于所有可迭代对象，如后面要介绍的元组、集合、字典、字符串等。

all(iterable)：这个函数将返回一个布尔值。如果 iterable 中的所有元素均为真（或 iterable 自身为空值），则返回 True，否则返回 False。例如，执行 all([2, 3, 0])将返回 False。

any(iterable)：这个函数将返回一个布尔值。如果 iterable 中的任何一个元素为真，则返回 True；如果 iterable 中的所有元素均为假（或 iterable 自身为空值），则返回 False。例如，执行 any([2, 3, 0])将返回 True。

len(s)：这个函数将返回对象的长度（元素的个数）。这个函数适用于序列（如字符串、字节、元组、列表或范围）或集合（如字典、集合或固定集合）。例如，执行 len([1, 1, 1, 1])将返回 4。

max(iterable)：这个函数将返回可迭代对象 iterable 中最大的元素。例如，执行 max([1, 3, 0])将返回 3。

min(iterable)：这个函数将返回可迭代对象 iterable 中最小的元素。例如，执行 max([1, 3, 0])将返回 0。

sorted(iterable[, cmp[, key[, reverse]]])：这个函数可以对可迭代对象 iterable 进行排序，并返回一个新的列表。可选参数 cmp 是有两个参数的比较函数，根据第一个参数小于、等于或大于第二个参数来返回负数、0 或正数，默认值为 None。可选参数 key 是有一个参数的函数，用于从每个列表元素中选出一个比较的关键字，默认值为 None。reverse 是一个布尔值。如果将其设置为 True，则列表元素将以反向排序。例如，执行 sorted([2, 3, 1])将返回一个列表[1, 2, 3]。

sum(iterable[, start])：这个函数将返回初值 start 与可迭代对象 iterable 中所有元素的和。start 默认为 0。例如，执行 sum([1, 2, 3, 4])将返回 10，执行 sum([1, 2, 3, 4], 2)将返回 12。

2. 列表类的成员函数

一旦创建一个列表，就可以使用 list 类的成员方法来操作该列表。成员方法就是某个类中定义的方法（函数），可以使类的对象完成某种行为。调用成员方法时使用类似于"对象名.方法名(参数)"的语法，从而实现对对象的操作。关于类及类的成员方法的概念，本书将在第 8 章中进行详细讲解。

list 类中的成员函数如下。

list.append(x)：这个函数将添加一个元素 x 到列表的末尾，相当于 list = list + [x]。例如，定义 myList = [1, 2, 3]，在执行 myList.append(4)后，列表中的值为[1, 2, 3, 4]。

list.extend(L)：这个函数将列表 L 中的所有元素添加到原列表的末尾，相当于 list = list + L。例如，定义 myList = [1, 2, 3]，在执行 myList.extend([4, 5])后，列表中的值为[1, 2, 3, 4, 5]。

list.insert(i, x)：这个函数将在下标 i 处插入一个元素 x。因此，list.insert(0, x)相当于在列表的最前面插入元素，而 list.insert(len(list), x)相当于 list.append(x)。例如，定义 myList = [1, 2, 3]，在执行 myList.insert(1, 4)后，列表中的值为[1, 4, 2, 3]。

list.remove(x)：这个函数将删除列表中第一个值为 x 的元素。如果没有这样的元素，则程序会报错。例如，定义 myList = [1, 2, 3, 2]，在执行 myList.remove(2)后，列表中的值为[1, 3, 2]。

list.pop([i])：这个函数将弹出列表中位置为 i 的元素（从列表中删除并返回该元素）。如果不指定参数 i，则默认删除列表中的最后一个元素。例如，定义 myList = [1, 2, 3]，在执行 myList.pop(0)后，列表中的值为[2, 3]，再次执行 myList.pop()后，列表中的值为[2]。pop()函数是唯一一个既能修改列表又能返回元素值的列表方法。

list.index(x)：这个函数将返回列表中第一个值为 x 的元素的索引（下标）。如果没有这样的元素，则程序会报错。例如，定义 myList = [1, 2, 3, 2]，执行 myList.index(2)将返回 1。

list.count(x)：这个函数将返回列表中 x 出现的次数。例如，定义 myList = [1, 2, 3, 2]，执行 myList.count(2)将返回 2。

list.sort(cmp=None, key=None, reverse=False)：这个函数可以对列表进行重新排序，参数含义与 sorted()内置函数的可选参数含义一致。例如，定义 myList = [1, 3, 2, 4]，若执行 myList.sort()，则列表将变为[1, 2, 3, 4]，若执行 myList.sort(reverse=True)，则列表中的值为[4, 3, 2, 1]。

list.reverse()：这个函数将反转列表中所有元素的位置。例如，定义 myList = [1, 3, 2, 4]，执行 myList.reverse()后，列表中的值为[4, 2, 3, 1]。

5.1.3 在函数中使用列表

列表与其他变量一样，也可以在函数中使用。在函数中创建并使用一个列表，可以将列表作为参数传递给函数，也可以将列表作为函数的返回值来返回。

1. 列表作为函数的参数

列表可以在函数中作为参数进行传递。因为列表是可变对象，所以列表中的内容可能在函数内部改变。另外，列表作为参数时也可以定义默认值，或者使用关键字参数进行定义。代码清单 5-1 展示了一个将列表作为参数的简单示例。

代码清单 5-1 listAsArgument.py

```
1    def appendToList(lst, element):        #参数 lst 为列表类型
2        lst += [element]
3
4    def main():
5        myList = [1, 2, 3, 4]
6        appendToList(myList, 5)
7        print(myList)
8
9    main()
```

【输出结果】

```
[1, 2, 3, 4, 5]
```

在上面的程序中，appendToList()函数提供了 list 类中的 append()函数的功能，将一个元素添加到列表的末尾。由【输出结果】可知，在调用 appendToList()函数之后，列表 myList 中包含的值被修改了。

需要注意的是，在函数内对列表参数的元素进行增加、删除、修改等操作会影响函数之外的实参。但是，如果将作为参数的列表变量重新指向另一个列表对象，则不会影响形参。例如，如果将代码清单 5-1 中的第 2 行的语句改为 "lst = lst + [element]"，则程序将输出 "[1, 2, 3, 4]"。出现这一现象的原因在于在 Python 传参的传对象引用机制中，对形参变量指向其他对象的修改不能传递到函数外部。

2. 列表作为函数的返回值

列表也可以作为函数的返回值，以便传递到函数外。

代码清单 5-2 是统计字符串中每个字母数量的程序，其中 countLetters()函数返回了一个列表。

代码清单 5-2 letterCount.py

```
1    #函数返回一个存储字母出现次数信息的列表
2    def countLetters(str):
3        result = [0] * 26                       #列表的每个元素存储对应位置字母出现的次数
4        for char in str:
5            if 'a' <= char <= 'z':              #小写字母计数
6                result[ord(char) - ord('a')] += 1
7            elif 'A' <= char <= 'Z':            #大写字母计数
8                result[ord(char) - ord('A')] += 1
9        return result                           #返回列表
10
11   #函数输出字母及其出现的次数
12   def displayCountList(countList):
13       for char in range(ord('A'), ord('Z') + 1):  #第 1 行输出字母
14           print(chr(char), end=' ')
15       print()
16       for count in countList:                 #第 2 行输出字母出现的次数
17           print(count, end=' ')
18
```

```
19    #定义 main()函数
20    def main():
21        str = input("Please input a string:")
22        displayCountList(countLetters(str))
23
24    main()
```

【输出结果】

```
Please input a string:Hello World
A B C D E F G H I J K L M N O P Q R S T U V W X Y Z
0 0 0 1 1 0 0 1 0 0 0 3 0 0 2 0 0 1 0 0 0 0 1 0 0 0
```

在上面的程序中，countLetters()函数用于统计参数 str 中的每个字母（包括大写字母和小写字母）出现的次数，将次数信息存储在列表 result 中并返回。函数中的表达式"ord(char) - ord('a')"用于将字母 a～z 映射到下标 0～25，该下标处存储的值就是此时该字母出现的次数。例如，如果 result[4]=3，则说明字母 e（或 E）出现了 4 次。displayCountList()函数用于输出字母及其出现的次数。

5.1.4 列表的查找

查找就是使用某种方法在列表中找到某个满足特定条件的元素。查找是程序设计中一个常见的问题，本节将介绍两种基本的查找方法：线性查找和二分查找。

1. 线性查找

线性查找就是从列表的一端开始，逐一检查列表中的元素，直到找到需要的元素或查找完整个列表。线性查找是最基本的查找方法，代码清单 5-3 展示了一个线性查找的例子。

代码清单 5-3　linearSearch.py

```
1    def linearSearch(seq, val):
2        index = -1
3        for i in range(len(seq)):        #每次迭代顺序查找一个位置
4            if seq[i] == val:            #成功查找到一个匹配
5                index = i                #记录位置
6                break
7        return index
8
9    def main():
10       myList = [2, 4, 6, 7, -1, 5, 3, 2]
11       print(linearSearch(myList, 2))
12       print(linearSearch(myList, -1))
13       print(linearSearch(myList, 0))
14
15   main()
```

【输出结果】

```
0
4
-1
```

在上面的程序中，linearSearch()函数线性查找列表中与参数 val 相等的元素，并返回其下标。若查找不到该元素，则返回-1。

对于一个大小为 n 的列表，在最坏情况下，使用线性查找方法会进行 n 次比较查询。这种查找方法的效率很低，尤其对比较大的列表而言。

2. 二分查找

二分查找也被称为折半查找，其效率比线性查找的效率高，但前提是待查列表必须是有序的。二分查找的基本思想是每次查找会将待查区域分为大小相近的两部分，并确定目标元素所在的部分。

例如，假定列表是升序排列的，则将列表中间位置元素与查找元素进行比较，此时可能出现如下 3 种情况。

（1）如果列表中间位置元素等于查找元素，则成功查找到元素所在的位置。

（2）如果列表中间位置元素小于查找元素，则只需在列表后半部分进行查找。

（3）如果列表中间位置元素大于查找元素，则只需在列表前半部分进行查找。

使用二分查找每进行一次查找之后，待查区域会缩小一半，并进行下一次查找，最终查找到目标元素。代码清单 5-4 展示了一个使用二分查找的例子。

代码清单 5-4　binarySearch.py

```
1   def binarySearch(seq, val):
2       start = 0                        #查找起始位置
3       end = len(seq) - 1               #查找结束位置
4       while start <= end:              #只要待查区域中还有元素，就继续循环
5           mid = (start + end) // 2     #取待查区域的中间位置
6           if val == seq[mid]:
7               return mid               #成功查找到匹配
8           elif val < seq[mid]:
9               end = mid - 1            #待查元素在前半部分
10          else:
11              start = mid + 1          #待查元素在后半部分
12      return -1
13
14  def main():
15      myList = [2, 3, 5, 7, 11, 13, 17, 19, 21, 23, 27, 29]
16      print(binarySearch(myList, 7))
17      print(binarySearch(myList, 29))
18      print(binarySearch(myList, 9))
19
20  main()
```

【输出结果】

```
3
11
-1
```

在上面的程序中，binarySearch()函数实现了二分查找，如果查找不到该元素，则返回-1。代码中使用 start 和 end 表示列表当前的待查区域的下标范围。在初始情况下，start 是 0，end

是列表最后一个元素的下标。变量 mid 用来记录当前待查区域的中间位置。如果 val==seq[mid]，则说明已经查找到元素；如果 val<seq[mid]，则待查区域变为列表的前半部分，故将 end 重新赋值；如果 val>seq[mid]，则待查区域变为列表的后半部分，故将 start 重新赋值。只要 start<=end，就说明待查区域中还有元素未查找，应该继续循环进行查找。如果查找过程中 start>end，则说明待查区域中没有元素，此时应结束查找并返回-1，表示未找到元素。

对于一个大小为 n 的列表，由于使用二分查找每次会排除一半的列表元素，因此最坏情况下，进行 $\log_2 n + 1$ 次比较查询即可查找到元素。具体来说，对于一个大小为 1000000 的列表，使用二分查找最多只需进行 21 次比较查询，而使用线性查找则最多可能需要进行 1000000 次比较查询。

5.1.5 列表的排序

与查找一样，排序也是程序设计中的一个常见问题。所谓排序，就是使列表中的元素按照其中某个或某些关键字的大小递增或递减地重新排列的操作。随着计算机科学的发展，很多排序算法被提出，本节介绍其中两种算法：冒泡排序和快速排序。

1．冒泡排序

冒泡排序是一种典型的交换排序方法。冒泡排序的基本思想：在排序过程中的某一时刻，待排序列表 R 被划分为有序区（$R[0:i-1]$）和无序区（$R[i:n-1]$）两部分。初始时刻 $i=0$，有序区没有元素。冒泡排序通过无序区中相邻元素间的比较和位置的交换，使得最小的元素像气泡一样逐渐"上浮"，冒泡排序的每趟排序会将无序区的最小元素移动到无序区的顶端，并将其归入有序区，如图 5-1 所示。

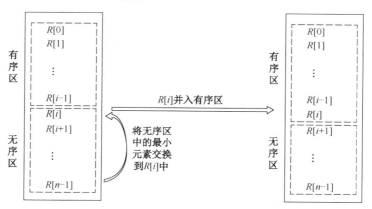

图 5-1　冒泡排序的一趟排序过程

列表经过冒泡排序的一趟排序后，会将列表中最小的元素交换到无序区的顶端（此时也是列表顶端），此时有序区中有 1 个元素。第 2 趟排序会继续将无序区中的最小元素（整个列表的第二小元素）交换到有序区的顶端（此时是列表顶部的第 2 个位置），此时有序区中有 2 个元素。以此类推，直到无序区中没有元素。

冒泡排序的 Python 实现如代码清单 5-5 所示。

代码清单 5-5　bubbleSort.py

```
 1    def bubbleSort(seq):
```

```
2        n = len(seq)
3        for i in range(n - 1):                    #每次迭代为一趟排序
4            for j in range(n - 1, i, -1):          #从下到上遍历无序区
5                if seq[j] < seq[j - 1]:            #交换错序的两个元素
6                    seq[j], seq[j - 1] = seq[j - 1], seq[j]
7        return seq
8
9    def main():
10       myList = [5, 9, 6, 2, 4]
11       print(bubbleSort(myList))
12
13   main()
```

【输出结果】

```
[2, 4, 5, 6, 9]
```

在上面的程序中，bubbleSort()函数实现了冒泡排序。图 5-2 所示为冒泡排序过程，其中每趟排序从无序区中冒出的元素用方框标出。

图 5-2　冒泡排序过程

2. 快速排序

快速排序是由冒泡排序改进得到的。快速排序的基本思想：在列表中任取一个元素（一般取第一个元素）作为基准元素，将该元素放入适当位置后，将列表分割为两部分，所有比该元素小的元素都放置在前半部分，所有比该元素大的元素都放置在后半部分；对分割出来的两部分分别递归地重复该操作，直到每部分内只有一个元素或为空。图 5-3 所示为一趟快速排序的过程。

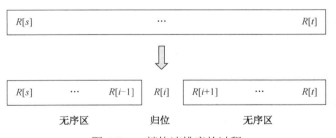

图 5-3　一趟快速排序的过程

一趟快速排序的具体过程：用两个整数 i 和 j，分别初始化为无序区中第一个元素和最后一个元素的下标。假设无序区的范围为 $R[s:t]$，则 i 的初始值为 s，j 的初始值为 t，将 $R[s]$ 的值赋给变量 tmp 作为基准元素。首先，令 j 从 t 起自向左扫描直至 $R[j]<$tmp，找到 $R[j]$ 后将值赋给 $R[i]$；然后，令 i 向右扫描直至 $R[i]>$tmp，找到 $R[i]$ 后将值赋给 $R[j]$。重复上述操作直至 $i=j$，此时 $R[s:i-1]$ 中的所有元素都小于 tmp，$R[i+1:t]$ 中的所有元素都大于 tmp，可以将

tmp 中的元素赋值给 $R[i]$，这样就完成了一趟快速排序过程。先将无序区中的元素分割为 $R[s:i-1]$ 和 $R[i+1:t]$，再分别递归地调用这个过程，即可将列表中全部元素排序完毕。代码清单 5-6 展示了快速排序的实现。

代码清单 5-6 quickSort.py

```
1   def quickSort(seq, s, t):
2       i = s
3       j = t
4       if s < t:                          #区间中至少存在两个元素
5           tmp = seq[s]                    #取区间的第一个元素作为基准元素
6           while i != j:                  #从区间两端交替向中间扫描，直到i=j
7               while j > i and seq[j] >= tmp:
8                   j -= 1                 #从右向左扫描，找到第一个小于tmp的seq[j]
9               seq[i] = seq[j]            #找到seq[j]后，交换seq[i]与seq[j]
10              while i < j and seq[i] <= tmp:
11                  i += 1                 #从左向右扫描，找到第一个大于tmp的seq[i]
12              seq[j] = seq[i]            #找到seq[i]后，交换seq[i]与seq[j]
13          seq[i] = tmp
14          quickSort(seq, s, i - 1)       #左区间递归排序
15          quickSort(seq, i + 1, t)       #右区间递归排序
16
17  def main():
18      myList = [5, 9, 6, 2, 4]
19      quickSort(myList, 0, len(myList) - 1)
20      print(myList)
21
22  main()
```

【输出结果】

```
[2, 4, 5, 6, 9]
```

5.1.6 多维列表

列表中的元素可以是任何类型的对象，包括将列表作为其元素，这被称为多维列表。较为常用且简单的多维列表就是二维列表。二维列表可以存储二维数据，如一个矩阵或一张表格。

二维列表可以被理解为一个由行组成的列表。图 5-4 中定义的名为 myMat 的二维列表，存储了一个矩阵。myMat 是一个长度为 3 的列表，其中每个元素又是一个列表。

```
myMat = [
    [1, 2, 3, 4, 5],
    [6, 7, 8, 9, 10],
    [11, 12, 13, 14, 15]
]
```

	[0]	[1]	[2]	[3]	[4]
[0]	1	2	3	4	5
[1]	6	7	8	9	10
[2]	11	12	13	14	15

图 5-4 二维列表

二维列表的每一行都可以使用下标来访问，被称为行下标。例如，在如图 5-4 所示的列表 myMat 中，myMat[0]的值是列表[1,2,3,4,5]。

每一行中的值可以通过另一个下标来访问，被称为列下标。也就是说，二维列表中的每个值都可以使用 myMat[i][j]来访问，其中 i 和 j 分别代表行下标和列下标。例如，图 5-4 中 myMat[1][2]的值为 8。

要遍历一个二维列表，一般需要使用两层嵌套的循环结构来实现。其中，外层循环遍历每一行，内层循环遍历一行中的每个元素。例如：

```
for row in myMat:
    for element in row:
        ...
```

代码清单 5-7 使用二维列表表示矩阵并实现了矩阵乘法。矩阵乘法的定义：设 A 为 $m \times s$ 的矩阵，B 为 $s \times n$ 的矩阵，那么称 $m \times n$ 的矩阵 C 为 A 与 B 的乘积，其中 C 的第 i 行第 j 列元素 C_{ij} 的值为

$$C_{ij} = \sum_{k=1}^{s} a_{ik} b_{kj}$$

代码清单 5-7　matrixMultiplication.py

```
1   def matMul(matA, matB):
2       #初始化结果二维列表
3       ans = [[0] * len(matB[0]) for i in range(len(matA))]
4       for i in range(len(matA)):              #遍历矩阵 A 中的每一行
5           for j in range(len(matB[0])):        #遍历矩阵 B 中的每一列
6               for k in range(len(matB)):        #遍历取两个向量的对应位置元素
7                   #计算矩阵(i,j)位置的值
8                   ans[i][j] += matA[i][k] * matB[k][j]
9       return ans
10
11  def main():
12      a = [
13          [1, 2],
14          [3, 4],
15          [5, 6],
16          [7, 8]
17      ]
18      b = [
19          [1, 2, 3, 4],
20          [5, 6, 7, 8]
21      ]
22      print(matMul(a, b))
23      print(matMul(b, a))
24
25  main()
```

【输出结果】

```
[[11, 14, 17, 20], [23, 30, 37, 44], [35, 46, 57, 68], [47, 62, 77, 92]]
[[50, 60], [114, 140]]
```

在上面的程序中，matMul()函数传入两个二维列表作为矩阵乘法的因数并返回结果；第 3 行使用列表生成式生成了一个列为 matB、行为 matA 的二维列表 ans；第 4～8 行使用 3 层嵌套循环结构来计算结果矩阵中每个位置的值。

当然，在 Python 中也可以建立更高维度的列表。三维列表需要 3 个下标来确定一个元素，也需要 3 层嵌套的循环结构来遍历整个列表。

5.2 元组

Python 中的元组与列表非常相似，不同的是元组是不可变的，即一旦创建元组，就不可以修改其中的元素。

5.2.1 元组的基本操作

元组由用逗号分隔的若干值组成。如果使用时不会修改列表的内容，那么可以使用元组来代替列表。实际上，在 Python 中使用元组比使用列表的效率更高。例如，对于三维空间坐标(x, y, z)，其长度永远为 3，因此可以使用元组进行存储。与列表相同，同一个元组中也允许存储不同数据类型的元素。

创建一个元组最简单的方法就是用一对圆括号括起来组成一个元组，元组中的元素使用逗号来分隔。例如：

```
tuple1 = ()
tuple2 = (1, 2, 3)
tuple3 = ("Hello", "World")
```

一个特殊的情况是，在创建一个包含 1 个元素的元组时，需要在元素值后面跟随一个逗号，否则程序会将圆括号与其中的内容视为一个表达式，计算结果并赋值给左侧变量。例如：

```
tuple4 = (1,)
```

元组通过 Python 内置的 tuple 类进行定义，因此可以使用 tuple()函数创建一个列表。使用 tuple()函数可以将列表、字符串等元素转换为元组。例如：

```
tuple5 = tuple()
tuple6 = tuple((1, 2, 3))
tuple7 = tuple([1, 2, 3, 4, 5])
tuple8 = tuple("python")
tuple9 = tuple([x * x for x in range(1, 10)])
```

元组也是序列，因此一些用于列表的基本操作也可以用于元组。使用下标可以访问元组中的元素，使用 in 和 not in 运算符可以判断元素是否在元组中，对元组进行切片等操作。代码清单 5-8 展示了元组的各种基本操作。

代码清单 5-8　tupleTest.py

```
1   tuple1 = (1, 2, 3, 4, 5)                          #创建元组
2   tuple2 = tuple((6, 7, 8))                         #使用 tuple()函数创建元组
3
4   print("The second element in tuple1 is", tuple1[1]) #使用下标访问元素
5
6   print("The elements in tuple1 are:", kend=' ')
```

```
7    for element in tuple1:                                          #遍历元组
8        print(element, end=' ')
9    print("")
10
11   tuple3 = tuple1 + tuple2                                        #元组的拼接
12   tuple4 = tuple1 * 2                                             #元组的复制
13   print("tuple3 is", tuple3)
14   print("tuple4 is", tuple4)
15
16   tuple5 = tuple1[2:4]                                            #元组的切片
17   print("tuple5 is", tuple5)
18
19   print("Is tuple1 equals tuple2?", tuple1 == tuple2)            #关系运算符
```

【输出结果】

```
The second element in tuple1 is 2
The elements in tuple1 are: 1 2 3 4 5
tuple3 is (1, 2, 3, 4, 5, 6, 7, 8)
tuple4 is (1, 2, 3, 4, 5, 1, 2, 3, 4, 5)
tuple5 is (3, 4)
Is tuple1 equals tuple2? False
```

在上面的程序中，第 1 行和第 2 行使用两种方式创建了两个元组；第 4 行使用下标访问了元组中的单个元素；第 6～9 行使用 for 循环遍历了元组中的元素；第 11～14 行分别使用 "+" 和 "*" 运算符拼接与复制了元组；第 16 行和第 17 行对元组进行了切片操作；第 19 行使用关系运算符输出了元组的比较结果。

除了上述的基本操作，len()、min()、max()、sum()等函数也可以在元组上使用。

5.2.2　元组封装与序列拆封

Python 中的元组是一种使用起来很灵活的数据结构。其中，元组封装和序列拆封两种机制提供了许多便利的语法特性。

所谓元组封装（Tuple Packing），就是将多个值自动封装到一个元组中。例如：

```
t = 1, 1, 2, 3, 5
```

这条语句将右侧的 5 个值装入一个元组并赋给 t，此时 t 会自动成为一个元组对象。

元组封装的逆操作被称为序列拆封（Sequence Unpacking），用来将一个已封装的序列自动拆分为若干基本数据。例如：

```
tuple1 = (1, 2, 3)
x, y, z = tuple1
```

此时，x、y、z 三个变量分别存储了整数 1、2、3。序列拆封要求左侧变量的数量与序列中元素的数量相同。与元组封装不同的是，拆封操作不仅可以应用于元组，还可以应用于列表。

现在来重新思考介绍过的同时赋值的语法：

```
x, y, z = 6, 8, 12
```

实际上，这一语法是将元组封装和序列拆封相结合了。首先将右侧的值封装为一个元

组，然后将其拆封为左侧的几个变量。

另外，元组封装与序列拆封可以应用到函数传参中，但此时为了避免语义冲突，需要添加一个 "*"（星号）。如果在形参上添加星号，则可以将多个实参封装为一个元组并传递给形参（4.5.4 节介绍的可变长度参数的语法）；如果在实参上添加星号，则可以将一个实参拆封为多个值并传递给多个形参。代码清单 5-9 展示了这两种语法特性。

代码清单 5-9　tuplePacking.py

```
1   def sumX(*p):                       #函数接收可变长度参数
2       ans = 0
3       for num in p:
4           ans += num
5       return ans
6
7   def sum3(a, b, c):                   #函数接收 3 个参数
8       return a + b + c
9
10  def main():
11      tuple1 = (2, 3, 4)
12      print(sumX(1, 2, 3, 4, 5))      #元组封装
13      print(sum3(*tuple1))            #序列拆封
14
15  main()
```

【输出结果】

```
15
9
```

在上面的程序中，第 1～5 行定义了 sumX() 函数，其形参 p 前添加了星号；第 12 行在调用 sumX() 函数时，将传入的 5 个实参封装为一个元组并传递给 p；第 7 行和第 8 行定义了 sum3() 函数，其有 3 个形参；第 13 行在调用 sum3() 函数时，传递了一个长度为 3 的元组作为实参，通过在实参前添加星号可以将元组拆封为 3 个元素并传递给 3 个形参。

5.2.3　元组与列表的比较

元组和列表都属于序列。列表属于可变序列，可以随意地修改列表汇总的元素值、增加和删除元素；元组属于不可变序列，一旦定义了元组中的元素，就不能增加、删除和替换该元素。因此，tuple 类没有提供 append()、insert() 和 remove() 等函数。在使用下标进行访问或切片操作时，只能读取元组中的值而不能对其进行修改。

元组的访问和处理速度比列表的访问和处理速度更快。因此，如果不需要对定义的序列内容进行修改，则最好使用元组而不使用列表。另外，使用元组也可以使元素在实现上无法被修改，从而使代码更加安全。

5.3　集合

Python 提供了集合这样的数据结构。集合与列表相似，都可以用来存储多个元素。与

列表不同的是，集合中的元素彼此不能重复，并且不按照任何特定的顺序放置。这种定义同时对应了数学中集合的三大特性：确定性、互异性和无序性。

5.3.1　集合的基本操作

集合不关心元素的存储顺序，也不允许出现重复元素。使用集合可以方便地查找元素并消除重复的元素。此外，集合还支持并集、交集等数学运算。集合中的元素必须是可哈希的，即不能是列表、集合、字典等可变对象。

将若干元素用一对花括号括起来可以创建一个集合。集合中的元素同样使用逗号来分隔。例如：

```
set1 = {1, 3, 5, 7, 9}
set2 = {"C++", "Java", "Python", "C#", "PHP"}
```

Python 使用内置类 set 来定义集合。使用 set()函数可以将列表、元组、字符串等类型转换为集合。例如：

```
set3 = set()
set4 = set([1, 2, 3, 4])
set5 = set([x * x for x in range(1, 10)])
set6 = set((2, 4, 6, 8, 10))
set7 = set("abbcc")
```

需要注意的是，尽管字符串"abbcc"的长度为 5，但是创建的 set7 集合的大小为 3。这是因为集合中不可以存储重复元素，字母 b 和 c 在生成的集合中都只存储一次。

一个集合中可以包含不同类型的元素。例如：

```
set8 = {1, 2, 3.14, "Hello"}
```

注意：

当创建空集合时，只能使用 set()函数而不能使用{}，因为后者会创建一个空字典而非空集合。本书将在 5.4 节中介绍字典。

与列表推导式相似，集合也支持推导式。例如：

```
set9 = {x for x in 'abracadabra' if x not in 'abc'}
```

由于集合中的元素存储是无序的，因此不能使用下标来访问集合中的元素，但可以使用 for-in 循环来遍历集合中的所有元素。使用 in 或 not in 运算符可以判断一个元素是否存在于一个集合中。

函数也同样适用于集合。例如，使用 len()函数可以求集合的大小，使用 max()函数可以求集合中的最大元素，使用 sum()函数可以计算集合中所有元素的和等。

set 类还提供了一些成员函数来支持集合的基本操作。常用的 set 类成员函数如下。

set.add(elem)：这个函数将一个元素 elem 添加到集合中。如果元素 elem 存在于集合中，则不会重复添加。例如，定义 mySet={2,3,4}，在执行 mySet.add(1)后，mySet 的值为{1,2,3,4}，再次执行 mySet.add(1)后，mySet 的值依旧为{1,2,3,4}。

set.remove(elem)：这个函数从集合中移除元素 elem。如果元素 elem 不存在于集合中，则抛出 KeyError 异常。例如，定义 mySet={2,3,4}，在执行 mySet.remove(2)后 mySet 的值为{3,4}。

set.discard(elem)：这个函数从集合中移除元素 elem。如果元素 elem 不存在于集合中，则函数什么都不执行。例如，定义 mySet={2,3,4}，在执行 mySet.discard(2)后，mySet 的值为{3,4}，再次执行 mySet.discard(2)后，mySet 的值依旧为{3,4}。

set.pop()：这个函数将从集合中任选一个元素并返回。如果此集合为空，则抛出 KeyError 异常。

set.clear()：这个函数将从集合中移除所有元素。

5.3.2　子集与超集

对于集合 *A*、集合 *B*，如果集合 *A* 的任意一个元素都是集合 *B* 的元素，那么称集合 *A* 为集合 *B* 的子集，称集合 *B* 为集合 *A* 的超集。

如果集合 *A* 是集合 *B* 的子集，但集合 *B* 中存在一个元素 *x* 不是集合 *A* 的元素，则称集合 *A* 为集合 *B* 的真子集，称集合 *B* 为集合 *A* 的真超集。

如果集合 *A* 是集合 *B* 的子集且集合 *B* 也是集合 *A* 的子集（集合 *A* 与集合 *B* 所包含的元素完全相同），则称集合 *A* 与集合 *B* 相等。

举例来说，定义集合 *A*={1,2,3}，*B*={3,2,1}，*C*={1,2,3,4,5}，那么集合 *A* 是集合 *C* 的子集且是真子集，集合 *C* 是集合 *A* 的超集且是真超集。集合 *A* 是集合 *B* 的子集但不是其真子集，集合 *B* 同样是集合 *A* 的非真子集，因此集合 *A* 与集合 *B* 相等。

Python 中的 set 类提供了两个成员函数来判断两个集合是否满足子集和超集的关系。s1.issubset(s2)函数用来判断 s1 是否为 s2 的子集，s1.issuperset(s2)用来判断 s1 是否为 s2 的超集。

除此之外，使用关系运算符可以判断两个集合是否满足子集和超集的关系。

（1）如果 s1<s2 返回 True，则说明 s1 是 s2 的真子集。

（2）如果 s1<=s2 返回 True，则说明 s1 是 s2 的子集。

（3）如果 s1==s2 返回 True，则说明 s1 与 s2 相等。

（4）如果 s1>s2 返回 True，则说明 s1 是 s2 的真超集。

（5）如果 s1>=s2 返回 True，则说明 s1 是 s2 的超集。

5.3.3　集合运算

Python 提供了求交集、并集、差集和对称差集 4 种集合运算。

对于集合 *A*、集合 *B*，由所有属于集合 *A* 和集合 *B* 的元素所组成的集合被称为集合 *A* 与集合 *B* 的交集。简单来讲，交集是一个包含了两个集合共同元素的集合。例如，*A*={1,3,5}，*B*={1,2,3}，则集合 *A* 与集合 *B* 的交集为{1,3}。图 5-5 使用文氏图表示了集合 *A* 与集合 *B* 的交集。

对于集合 *A*、集合 *B*，由所有属于集合 *A* 或集合 *B* 的元素所组成的集合被称为集合 *A* 与集合 *B* 的并集。简单来讲，并集是一个包含两个集合所有元素的集合。例如，*A*={1,3,5}，*B*={1,2,3}，则集合 *A* 与集合 *B* 的并集为{1,2,3,5}。图 5-6 使用文氏图表示了集合 *A* 与集合 *B* 的并集。

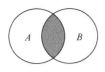

图 5-5　交集

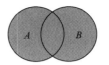

图 5-6　并集

对于集合 A、集合 B，由所有属于集合 A 但不属于集合 B 的元素所组成的集合被称为集合 A 与集合 B 的差集。例如，A={1,3,5}，B={1,2,3}，则集合 A 与集合 B 的差集为{5}。图 5-7 使用文氏图表示了集合 A 与集合 B 的差集。

对于集合 A、集合 B，由所有属于集合 A 或属于集合 B 但不属于集合 A 与集合 B 的交集的元素所组成的集合被称为集合 A 与集合 B 的对称差集。例如，A={1,3,5}，B={1,2,3}，则集合 A 与集合 B 的对称差集为{2,5}。图 5-8 使用文氏图表示了集合 A 与集合 B 的对称差集。

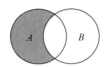

图 5-7　差集

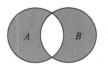

图 5-8　对称差集

以上 4 种集合运算都以两个集合作为操作数并返回一个结果集合。Python 对每种运算都提供了一个 set 类成员函数和一个运算符。

（1）使用 s1.intersection(s2)或 s1&s2 可以计算两个集合的交集。

（2）使用 s1.union(s2)或 s1|s2 可以计算两个集合的并集。

（3）使用 s1.difference(s2)或 s1-s2 可以计算两个集合的差集。

（4）使用 s1.symmetric_difference(s2)或 s1^s2 可以计算两个集合的对称差集。

代码清单 5-10 展示了实现这 4 种集合运算的程序。

代码清单 5-10　setOperation.py

```
1    set1 = {x * 2 for x in range(1, 6)}      #set1 = {2, 4, 6, 8, 10}
2    set2 = {x for x in range(1, 6)}          #set2 = {1, 2, 3, 4, 5}
3
4    print(set1)
5    print(set2)
6    print(set1 & set2)
7    print(set1 | set2)
8    print(set1 - set2)
9    print(set1 ^ set2)
```

【输出结果】

```
{2, 4, 6, 8, 10}
{1, 2, 3, 4, 5}
{2, 4}
{1, 2, 3, 4, 5, 6, 8, 10}
{8, 10, 6}
{1, 3, 5, 6, 8, 10}
```

5.3.4　集合与列表的比较

集合与列表都可以存储多个元素。但是，集合与列表有两大不同之处。第一，集合不能存储重复的元素；第二，集合中的元素是无序的，不能通过下标来访问。集合还支持判断集合关系及 4 种集合运算。

列表的存储方式为顺序存储，即将其中的元素依次存储在一块连续的内存区域中。集合采用的存储方式更加复杂，这使得在执行查找元素和删除元素的操作时，使用集合的效率比使用列表的效率高。

5.4　字典

字典是一个存储键值对集合的 Python 容器。字典通过使用关键字来快速获取、删除和更新值。

5.4.1　字典的基本操作

字典是按照关键字存储值的集合。一个字典对象中可以无序地存储若干条目。每个条目都是一个键值对，即一个关键字和一个对应值。关键字在字典中是唯一的，每个关键字唯一地匹配一个值。例如，假设需要提供根据学号查询学生姓名的操作，则可以将这些信息存储在一个字典结构中，以学号作为关键字，以学生姓名作为对应值，如图 5-9 所示。

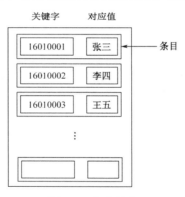

图 5-9　字典结构

1.　创建字典

创建字典需要将若干条目用一对花括号括起来。每个条目由类似于"关键字:对应值"的结构组成。条目之间使用逗号来分隔。例如：

```
students = {"16010001": "Zhang San", "16010002": "Li Si", "16010003":
"Wang Wu"}
```

这是一个有 3 个条目的字典对象，每个条目都是一个键值对。字典的键必须是可哈希的值，而列表、字典、集合等可变类型不能作为键，但值可以属于任意类型。

字典类型通过 Python 的内置类 dict 来定义，因此使用 dict()函数也可以创建一个字典。使用下面的语句可以建立一个相同的字典对象。

```
students = dict([("16010001", "Zhang San"), ("16010002", "Li Si"),
("16010003", "Wang Wu")])
```

要创建一个空字典，可以使用下面的语法：

```
students = {}
```

也可以使用下面的语法：

```
students = dict()
```

2. 添加、修改、获取、删除条目

关键字在字典中的作用相当于列表中的下标。通过类似于"字典对象名[关键字]"的语法可以读取或写入字典中的条目。

例如：

```
students["16010004"] = "Zhao Liu"
```

如果原字典中没有关键字为 16010004 的条目，则使用这条语句可以添加一个新条目到 students 字典中；如果字典中已经存在关键字为 16010004 的条目，则使用这条语句可以修改该条目的值。

如果要获取 students 字典对象中关键字为 16010003 的对应值，则只需通过表达式 students["16010003"]来访问。如果该关键字不存在于字典对象中，则会抛出一个 KeyError 异常。

要从字典中删除一个条目，可以使用 del 关键字进行删除。例如：

```
del students["16010002"]
```

这条语句将从字典中删除关键字为 16010002 的条目。同样，如果字典对象中不存在该关键字，则会抛出一个 KeyError 异常。

3. 遍历字典

使用 for-in 循环可以遍历一个字典。需要注意的是，遍历得到的是字典的关键字。例如：

```
students = {"16010001": "Zhang San", "16010002": "Li Si", "16010003":
"Wang Wu"}
for key in students:
print(key,":",students[key])
```

这段代码将遍历输出整个字典对象，先在 for 循环中获取关键字 key，再使用 students[key]获取对应值。

4. in/not in 运算符

使用 in 或 not in 运算符可以判断一个关键字是否在于字典中。对于前文中定义的 students 对象，表达式""16010002" in students"将返回 True，而表达式""16010003" not in students"将返回 False。

5. 关系运算符

使用==和!=运算符可以检测两个字典中的条目是否相同。由于字典的条目是无序存储的，所以比较时不考虑这些条目在字典中的顺序。例如，定义 3 个字典对象：

```
d1 = {1: "a", 2: "b", 3: "c"}
d2 = {1: "a", 2: "b", 3: "d"}
d3 = {3: "c", 2: "b", 1: "a"}
```

则表达式 d1 == d2 将返回 False，表达式 d1 != d3 将返回 False。

注意：

字典只支持相等性比较，而不支持使用其他关系运算符（>、<、>=、<=）的比较。

6. 字典推导式

与列表和集合相似，字典同样支持推导式生成。不同的是，字典推导式起始位置的表达式应该是"键:值"格式的。例如：

```
d1 = {x: x**2 for x in (2, 4, 6)}
```

则 d1 的内容为{2: 4, 4: 16, 6: 36}。

5.4.2　字典的函数

字典同样支持 5.1.2 节中介绍的内置函数。例如，使用 len()函数可以获得字典对象中条目的数量。

此外，dict 类提供了一些成员函数，作为字典的一些常见操作，以供用户使用。下面对这些成员函数进行详细介绍。

注意：

在下面成员函数的例子中，students 对象均被初始化为{"16010001": "Zhang San", "16010002": "Li Si", "16010003": "Wang Wu"}，这里不再一一说明。

clear()：这个函数将清空字典对象中所有的条目。

copy()：这个函数将返回一个字典对象的深拷贝。

get(key[, default])：如果参数 key 是字典中的关键字，则这个函数将返回其所对应的值，否则返回参数 default 的值。如果没有设置可选参数 default，则默认返回 None。例如，调用 students.get("16010001")将返回字符串"Zhang San"，调用 students.get("16010004", "Nobody")将返回字符串"Nobody"。

items()：这个函数将返回一个 view 对象，其中每个元素是由字典对象中关键字和对应值组成的一个元组。view 对象可以像列表一样遍历和使用，但不能修改。此外，还可以将返回值转换为列表来使用。例如，调用 students.items()将返回列表[('16010001', 'Zhang San'), ('16010002', 'Li Si'), ('16010003', 'Wang Wu')]。

keys()：这个函数将返回一个由字典对象所有关键字组成的 view 对象。例如，调用 students.keys()将返回 dict keys(['16010001', '16010002', '16010003'])。

pop(key[, default])：如果参数 key 是字典中的关键字，则这个函数将删除其所在的条目并返回该条目的值，否则返回参数 default 的值。如果没有设置可选参数 default，并且 key 不在字典中，则抛出一个 KeyError 异常。例如，调用 students("16010001")将返回字符串"Zhang San"，此时 students 中的内容为{'16010002': 'Li Si', '16010003': 'Wang Wu'}。

popitem()：这个函数将以一个元组的形式返回任意的一个键值对，并且删除这个条目。如果字典为空，则抛出一个 KeyError 异常。例如，调用 students.popitem()可能返回元组('16010001', 'Zhang San')，并且从字典中删除这个条目。使用这个函数可以破坏性地遍历一个字典对象。

setdefault(key[, default])：如果参数 key 是字典中的关键字，则这个函数将返回其所对应的值，否则插入一个关键字为 key、对应值为参数 default 的条目，并返回参数 default 的值。可选参数 default 的默认值为 None。例如，调用 students. setdefault("16010001")将返回字符串"Zhang San"，并且字典对象内容无变化，而调用 students. setdefault("16010004", "Zhao Liu")将返回字符串"Zhao Liu"，并且字典对象将添加该条目。

　　update([other])：这个函数将依据参数 other 的值更新字典的条目，覆盖现有的键。其中，参数 other 可以为字典对象或长度为 2 的可迭代对象（如元组等），还可以指定关键字参数作为键值对传入。

　　values()：这个函数将返回一个由字典对象所有值组成的 view 对象。例如，调用 students. values ()将返回 dict values(['Zhang San', 'Li Si', 'Wang Wu'])。

5.5　实例：使用数据结构进行程序设计

5.5.1　计算质数

　　3.5.1 节编写了一个输出 100 以内质数的程序（见代码清单 3-14）。读者在学习了列表的相关内容后，可以对这个程序进行一些改进。

　　要判断一个数 number 是否为质数，之前采用的方法是检测这个数能否被 2,3,4,…, $\lfloor \sqrt{number} \rfloor$ 中的一个数整除，如果能，则这个数不是质数，否则这个数是质数。实际上，如果 number 能够被一个数整除，则其一定也能被这个数的因数整除。因此，不需要测试 $2 \sim \lfloor \sqrt{number} \rfloor$ 的每个数，只需检查 number 能否被这个范围内的质数整除。

　　也就是说，要判断 number 是否为质数，需要检测其能否被 $2 \sim \lfloor \sqrt{number} \rfloor$ 的质数整除，如果能，则 number 不是质数。因此，需要一个列表来存储已经确认过的质数。

　　代码清单 5-11 展示了上面的完整程序。

代码清单 5-11　primeNumberwithList.py

```
1    import math
2
3    MAX_NUM = 100
4    primes = [2]                          #存储当前确定的所有质数
5
6    def isPrime(number):                  #检测一个数是否为质数
7        max_divisor = int(math.floor(math.sqrt(number))) + 1    #检测上界
8        for divisor in primes:            #检测能否被 2～根号 number 之间的质数整除
9            if number % divisor == 0:
10               return False              #能被某个数整除，不是质数
11           if divisor >= max_divisor:
12               return True               #所有数检测通过，是质数
13
14   def main():
15       for number in range(3, MAX_NUM):    #遍历每个数
16           if isPrime(number):
```

```
17                    primes.append(number)    #将检测出的质数添加到列表 primes 中
18          print(primes)
19
20   main()
```

【输出结果】

```
[2, 3, 5, 7, 11, 13, 17, 19, 23, 29, 31, 37, 41, 43, 47, 53, 59, 61, 67,
71, 73, 79, 83, 89, 97]
```

在上面的程序中，第 4 行定义了列表 primes，用来存储当前检测到的所有质数；第 6～12 行定义了 isPrime()函数，用来检测一个数是否为质数，从列表 primes 中依次取出质数进行整除检查，直到该质数大于 $\lfloor\sqrt{number}\rfloor$；在 14～18 行的 main()函数中，遍历小于 MAX_NUM 的所有数并调用 isPrime()函数检查该数是否是质数，如果该数是质数，则将其添加到列表 primes 中。

比较代码清单 3-14 与代码清单 5-11 两个程序的执行效率，分别计算这两个程序对不同 MAX_NUM 的运行时间（可以使用 time 模块的 time()函数来计算），得到的结果如表 5-1 所示。由表 5-1 可知，使用列表优化后的程序要比原程序运行得更快。

表 5-1　代码清单 3-14 与代码清单 5-11 运行时间的比较

MAX_NUM	1000	10000	100000	1000000
代码清单 3-14 的运行时间/ms	2	30	591	16171
代码清单 5-11 的运行时间/ms	1	14	182	2346

5.5.2　统计词频

词频指的是某个给定的词语在整个文件（或文本）中出现的次数。给定一串文本，要统计出这段文本中的所有单词及其出现次数，并按照词频从高到低的顺序输出。显然，单词和出现次数构成了键值对的关系，因此可以使用字典结构来解决这个问题。首先，对文本进行分词；其次，初始化一个空字典对象；再次，依次判断每个单词是否是字典中的一个关键字，如果是，则将该单词的值加 1，否则添加该条目并将其值设置为 1；最后，为了按照词频从高到低的顺序输出，需要将字典对象转换为列表后进行排序并输出排序结果。

统计词频的完整程序如代码清单 5-12 所示。

代码清单 5-12　wfCount.py

```
1   def parseText(text):                              #将段落字符串分割为单词的列表
2       for ch in "~!@#$%^&*()_+-={}[]<>,.?/;':\"|\\": #如果字符是特殊字符
3           text = text.replace(ch, " ")              #以空格替换特殊字符
4       words = text.split()                          #分割为单词列表
5       return words
6
7   def main():
8       text = input("Please input a text here:")
9       words = parseText(text.lower())
```

```
10      word_count = {}
11      for word in words:                           #遍历每个单词
12          if word in word_count:                   #单词在字典中
13              word_count[word] += 1
14          else:                                    #单词不在字典中
15              word_count[word] = 1
16      items = [(count, word) for (word, count) in word_count.items()]
17      items.sort(reverse=True)            #将字典转换为列表以便按词频排序
18      for item in items:
19          print(item[1], item[0])
20
21  main()
```

【输出结果】

```
Please input a text here:Python is an easy programming language. Python
is an powerful programming language. Python is efficient.
python 3
is 3
programming 2
language 2
an 2
powerful 1
efficient 1
easy 1
```

在上面的程序中，第 1~5 行定义了 parseText()函数，用来对文本进行简单分词，返回单词组成的列表。其中，第 2 行和第 3 行将文本中的特殊符号替换为空格以便进行分词。在 main()函数中，首先接收用户输入的文本，将其统一转换为小写字母后调用 parseText()函数进行分词。第 10~15 行将获得的单词列表按照上面介绍的方法转换为字典。第 16 行和第 17 行将生成的字典转换为元组的列表以便按照频数降序排列。第 18 行和第 19 行输出结果。

如果不使用字典结构，则可以使用类似于[[key1, value1], [key2, value2],…]的二维列表来实现，但是这种实现不仅使程序变得更加复杂，还降低了运行效率。实际上，在解决类似的问题时，字典是一种高效且强大的数据结构。

小结

本章介绍了 Python 中几种内置的数据结构——列表、元组、集合和字典。这些内置的数据结构是使用 Python 进行开发的基础，都可以用来存储多个元素，但又有许多细微的不同：列表顺序存储元素；元组中的元素不可被再次修改；集合中不能存在重复的元素；字典以键值对方式存储元素。熟练掌握这几种内置的数据结构能够使编程变得"如虎添翼"。

习题

一、选择题

1．使用（   ）可以在 Python 中创建一个空集合。

    A．set{}   B．set()   C．{}   D．[]

2．使用切片操作可获取列表 my_list 中从第 2 个元素到倒数第 3 个元素（包括本身）的所有元素，具体方法是（   ）。

    A．my_list[1:-3]   B．my_list[2:-2]

    C．my_list[1:-2]   D．my_list[2,-3]

3．以下关于程序输出结果的描述，正确的是（   ）。

```
l = [1,2,3,4,5,6,7]
print(l.pop(0), len(l))
```

    A．输出 1 6   B．输出 1 7   C．输出 0 7   D．输出 0 6

4．在 Python 中，（   ）是正确的元组拆包（Tuple Unpacking）语法。

    A．a, b = (1, 2)   B．a b = (1, 2)

    C．(a, b) = 1, 2   D．a, b -> (1, 2)

5．在 Python 中，（   ）可以合并字典（不会改变原字典）。

    A．dict1 + dict2   B．dict1.extend(dict2)

    C．{**dict1, **dict2}   D．dict1.update(dict2)

二、判断题

1．Python 3 中的字典和集合都是有序存储的。   （   ）

2．在 Python 中使用列表推导式时，可以使用 if 语句进行条件过滤，但不能使用 elif 或 else 语句。   （   ）

3．列表切片得到的列表中的数据是原有数据的复制，而不是原有列表的元素。   （   ）

4．在存取元素时，列表比元组慢。   （   ）

5．在 Python 中，检查一个元素是否存在于字典中，与检查一个元素是否存在于集合中的时间复杂度相同。   （   ）

三、填空题

1．使用＿＿＿＿＿＿代码，可以获取 my_list=[1,2,3,4,5,6] 中由 3 的倍数的元素组成的列表。

2．使用＿＿＿＿＿＿方法可以向字典中添加一个新的键值对。

3．在执行 x, y, z = input().split() 时，会发生序列的＿＿＿＿＿＿过程。

4．使用＿＿＿＿＿＿可以生成一个以 4 开始、10 结束的，每次递增 2 的等差数列。

5．＿＿＿＿＿＿内置函数可以将一个列表转换为集合。

四、简答题

1．简要说明列表、元组、集合和字典这 4 种数据结构的相同点和不同点。

2．列表查找有几种方法？每种方法的主要特点是什么？

3．举例说明什么是元组封装和序列拆封，这两种特性如何在编程中应用。

4．集合和字典的底层数据结构是怎么实现的？

5．简要叙述列表、元组、集合和字典这 4 种数据结构适合什么样的应用场景。

五、实践题

1．编写程序，接收用户输入的一行由空格分隔的若干整数，计算这些数的平均数，并统计有多少个数大于平均数，有多少个数小于平均数。

2．编写程序，首先输入两行由空格分隔的若干整数并分别存储到两个列表中；然后对这两个列表分别进行升序排列，并输出排序后的两个列表；最后将两个列表合并为一个有序列表，并输出合并后的列表。

例如，假设用户第 1 行输入"3 1 2"，第 2 行输出"4 2 3"，先输出排序后的两个列表，即"1 2 3"和"2 3 4"，再输出合并后的有序列表"1 2 2 3 3 4"。

3．编写程序，提示用户输入一个整数的二维列表，并指出行内元素和最大的一行，以及列内元素和最大的一列。

4．改编代码清单 5-12，统计一段文本中每个字母（忽略字母的大小写）出现的次数，并按照次数降序输出。

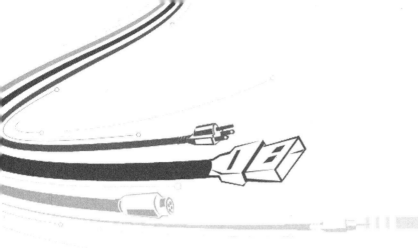

进　阶　篇

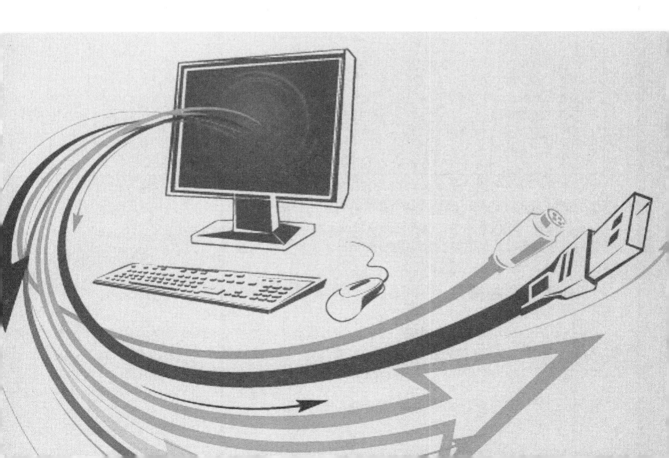

第6章 模 块

6.1 创建模块

模块是 Python 中的一个重要概念。随着编写的程序越来越长，可以将这些代码分成几个文件，这样更易于维护代码。当把一些相关的代码存放在一个文件中时，就创建了一个模块。模块中的定义可以被导入到其他模块中，从而被其他模块使用，这就使得用户可以在多个程序中使用已经编写好的函数而不需要将函数复制到每个程序中。

总的来说，模块就是包含 Python 定义和声明的文件。文件名就是模块名加上.py 扩展名。例如，在目录下创建一个名为"fibonacci.py"的文件，其内容如代码清单 6-1 所示。

代码清单 6-1　fibonacci.py

```
1    def fibonacci(x):
2        a = 0
3        b = 1
4        c = 0
5        for i in range(0, x):
6            a = b
7            b = c
8            c = a + b
9        return c
10
11   def recursiveFibonacci(x):
12       if x == 0:
13           return 0
14       elif x == 1:
15           return 1
16       else:
17           return fibonacci(x - 1) + fibonacci(x - 2)
```

此时，已经创建了一个名为 fibonacci 的模块，并定义了两个函数。在命令行或其他文件中使用 import 语句可以导入这个模块，以使用模块中的函数。

模块有一些内置属性，用于存储模块的某些信息，如__name__、__doc__ 等。__name__ 属性用来获取模块的名称。如果当前模块是主模块，则__name__ 的值为"__main__"。

6.2　导入模块

Python 以模块为单位来组织代码。Python 标准库内置了许多标准模块，可以应用在多个方面。例如，string 模块包含常见的字符串操作，math 模块包含常见的数学函数，socket 模块提供对底层网络接口的支持等。除了标准模块，Python 还有非常丰富的第三方模块以供用户使用。当然，用户也可以自己编写模块。

　　想要在模块外部使用模块内定义的函数，需要先导入该模块。使用 import 语句可以导入一个模块，格式为"import 模块名 [as 别名]"。例如，想要导入 6.1 节定义的 fibonacci 模块，可以通过下面的语句来导入。

```
import fibonacci
```

这条语句直接导入了模块名，通过模块名可以访问该模块中的对象。例如：

```
print(fibonacci.fibonacci(10))
result = fibonacci.recursiveFibonacci(7)
```

如果频繁地使用一个函数而不想每次调用都需要带上模块名，则可以将其赋给一个本地变量。例如：

```
fib = fibonacci.fibonacci
print(fib(6))
```

此外，在 import 语句后添加 as 子句可以作为模块的别名。例如：

```
import fibonacci as fibo
```

通过这种方法可以使用"别名.对象名"的格式来调用模块内的对象。例如：

```
fibo.recursiveFibonacci(11)
```

Python 还支持另外一种语法，即"from 模块名 import 对象名 [as 别名]"。使用这种格式仅导入明确指定的对象，可以减少访问速度，同时不需要使用模块名进行调用。例如：

```
from fibonacci import recursiveFibonacci
print(recursiveFibonacci(12))
```

如果想要导入的模块中的对象与当前的某对象同名，则可以使用 as 子句为想要导入的对象设置别名，以避免这一情况。如果想要通过这一语法导入模块下的全部对象，则可以使用星号来替代对象名。例如：

```
from fibonacci import *
```

这种方式虽然简单省事，但是并不推荐。一旦不同模块中有重名的对象，这种导入方式将会引发混乱。

　　注意：
　　习惯上，我们将所有的 import 语句放在文件的开始位置，虽然这不是强制性的。实际上，import 语句可以置于程序中的任何位置。

　　代码清单 6-2 引入了 6.1 节编写的 fibonacci 模块（第 1 行）和 math 标准模块中的 factorial()函数（第 2 行）。第 4 行的条件语句用于判断当前模块是否为主模块（执行的入口），并且调用所导入的模块和函数。从现在开始，之前代码中的 main()函数调用都建议使用第 4 行中的条件语句来替换。

　　代码清单 6-2　importModule.py

```
1    import fibonacci as fib            #以 fib 为别名导入 fibonacci 模块
2    from math import factorial         #导入 math 模块的 factorial()函数
3
4    if __name__ == '__main__':         #如果当前模块为主模块，则执行下面的代码
5        print(factorial(fib.fibonacci(5)))
```

【输出结果】

```
120
```

6.3　包

包是一种通过"点分模块名称"管理 Python 模块命名空间的方式。例如，模块名 A.B 表示包 A 中一个名为 B 的子模块。正如模块的使用可以使不同模块的开发人员不用担心模块间的对象重名一样，包的使用可以使包的开发人员不用担心彼此的模块重名。

6.3.1　将模块组织成包

假设想设计一系列模块来实现视频播放器对视频文件和视频数据的处理，这一系列模块将是十分庞大的，因为这会涉及不同视频格式、多种视频处理操作（如更改画面亮度、锐化画面效果等）。所以，可以将这些模块按照某种方式组织在一个目录下，构成一个包结构。这个包（video 包）的文件结构如图 6-1 所示。

图 6-1　video 包的文件结构

模块对应着一个扩展名为.py 的文件，而包对应着一个目录。为了让 Python 将目录当作包，目录下必须有一个名为"__init__.py"的文件。在最简单的情况下，__init__.py 文件可以为空。

6.3.2　包内导入

用户可以从包中导入单独的模块。例如：

```
import video.formats.avi
```

这样就加载了 avi 子模块。从包中导入模块的效果等同于使用 import 语句直接导入一个模块的效果，此时调用模块中的对象必须使用完整的路径名。例如，假设 avi 子模块中有一个名为 avireader 的函数，则需要使用下面的语句来调用。

```
video.formats.avi.avireader("test.avi")
```

导入模块的另一种方式为

```
from video.formats import avi
```

这种方式同样加载了 avi 子模块，此时访问其中的对象，只需通过模块名作为前缀。例如：

```
avi.avireader("test.avi")
```

另一种变化方式是直接导入要访问的对象：

```
from video.formats.avi import avireader
```

此时，导入的是 avireader()函数，这种方式可以直接使用对象名进行访问：

```
avireader("test.avi")
```

注意：

在使用"from package import item"语法时，item 可以是一个子模块或子包，也可以是包中定义的一些名称（如函数、类或变量）。import 语句会先检测 item 在包中是否有定义，如果没有，则会假设其是一个模块并尝试加载。如果加载失败，则抛出一个 ImportError 异常。

包同样支持使用"from … import *"的语法来加载包中的所有子模块。例如：

```
from video.formats import *
```

但这一语法需要开发人员为包提供显式的索引，即在包的__init__.py 文件中定义一个名为__all__的列表。例如，在 video.formats 包的__init__.py 文件中添加如下语句。

```
__all__ = ["avi", "mp4", "mkv"]
```

这样，在执行上面的 import 语句时就能加载 formats 子包中的 3 个子模块。如果没有定义__all__，则该 import 语句不会加载包中的子模块到当前命名空间中，而只保证已经导入 video.formats 包并且运行__init__.py 文件中的初始化代码。

6.3.3 包内引用

子模块之间同样需要互相引用。例如，video.functions 包中的 screenshot 模块可能需要引用 basic 模块。这种在同一个子包中引用使用简单的 import 语句就可以解决，即可以在 screenshot 模块中添加 import basic 语句。

但是，如果要引用的模块不在当前子包中呢？例如，video.effects 包中的 sharpening 模块同样需要引用 basic 模块。这时，可使用以下两种方法来完成引用。

第一种方法是使用绝对导入来引入模块。这种引用方法与包外引用相同：

```
import video.functions.basic
```

第二种方法是使用相对导入。相对导入的语法与文件系统的相对路径表示方法很相似，即使用点号表示相对导入的是当前包还是上级包。这里，同样以 sharpening 模块为例，语句如下。

```
from . import adjustConstrast
from ..functions inport basic
```

6.4 安装第三方包

Python 如此流行的一大原因就是拥有丰富的第三方包。丰富的第三方包使得 Python 开发人员可以方便地使用已经开发完善的模块，帮助自己编写程序。Python 提供了两个包管理工具来方便安装第三方包：easy_install 和 pip。本节将介绍如何使用 pip 来安装和使用第三方包。

1. 安装 pip

Python 3.4 及之后的版本已经自动安装了 pip，但用户需要对其进行升级。升级 pip 需要在操作系统的命令行中输入以下命令。

在 Linux/OS X 系统中输入：pip install -U pip。

在 Windows 系统中输入：python -m pip install -U pip。

如果 Python 没有自动安装 pip，则需要用户自行安装。读者可以从 PyPI 官网下载安装包，解压缩安装包后执行以下命令来安装 pip。

```
python setup.py install
```

2. 使用 pip

这里介绍如何使用 pip 管理第三方包。pip 通过在命令行中执行各种命令可以对包进行安装、卸载、升级等操作。下面对几个常用的命令进行介绍。命令中的<PackageName>在实际执行时需要换成具体的包名。

注意：

在 Windows 系统中，需要将 pip 所在目录（Python 安装目录的 Script 文件夹）添加到环境变量中才可以直接从命令行中执行 pip 命令。

```
pip install <PackageName>            #安装包
pip show <PackageName>               #查看已安装的包的信息
pip list                             #列出已安装的所有包
pip list --outdated                  #列出需要更新的包
pip install --upgrade <PackageName>  #升级包
pip uninstall <Package>              #卸载包
```

小结

本章主要介绍了 Python 中模块与包的内容。模块可以将一系列函数和类进行组织，从而能够更好地组织和维护程序。使用 import 语句可以导入已经编写好的模块。包可以将许多模块组织到一起，形成一个更大的组织代码的单位。使用 pip 等工具可以快速安装 Python 第三方包，以帮助用户编写程序。

习题

一、选择题

1. （   ）是 Python 导入模块的语句。

    A．input   B．include   C．def   D．import

2. （   ）命令可以运行 Python 提供的包管理工具。

    A．pypi   B．python   C．copy   D．pip

3．下列导入模块及调用模块中对象的语句对应关系不正确的是（　　　）。

    A．导入：import fibonacci；调用：fibonacci.recursiveFibonacci(7)

    B．导入：import fibonacci as fibo；调用：fibo.recursiveFibonacci(7)

    C．导入：from fibonacci import recursiveFibonacci；调用：recursiveFibonacci(7)

    D．导入：import fibonacci；调用：recursiveFibonacci(7)

4．（　　　）命令可以查看已安装的第三方包的信息。

    A．pip list

    B．pip show <PackageName>

    C．pip install <PackageName>

    D．pip install --upgrade <PackageName>

5．video 包的文件结构如图 6-1 所示，（　　　）语句可以加载 mp4 子模块。

    A．import formats.mp4

    B．import video.formats as mp4

    C．from video.formats import mp4

    D．from video import mp4

二、判断题

1．import 语句必须放在文件的开始位置。　　　　　　　　　　　　　　　（　　　）

2．如果当前模块是主模块，则此时模块的内置属性__name__的值为"__main__"。

                                                （　　　）

3．使用"from 模块名 import *"的方式导入模块下的全部对象简单省事，推荐使用。

                                                （　　　）

4．在使用"from package import item"语法时，item 可以是一个子模块或子包，也可以是包中定义的一些名称（如函数、类或变量）。　　　　　　　　　　　（　　　）

5．为了让 Python 将目录当作包，目录下必须有一个名为"__main__.py"的文件。

                                                （　　　）

三、填空题

1．模块有一些内置属性，用于存储模块的某些信息，其中_____属性用来获取模块的名称。

2．Python 标准库内置的包含常见字符串操作的模块是_____。

3．video 包的文件结构如图 6-1 所示，加载 avi 子模块的语句可以是_____。

4．使用 pip 管理第三方包，可以通过_____命令升级名称为<PackageName>的包。

5．根据注释补全代码清单 6-3。

代码清单 6-3　importModule.py

```
1    import fibonacci as fib      #以 fib 为别名导入 fibonacci 模块
2    _____            #导入 math 模块的 factorial()函数
3    print(factorial(fib.fibonacci(5)))
```

四、简答题

1．什么是模块？使用模块有哪些好处？

2．导入模块有几种方式？这些方式有什么区别？

3．什么是包？包是如何组织模块的？

4．如何在 Windows 系统中升级 pip？

5．video 包的文件结构如图 6-1 所示，请用 3 种方式调用 avi 子模块中名为 avireader 的函数。该函数只有一个字符串格式的参数 test.avi。

五、实践题

1．编写一个 listOperation 模块，在该模块中封装列表的查找和排序等函数。

2．使用 pip 安装任意一个第三方包，引入该包并测试包中的函数。

第 7 章　字符串与正则表达式

7.1　字符串的基本操作

2.1 节介绍了字符串这种基本数据类型。实际上，字符串与列表及元组类似，也是一种序列类型。字符串由 Python 内置的 str 类定义，属于不可变对象。本节将介绍字符串的一些基本操作。

较为简单的创建字符串的方法在 2.1.4 节中已经介绍过，即使用一对单引号、双引号或三引号包围要创建的字符串。例如：

```
str1 = 'python'
str2 = "Hello World!"
str3 = '''I'm fine.'''
```

在引号前添加字母 r 代表该字符串是所谓的"生字符串"，即串中的反斜杠均不转义。例如：

```
str4 = r"yes\no"
```

Python 使用内置类 str 来定义字符串，因此使用 str()函数可以创建字符串。例如：

```
str5 = str()
str6 = str("string")
```

与元组一样，字符串对象也是不可变的。也就是说，一旦创建一个字符串，就不能修改其内容。

一个字符串实际上是一个字符序列，因此序列的一些基本操作可以应用到字符串上。这里对这些基本操作进行简单说明。

1. 下标访问

字符串可以使用下标来访问该位置的单个字符。例如，定义 mystr="python"，则 mystr[0] 的值为字符串"p"。但是，使用下标只能进行读取操作，而不能进行写入操作。

2. 切片操作

使用切片操作可以按位置提取出字符串的某个子串。例如，定义 mystr="Hello World"，则 mystr[0:5]的值为字符串"Hello"。

3. 字符串的拼接与复制

使用+运算符和*运算符可以实现字符串的拼接与复制。例如，定义 str1="Hello"+'+"World"，str2='*'*5，则 str1 的值为字符串"Hello World"，str2 的值为字符串"*****"。另外，使用增强型赋值运算符+=和*=也可以实现字符串的拼接与复制。

4. in/not in 运算符

使用 in/not in 运算符可以判断一个字符串是否是另一个字符串的子串。例如，表达式 'He' in 'Hello'将返回 True。

5. 关系运算符

关系运算符可以对字符串进行比较。字符串的比较规则是字典序，即从两个字符串的第一个字符开始，依次比较每个对应位置字符的 ASCII 值，直到出现不一样的两个字符，或者比较完两个字符串中的所有字符。例如，表达式'Jane'>'Jake'将返回 True，表达式'hello'=='Hello'将返回 False。

6. 使用 for 循环遍历字符串

字符串也是可迭代对象，因此使用 for 循环可以顺序遍历字符串中的每个字符。例如，执行下面的语句将依次打印字符串中的所有字符。

```
for ch in mystr:
    print(ch, end='')
```

执行上面的语句的结果与直接执行 print(mystr, end=' ')语句的结果相同。

7.2　字符串的函数

字符串同样可以应用 5.1.2 节中的内置函数。例如，使用 len()函数可以求字符串长度，使用 max()函数可以求字符串中 ASCII 值最大的字符。此外，Python 内置的 str 类提供了许多成员函数，以对字符串提供一些封装方法。下面介绍一些常用的成员函数。

str.capitalize()：这个函数将返回一个原字符串的一种形式，返回的字符串首字母为大写字母，其他字母均为小写字母。例如，调用"hellO".capitalize()将返回字符串"Hello"。

str.center(width[, fillchar])：这个函数将返回一个长度为 width 的字符串，并使原字符串居中。如果 width 小于或等于原字符串长度，则直接返回原字符串。可选参数 fillchar 默认为空格，用来填充原字符串两端的空间。例如，调用"Test".center(10, '*')将返回字符串"***Test***"。

str.count(sub[, start[, end]])：这个函数将返回从原字符串 start 到 end 范围内字符串 sub 的出现次数（非重叠方式）。可选参数 start 和 end 的意义与切片操作[start:end]的意义相同，可选参数 start 的默认值为 0，可选参数 end 的默认值为 len(str)-1。例如，"abababa".count("aba")将返回 2。

str.endswith(suffix[, start[, end]])：如果字符串以指定的 suffix 结束，则这个函数将返回 True，否则返回 False。可选参数 start 和 end 分别表示比较的起始和终止位置。例如，调用"Hello World".endswith("World")将返回 True。

str.find(sub[, start[, end]])：这个函数将返回在字符串中找到的第一个子串的位置，如果没有找到子串 sub，则返回-1。可选参数 start 和 end 分别表示原字符串查找的起始和终止位置。例如，调用"abcdbc".find("bc")将返回 1。

str.index(sub[, start[, end]])：这个函数的功能基本与 find()函数的功能相同，但在未找到子串时不返回-1，而是抛出一个 ValueError 异常。

str.isalnum()：如果字符串中的所有字符都是数字或字母且字符串非空，则这个函数将返回 True，否则返回 False。例如，调用"I'm fine".isalnum()将返回 False。

str.isalpha()：如果字符串中的所有字符都是字母且字符串非空，则这个函数将返回 True，否则返回 False。例如，调用"python".isalpha()将返回 True。

str.isdigit()：如果字符串中的所有字符都是数字且字符串非空，则这个函数将返回 True，否则返回 False。例如，调用"12321".isdigit()将返回 True。

str.islower()：如果字符串中的所有字母都是小写字母且字符串非空，则这个函数将返回 True，否则返回 False。例如，调用"abc123".islower()将返回 True。

str.isspace()：如果字符串中的所有字母都是空白字符且字符串非空，则这个函数将返回 True，否则返回 False。例如，调用" \n\t\r".isspace()将返回 True。

str.istitle()：如果字符串中的所有单词首字母是大写字母且其他字母是小写字母，则这个函数将返回 True，否则返回 False。例如，调用"Hello World".istitle()将返回 True。

str.issuper()：如果字符串中的所有字母都是大写字母且字符串非空，则这个函数将返回 True，否则返回 False。例如，调用"Abc123".islower()将返回 False。

str.join(iterable)：这个函数将返回一个字符串，将可迭代的参数 iterable 以原字符串为分隔符来连接。例如，调用"-".join(["How", "Are", "You"])将返回字符串"How-Are-You"。

str.ljust(width[, fillchar])：这个函数将返回一个长度为 width 的字符串，并使原字符串居左。如果 width 小于或等于原字符串长度，则直接返回原字符串。可选参数 fillchar 默认为空格，用来填充原字符串右侧的空间。例如，调用 "Test".ljust(10, '*')将返回字符串 "Test******"。

str.lower()：这个函数将字符串中所有大写字母替换为对应的小写字母。例如，调用 "Hello World" lower()将返回字符串"hello world"。

str.lstrip([chars])：这个函数将删除原字符串中某些特定的前导字符。可选参数 chars 是一个字符集，执行这个函数将删除所有在原字符串开头且在字符串 chars 中的字符。可选参数 chars 默认为空白字符集，即删除字符串最前面的空白字符。例如，调用" \n\t\r hello".lstrip()将返回字符串"hello"，调用"cabdabcb".lstrip("abc")将返回字符串"dabcb"。

str.partition(sep)：这个函数将在分隔符 sep 首次出现的位置拆分字符串，并返回将字符串拆分后的三元组（分隔符之前的部分、分隔符和分隔符之后的部分）。如果找不到分隔符，则返回由字符串本身及两个空字符串组成的三元组。例如，调用"python".partition("th")将返回三元组('py', 'th', 'on')。

str.replace(old, new[, count])：这个函数将原字符串中的所有字符串 old 都替换为字符串 new。如果指定了可选参数 count，则仅替换最先出现的 count 个子串。例如，调用"abcabc".replace("ab","*")将返回字符串"*c*c"。

str.rfind(sub[, start[, end]])：这个函数与 find()函数相似，但返回的是子串 sub 最后一次出现在原字符串中的位置。例如，调用"abcdbc".rfind("bc")将返回 4。

str.rindex(sub[, start[, end]])：这个函数与 rfind()函数相似，但在未找到子串时会抛出一个 ValueError 异常。

str.rjust(width[, fillchar])：这个函数与 ljust()函数相似，但将字符 fillchar 填充在字符左侧。例如，调用"Test".rjust(10, '*')将返回字符串"******Test"。

str.rpartition(sep)：这个函数与 partition()函数相似，但这个函数以字符串中最后一个子串 sep 为分隔符。例如，调用"Hello".rpartition("l")将返回元组('Hel', 'l', 'o')。

str.rstrip([chars])：这个函数与 lstrip()函数相似，但删除的是原字符串中某些特定的后导字符。例如，调用"cabdabcb".lstrip("abc")将返回字符串"cabd"。

str.split([sep[, maxsplit]])：这个函数将返回字符串以 sep 为分隔符的字符串列表。如果给出可选参数 maxsplit，则至多能拆分字符串 maxsplit 次。例如，调用"1<>2<>3".split("<>")将返回列表['1', '2', '3']。

如果 sep 未指定或为 None，则分隔方法完全不同：将连续空白字符作为单一的分隔符对字符串进行分隔。例如，调用" \n 1 \t 2 \r   3".split()将返回列表['1', '2', '3']。

str.rsplit([sep[, maxsplit]])：这个函数与 split()函数相似，但在拆分字符串时从右开始。

str.splitlines([keepends])：这个函数识别'\r'、'\r\n'、'\n'为换行符，将字符串按行进行分隔，并返回由行组成的列表。可选参数 keepends 默认为 False，表示结果不包含换行符。如果将可选参数 keepends 指定为 True，则在结果中保留换行符。

str.startswith(prefix[, start[, end]])：如果字符串以指定的 prefix 开头，则这个函数将返回 True，否则返回 False。可选参数 start 和 end 分别表示比较的起始和终止位置。例如，调用"Hello World".startswith("Hello")将返回 True。

str.strip([chars])：这个函数与 lstrip()函数和 rstrip()函数相似，但删除的是原字符串中某些特定的前导字符和后导字符。执行这个函数相当于执行 str.lstrip([chars]).rstrip([chars])。例如，调用"cabdabcb".strip("abc")将返回字符串"d"。

str.swapcase()：这个函数将原字符串中的字母的大小写互换。例如，调用 "I'm Fine".swapcase()将返回字符串"i'M fINE"。

str.title()：这个函数将原字符串的所有单词首字母转换为对应的大写字母，其他字母转换为对应的小写字母。例如，调用"hello world".title()将返回字符串"Hello World"。

str.upper()：这个函数将字符串中所有小写字母转换为对应的大写字母。例如，调用"Hello World".upper()将返回字符串"HELLO WORLD"。

str.zfill(width)：这个函数将在字符串（通常为数值字符串）的左边添加前导 0 至字符串长度等于 width。如果 width 小于或等于原字符串长度，则直接返回原字符串。例如，调用"123".zfill(10)将返回字符串"0000000123"。

注意：

正如之前所说，字符串对象都是不可变的，因此 str 类中没有任何一个成员函数能够修改字符串的内容。这些函数都是创建并返回新的字符串。在调用这些函数之后，原字符串的内容仍然保持不变。

7.3　格式化字符串

格式化字符串的第 1 种方法为使用%运算符（也被称为字符串格式化运算符，以下简称格式符）。

字符串有一个独特的内置操作：格式符。使用这个格式符可以创建格式化的字符串，其语法格式类似于"format%values"。其中，format 是带格式符的模板字符串，values 是若干值。这个操作可以将字符串 format 中的格式符替换为 values 中的值。

例如：

```
print("I'm %s. I'm %d years old." % ("Zhang San", 20))
```

上面的例子将输出字符串" I'm Zhang San. I'm 20 years old."。表达式前半部分中的%s和%d 都是格式符，分别代表一个字符串和一个十进制整数。这两个格式符的内容将根据后面元组中的值一次填入。

在字符串 format 中使用不同的格式符可以代表不同的类型。格式符及其含义如表 7-1 所示。

表 7-1 格式符及其含义

格 式 符	含 义
%d、%i、%u	有符号的十进制整数
%o	有符号的八进制数
%x、%X	有符号的十六进制数（%x 以小写输出，%X 以大写输出）
%e、%E	浮点数的科学记数法表示（%e 以小写输出，%E 以大写输出）
%f、%F	浮点数的十进制表示
%g、%G	浮点数，如果指数小于-4 或大于等于精度值，则使用指数形式，否则使用十进制形式
%c	单个字符（接收整数或单个字符的字符串）
%r、%s	字符串（%s 只输出字符串内容，%r 输出字符串内容与两端的引号）
%%	不转换任何值，结果只打印%

在格式符后添加点（.）和数字表示精度。例如，%.3f 表示保留小数点后 3 位小数。

如果字符串 format 中需要一个单一的参数，那么 values 可以是单个对象，否则 values 必须是一个长度与字符串 format 中参数相同的元组或一个字典。如果 values 是一个字典，那么字符串 format 中的格式符必须具有由圆括号括起来的键，通过键来选择对应的要格式化的值。例如：

```
'%(language)s has %(number)d quote types.' % {"language": "Python", "number": 2}
```

这个格式化字符串将被转换为字符串"Python has 2 quote types."。

代码清单 7-1 通过一个计算圆面积的程序展示了格式化字符串的用法。

代码清单 7-1　stringFormatting.py

```
1    import math
2
3    i = 1
4    while 1:
5        radius = eval(input("Input the radius:"))
6        if radius <= 0:
7            break
8        area = math.pi * radius * radius
9        #使用格式化字符串进行输出
10       print("Test No.%02d: The area is %.3f." % (i, area))
11       i += 1
```

【输出结果】

```
Input the radius:2
Test No.01: The area is 12.566.
Input the radius:3
Test No.02: The area is 28.274.
Input the radius:4
Test No.03: The area is 50.265.
Input the radius:0
```

在上面的程序中，第 10 行使用格式化字符串输出程序结果。这个格式化字符串接收了两个参数：第一个参数为%02d，表示此处为一个整数并且当长度小于 2 时添加前导 0；第二个参数为%.3f，表示此处为一个十进制浮点数并且保留小数点后 3 位。

格式化字符串的第 2 种方法为使用字符串的 format()方法。该方法使用空花括号{}来占位，并通过 format()方法填入值，不需要指定数据类型。例如：

```
print("I'm {}. I'm {} years old.".format("Zhang San", 20))
```

此外，在花括号中填入数字可以标记顺序：

```
print("I'm {1}. I'm {0} years old.".format(20, "Zhang San"))
```

Python 3.6 版本新增了格式化字符串的第 3 种方法：f-string 格式化字符串。使用该方法需要在字符串前加上 f 作为标识。使用时，在需要填写变量的地方加上花括号，并直接填入所需变量即可。例如：

```
name = "Zhang San"
age = 20
print(f"I'm {name}. I'm {age} years old.")
```

7.4 实例：使用字符串进行程序设计

7.4.1 检测回文串

如果一个字符串从前往后和从后往前写是一样的，则这个字符串被称为回文串。例如，moon、mom、abccba 等都是回文串。

现在要设计一个程序来判断一个字符串是否是回文串。为了实现这个检测程序，可以同时从前往后和从后往前扫描这个字符串。如果对应位置上的字符不同，则该字符串不是回文串；如果所有对应位置上的字符均相同，则该字符串是回文串。代码清单 7-2 展示了检测回文串的完整程序。

代码清单 7-2　checkPalindrome.py

```
1    def isPalindrome(str):              #函数用于检测字符串是否是回文串
2        start = 0                       #字符串起始位置
3        end = len(str) - 1              #字符串结束位置
4        while start <= end:
5            if str[start] != str[end]:  #如果对应位置上的字符不同，则字符串不是回文串
6                return False
7            start += 1
8            end -= 1
9        return True
10
11   if __name__ == '__main__':
12       str = input("Input a string:")
13       if isPalindrome(str):
14           print("%s is a palindrome string" % str)
15       else:
16           print("%s is not a palindrome string" % str)
```

在上面的程序中，isPalindrome()函数封装了检测一个字符串是否是回文串的功能。该

函数定义了两个下标变量 start 和 end，分别从字符串的两端开始扫描。如果发现对应位置上的字符不一致，则返回 False；如果所有字符检测完（start>end）且没有发现不一致的字符，则返回 True。第 14 行和第 16 行使用格式化字符串的语法输出结果。

7.4.2　字符串的简单加密

文本（字符串）可以用来传递信息。但是，对于某些信息，人们不希望其被公开传递，而是希望其只能被特定的人理解。这时需要对其进行加密操作。没有经过加密的文本被称为明文，经过加密的文本被称为密文。文本首先被发送方加密，转换为密文进行传递。在被特定的接收方接收后，对密文进行解密即可还原为明文。这样，文本在传递过程中以密文的方式存在，对于解密方法不熟的人，很难了解其中的信息。

一般来说，在加密和解密的过程中，发送方和接收方需要提前约定一个参数来确定加密和解密的方式，以便信息能被正确地传递和解读，这个参数被称为密钥。文本的加密和解密过程如图 7-1 所示。

图 7-1　文本的加密和解密过程

现代密码学已经发展得比较完备也比较复杂了，初学者很难马上掌握，所以本节只介绍两种较为古老、简单的古典密码：恺撒密码和维吉尼亚密码。

据说，恺撒密码最先被罗马皇帝恺撒用于加密重要的军事信息。作为一种较为古老的对称加密体制，恺撒密码的基本思想为通过在字母表上偏移一个固定的位置将明文中的所有字母替换为密文。例如，当偏移量被设定为 3 时，所有的字母 A 都会被替换为 D，B 被替换为 E，以此类推。偏移量由信息的发送方和接收方事先约定。由此可见，偏移量就是恺撒密码的密钥。

例如，明文字符串为 "python"，偏移量设定为 3，则密文为 "sbwkrq"。由于接收方事先知道偏移量为 3，将密文反向偏移即可得到明文 "python"。代码清单 7-3 展示了使用恺撒密码进行加密和解密的完整程序。

代码清单 7-3　caesarCipher.py

```
1    #将字符转换为对应数字
2    def ctoi(char):
3        return ord(char) - ord('a')
4
5    #将数字转换为对应字符
6    def itoc(num):
7        return chr(num + ord('a'))
8
9    #恺撒加密
10   def caesarEncrypt(text, key):
11       new_str = ""
12       for ch in text:
13           if 'a' <= ch <= 'z':              #将字母移动 key 位进行加密
14               new_ch = itoc((ctoi(ch) + key) % 26)
```

```
15          else:                              #非字母字符保持不变
16              new_ch = ch
17          new_str += new_ch
18      return new_str
19
20  #恺撒解密
21  def caesarDecrypt(text, key):
22      new_str = ""
23      for ch in text:
24          if 'a' <= ch <= 'z':               #将字母反移 key 位进行解密
25              new_ch = itoc((ctoi(ch) + 26 - key) % 26)
26          else:                              #非字母字符保持不变
27              new_ch = ch
28          new_str += new_ch
29      return new_str
30
31  #程序入口
32  if __name__ == '__main__':
33      key = 3
34      text = input("Input a string:").lower()
35      print("Origin text: %s" % text)
36      en_text = caesarEncrypt(text, key)
37      print("After Caesar encryption: %s" % en_text)
38      de_text = caesarDecrypt(en_text, key)
39      print("After Caesar decryption: %s" % de_text)
```

【输出结果】

```
Input a string:Python is an easy to learn, powerful programming language.
Origin text: python is an easy to learn, powerful programming language.
After Caesar encryption: sbwkrq lv dq hdvb wr ohduq, srzhuixo
surjudpplqj odqjxdjh.
After Caesar decryption: python is an easy to learn, powerful
programming language.
```

在上面的程序中，ctoi()和 itoc()函数分别用来将字符转换为对应数字和将数字转换为对应字符。caesarEncrypt()函数封装了加密的过程并返回密文，具体方法为：首先，依次遍历字符串中的每个字符，若为字母，则计算出偏移后对应的字母（第 14 行）；然后，生成新的密文字符串。caesarDecrypt()函数封装了解密的过程并返回明文，其实现方法与加密过程基本一致，但对字符进行偏移时与加密过程的方向相反。

恺撒密码虽然看上去很有效，但是极易被破解。例如，当密文中有空格时，可以基本确定密文中的单字母单词的对应明文单词就是 A 或 I，并计算出偏移量从而得到明文，或者可以设定偏移量为 0～25 的所有整数，对密文（或部分密文）进行解密，所有结果中有意义的就是正确的解密过程。由于恺撒密码的加密方式简单，因此人们在此基础上扩展出了一种新的加密方法：维吉尼亚密码。

维吉尼亚密码最早记录在法国外交家布莱斯·德·维吉尼亚（Blaise de Vigenère）的著作中，其主要思想为：首先，将恺撒密码的 26 种加密方式合成为一个二维表（见图 7-2）；

然后，设定密钥为一段字符串，并根据密钥来决定使用哪一行的密表进行替换。

```
  A B C D E F G H I J K L M N O P Q R S T U V W X Y Z
A A B C D E F G H I J K L M N O P Q R S T U V W X Y Z
B B C D E F G H I J K L M N O P Q R S T U V W X Y Z A
C C D E F G H I J K L M N O P Q R S T U V W X Y Z A B
D D E F G H I J K L M N O P Q R S T U V W X Y Z A B C
E E F G H I J K L M N O P Q R S T U V W X Y Z A B C D
F F G H I J K L M N O P Q R S T U V W X Y Z A B C D E
G G H I J K L M N O P Q R S T U V W X Y Z A B C D E F
H H I J K L M N O P Q R S T U V W X Y Z A B C D E F G
I I J K L M N O P Q R S T U V W X Y Z A B C D E F G H
J J K L M N O P Q R S T U V W X Y Z A B C D E F G H I
K K L M N O P Q R S T U V W X Y Z A B C D E F G H I J
L L M N O P Q R S T U V W X Y Z A B C D E F G H I J K
M M N O P Q R S T U V W X Y Z A B C D E F G H I J K L
N N O P Q R S T U V W X Y Z A B C D E F G H I J K L M
O O P Q R S T U V W X Y Z A B C D E F G H I J K L M N
P P Q R S T U V W X Y Z A B C D E F G H I J K L M N O
Q Q R S T U V W X Y Z A B C D E F G H I J K L M N O P
R R S T U V W X Y Z A B C D E F G H I J K L M N O P Q
S S T U V W X Y Z A B C D E F G H I J K L M N O P Q R
T T U V W X Y Z A B C D E F G H I J K L M N O P Q R S
U U V W X Y Z A B C D E F G H I J K L M N O P Q R S T
V V W X Y Z A B C D E F G H I J K L M N O P Q R S T U
W W X Y Z A B C D E F G H I J K L M N O P Q R S T U V
X X Y Z A B C D E F G H I J K L M N O P Q R S T U V W
Y Y Z A B C D E F G H I J K L M N O P Q R S T U V W X
Z Z A B C D E F G H I J K L M N O P Q R S T U V W X Y
```

图 7-2　维吉尼亚密码表

　　例如，明文为 "python"，设定密钥为长度为 3 的字符串 "str"，则明文的第 1 个字母 p 对应的密钥位为 s，按照密表的第 S 行进行加密，对应的密文为 h。明文的第 2 个字母 y 对应的密钥位为 t，按照密表的第 T 行进行加密，对应的密文为 r。明文 t 对应的密钥位为 r，对应的密文为 k。密钥循环与明文进行逐位对应，因此明文字母 h 对应的密钥位为 s，对应的密文为 z。以此类推，明文最终被加密成密文 "hrkzhe"。在对密文进行解密时，其方法与加密的方法基本相同，先将密钥循环与密文逐位对应，再将密文的每个字符都按照对应的密钥解密为明文字母。代码清单 7-4 展示了使用维吉尼亚密码进行加密和解密的完整程序。

代码清单 7-4　vigenereCipher.py

```
1    #将字符转换为对应数字
2    def ctoi(chr):
3        return ord(chr) - ord('a')
4
5    #将数字转换为对应字符
6    def itoc(num):
7        return chr(num + ord('a'))
8
9    #将密钥转换为整数列表形式
10   def processKey(key_str):
11       key_list = list()
12       for ch in key_str:
13           key_list.append(ctoi(ch))
14       return key_list
15
16   #维吉尼亚加密
17   def vigenereEncrypt(text, key):
18       key_len = len(key)
```

```
19      i = 0
20      new_str = ""
21      for ch in text:
22          if 'a' <= ch <= 'z':           #将字母按照对应位密钥进行移位加密
23              new_ch = itoc((ctoi(ch) + key[i]) % 26)
24              i = (i + 1) % key_len
25          else:                          #非字母字符保持不变
26              new_ch = ch
27          new_str += new_ch
28      return new_str
29
30  #维吉尼亚解密
31  def vigenereDecrypt(text, key):
32      key_len = len(key)
33      i = 0
34      new_str = ""
35      for ch in text:
36          if 'a' <= ch <= 'z':           #将字母按照对应位密钥进行反向移位解密
37              new_ch = itoc((ctoi(ch) + 26 - key[i]) % 26)
38              i = (i + 1) % key_len
39          else:                          #非字母字符保持不变
40              new_ch = ch
41          new_str += new_ch
42      return new_str
43
44  #程序入口
45  if __name__ == '__main__':
46      ori_key = input("Input a string as key:").lower()
47      text = input("Input a string:").lower()
48      if ori_key.isalpha():
49          key = processKey(ori_key)
50          print("Origin text: %s" % text)
51          en_text = vigenereEncrypt(text, key)
52          print("After Caesar encryption: %s" % en_text)
53          de_text = vigenereDecrypt(en_text, key)
54          print("After Caesar decryption: %s" % de_text)
55      else:
56          print("Error: Invalid key.")
```

【输出结果】

```
Input a string as key:helloworld
Input a string:Python is an easy to learn, powerful programming language.
Origin text: python is an easy to learn, powerful programming language.
After Caesar encryption: wcescj wj lq ledj hk zvluu, tzhsntlw
sysrcoiazyj seyriwuv.
After Caesar decryption: python is an easy to learn, powerful
programming language
```

在上面的程序中，processKey()函数用来将字符串形式的密钥转换为整数列表形式的密钥，列表中的每个元素代表该位置字符的偏移量；vigenereEncrypt()函数使用维吉尼亚密码和密钥对明文进行加密；vigenereDecrypt()函数使用维吉尼亚密码和密钥对密文进行解密。

从程序的输出结果可以看到，同样的明文字母在不同的位置被加密成了不同的密文字母。在不知道密钥的情况下，很难对密文进行简单解密。

7.5　字符编码

之前讨论的字符串所包含的字符都是英文字母。那么，如何在 Python 中处理中文字符呢？读者需要先了解字符是如何在计算机中存储的，再讨论如何处理中文字符的问题。

7.5.1　字符编码方式

计算机中存储的信息都是用二进制数表示的，而在屏幕上看到的英文字母、汉字等字符都是对二进制数进行转换之后的结果。通俗地说，要将字符按照一定规则转换为对应的一位二进制数以存储在计算机中，如将小写字母 a 转换为二进制数 01100001（十进制数为 97），这个过程被称为编码；将存储在计算机中的二进制数转换成所对应的字符以显示出来，如将二进制数 01100001 转换为对应的字母 a，这个过程被称为解码。如果编码和解码过程所使用的规则不一致，则会导致原来的字符被错误地转换为其他字符，从而出现乱码。

最早通用的编码系统为美国国家标准协会制定的美国信息交换标准代码（American Standard Code for Information Interchange，ASCII）。ASCII 是基于拉丁字母的一套计算机编码系统，主要用于显示现代英语，是现今最通用的单字节编码系统。ASCII 字符集包括一些控制字符（回车符、退格符、换行符等）和可显示字符（包括英文大小写字母、阿拉伯数字和西文符号）。ASCII 编码使用 7 位表示一个字符，共 128 个字符。之前介绍的字符串中的字符均采用了 ASCII 编码。

ASCII 编码的最大缺点是编码的字符集太小，只能用于显示现代英语。后来出现了 ASCII 的扩展版本：EASCII（Extended ASCII，扩展 ASCII）。EASCII 编码使用 8 位表示一个字符，共 256 个字符，能够编码其他西欧语言和一些制表符，但对其他语言的编码有限。

ASCII 编码和 EASCII 编码的建立，能够很好地应用于美国及一些西方国家，但中国需要建立一套自己的编码系统来支持汉字的计算机处理。因此，中国制定了 GB 2312 编码。

GB 2312 编码是中国国家标准简体中文字符集，于 1981 年 5 月 1 日开始实施。GB 2312 编码以 ASCII 为基础，规定一个十进制数不大于 127（二进制数为 01111111）的字符与 ASCII 编码相同，而十进制数大于或等于 128（字节首位为 1）的字符需要两字节连在一起表示一个字符。这样可以组合出 7000 多个字符来编码简体汉字，以及一些数学符号、罗马字母、希腊字母、日文假名和所谓的"全角符号"。

GB 2312 编码通行于中国及新加坡等地，基本满足了汉字的计算机处理需求。但由于 GB 2312 编码中没有收录繁体字及一些罕见字，微软公司利用 GB 2312 编码未使用的编码空间制定了 GBK 编码，添加并收录了罕见字、繁体字、日语汉字及朝鲜汉字等。GBK 编码是 GB 2312 编码的扩展，最早用于 Windows 95 简体中文版。

与中国一样，其他国家也纷纷建立了自己的编码方案来支持自己语言文字的编码。例如，日本制定了 Shift_JIS 编码，韩国制定了 Euc-kr 编码。这些编码标准不可避免地会产生冲突，从而导致在跨语言的环境中出现乱码现象。为了解决传统的字符编码方案的局限，国际组织制定了 Unicode 标准。Unicode 为世界上每种语言中的每个字符设定了统一且唯一的二进制编码，以满足跨语言、跨平台进行文本转换、处理的要求。

Unicode 编码完美地解决了多编码标准混乱的问题，但由于 Unicode 的一个字符会占用多字节（一般字符会占用 2 字节，一些偏僻字符可能占用 4 字节），如果文本中的内容基本是英文的，则使用 Unicode 编码会比使用 ASCII 编码占用更多的存储空间。本着节约存储空间的精神，出现了针对 Unicode 字符集的可变长编码方案：UTF-8。

UTF-8（8-bit Unicode Transformation Format）编码根据不同字符的使用频率将不同字符编码为不同长度：将拉丁文编码为 1 字节并且与 ASCII 编码一致；将汉字编码为 3 字节；将很生僻的字符编码为 4～6 字节。在现代计算机系统中，在内存中一般使用 Unicode 编码保存字符；当字符保存在硬盘中或通过网络进行数据传输时，会转换为 UTF-8 编码以节约空间。

表 7-2 展示了英文字符"a"、汉字"我"和希腊字母"π"在不同编码方案中的存储方式。

表 7-2　不同字符在各个编码方案中的存储方式（二进制）

字符	ASCII 编码	GBK 编码	Unicode 编码	UTF-8 编码
'a'	01100001	01100001	00000000 01100001	01100001
'我'	无法编码	11001110 11010010	01100010 00010001	11100110 10001000 10010001
'π'	无法编码	10100110 11010000	00000011 11000000	11001111 10000000

7.5.2　使用 Python 处理中文

7.5.1 节介绍了字符是如何编码的，那么如何使用 Python 来处理中文呢？

在 Python 3.x 中，所有字符串均以 Unicode 编码方式来存储，因此可以直接创建中文字符串。例如：

```
str1 = "你好世界"
```

encode()函数可以将 Unicode 字符串转换为其他编码方式来存储，而 decode()函数则可以将字符串以其他编码方式解析并返回 Unicode 字符串。例如：

```
str1 = "你好世界".encode("GBK")    #str1 为 GBK 字符串
str2 = str1.decode("GBK")         #str2 为 Unicode 字符串
```

图 7-3 和图 7-4 分别展示了使用 Python 处理 Unicode 编码和 GBK 编码的汉字。

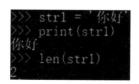

图 7-3　Python 处理 Unicode 编码的汉字　　　图 7-4　Python 处理 GBK 编码的汉字

通过对比图 7-3 和图 7-4 可以看出，同一内容的字符串在两种编码环境下虽然都能够正确显示，但是其编码结果并不相同。len()函数在识别 Unicode 字符串时显示该串长度为 2，原因是一个汉字对应一个 Unicode 字符，在识别 GBK 编码的双字节汉字时显示该串长度为 4，原因是解释器仍把其当作 ASCII 编码的字符串来处理。

编著者建议在 Python 中处理中文时使用 Unicode 编码来存储。这是因为 Python 解释器会将使用 GBK 编码存储的汉字认为是两个 ASCII 字符，这样在执行计算字符串长度、遍历字符串等操作时都会造成意料之外的结果。

7.6　正则表达式

正则表达式可以用来搜索、替换和解析字符串。正则表达式遵循一定的语法规则，使用灵活且功能强大。Python 在标准库中提供了 re 模块实现正则表达式的验证。

7.6.1　正则表达式简介

正则表达式（Regular Expression）也被称为规则表达式，通过一个字符序列来定义一种搜索模式，主要用于字符串模式匹配或字符串匹配（查找和替换操作）。一个正则表达式由字母、数字和一些特殊符号组成，这些符号的序列组成一个"规则字符串"，以表示满足某种逻辑条件的字符串。

给定一个正则表达式和一个普通字符串，可以进行如下操作。

（1）判断普通字符串（或其子串）是否符合正则表达式所定义的逻辑（字符串与正则表达式是否匹配）。

（2）从字符串中提取或替换某些特定部分。

许多编程语言都对正则表达式提供了不同程度的支持。图 7-5 所示为正则表达式的匹配流程。

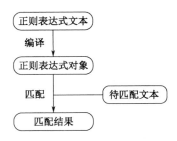

图 7-5　正则表达式的匹配流程

正则表达式由普通字符和一些元字符（Metacharacters）组成。元字符是在正则表达式中具有特殊含义的字符，用来匹配一个或若干满足某种条件的字符。这些元字符是构成正则表达式的关键因素。下面分类列出了最常用的元字符及其含义。

1. 数量限定符

（1）"*"用来匹配前面的子表达式任意次（0 至多次）。例如，正则表达式"ab*"能匹配字符串"ab"，也能匹配"a"或"abbb"。

（2）"+"用来匹配前面的子表达式 1 次或多次。例如，正则表达式"ab+"能匹配字符串"ab"或"abbb"，但不能匹配"a"。

（3）"?"用来匹配前面的子表达式 0 次或 1 次。例如，正则表达式"ab?"能匹配字符串"a"或"ab"，但不能匹配"abbb"。

（4）"{n}"用来匹配前面的字符串 n 次，n 是一个非负整数。例如，正则表达式"ab{3}"只能匹配字符串"abbb"，而不能匹配"a"或"ab"。

（5）"{n,}"用来匹配前面的字符串至少 n 次，n 是一个非负整数。例如，正则表达式"ab{3,}"能匹配字符串"abbb"或"abbbb"，但不能匹配"a"或"ab"。

（6）"{n,m}"用来匹配前面的字符串至少 n 次，至多 m 次，m 和 n 为非负整数且 n≤m。例如，正则表达式"ab{1,3}"能匹配字符串"ab"或"abbb"，但不能匹配"a"或"abbbb"。

（7）"?"当跟在前面所述的任何一个数量限定符后面时，表示匹配模式是非贪婪的，即尽可能少地匹配字符串。在默认情况下，匹配是贪婪的，即尽可能多地匹配所搜索的字符串。例如，对于字符串"abbbbbb"，正则表达式"ab{1,3}"匹配其子串的结果为"abbb"，而正则表达式"ab{1,3}?"匹配其子串的结果为"ab"。

2. 字符限定符

（1）"[m₁m₂…mₙ]"表示一个字符集合（m1、m2 等均为单个字符），能匹配集合中的任意一个字符。例如，正则表达式"[abe]"能匹配字母"a"、"b"或"e"。

（2）"[^m₁m₂…mₙ]"表示一个负值字符集合，能匹配集合之外的任意一个字符。例如，正则表达式"[^abe]"能匹配字母"c"、"v"或"0"等字符，但不能匹配"a"、"b"和"e"。

（3）"[m-n]"表示一个字符范围集合，能匹配指定范围内的任意字符，即 m~n 的所有字符（包含 m 和 n）。例如，正则表达式"[a-z]"能匹配任意一个小写英文字母。这种方式很灵活，允许多个范围集合或字符集合出现在一个方括号内。例如，正则表达式"[0-9a-z]"能匹配任意一个小写英文字母或数字，而正则表达式"[ac-eg]"能匹配字符"a"、"c"、"d"、"e"或"g"。

（4）"[^m-n]"表示一个负值字符范围集合，能匹配指定范围外的任意字符。例如，正则表达式"[^a-z]"能匹配任意一个非小写字母的字符。同样，这一用法也允许多个集合出现在一个方括号内。例如，正则表达式"[^0-9a-zA-Z]"能匹配除数字和大小写字母外的任意一个字符。

（5）"\d"用来匹配一个数字字符，相当于"[0-9]"。

（6）"\D"用来匹配一个非数字字符，相当于"[^0-9]"。

（7）"\w"用来匹配一个单词字符（包括数字、大小写字母和下画线），相当于"[A-Za-z0-9_]"。

（8）"\W"用来匹配任意一个非单词字符，相当于"[^A-Za-z0-9_]"。

（9）"\s"用来匹配一个不可见字符（包括空格、制表符、换行符等）。

（10）"\S"用来匹配一个可见字符。

（11）"."用来匹配一个除换行符之外的任意字符。

3．定位符

（1）"^"用来匹配输入字符串的开始位置。

（2）"$"用来匹配输入字符串的结束位置。

（3）"\b"用来匹配一个单词边界（单词和空格之间的位置）。事实上，单词边界不是一个字符，而是一个位置。例如，正则表达式"lo\b"能匹配"Hello World"中的"lo"子串，但不能匹配"lower"中的"lo"子串。

（4）"\B"用来匹配一个非单词边界。例如，正则表达式"lo\B"能匹配"lower"中的"lo"子串，但不能匹配"Hello World"中的"lo"子串。

4．分组符

（1）"()"将括号之间的内容定义为一个组（Group），并且将匹配这个表达式的字符保存到一个临时区域。一个组也是一个子表达式。例如，正则表达式"(ab){3}"能匹配字符串"ababab"。这种方式定义的组能被整数索引进行访问。

（2）"(?P=<name>…)"也用来定义一个组。使用这种方式定义的组能被组名索引访问，访问方式为"(?P=name)"。需要注意的是，这个元字符只在 Python 中被定义，但在其他编程语言中没有被定义。

5．选择匹配符

"|"用来将两个匹配条件进行逻辑或运算。例如，正则表达式"(her|him)"能匹配字符串"her"或"him"。

6．转义符

"\"用来和下一个字符组成转移字符表示一些特殊含义。例如，正则表达式"\n"用来匹配一个换行符。另外，当匹配构成元字符的字符时，需要在前面加上"\"进行转义。例如，正则表达式"\|"用来匹配字符"|"；正则表达式"\\"用来匹配字符"\"；正则表达式"\["用来匹配字符"["；等。

7.6.2　使用 re 模块处理正则表达式

在介绍 re 模块之前，这里谈论一个在 Python 中编写正则表达式字符串时应该注意的问题。在 Python 字符串和正则表达式的规则中，反斜杠都表示转义字符，这就意味着从原始的 Python 字符串到建立正则表达式对象的过程中要经过两次转义。加入要匹配单个的反斜杠字符"\"，需要正则表达式"\\"来匹配，而 Python 对于每个反斜杠字符都需要进行一次转义，所以在 Python 中需要创建字符串"\\\\"转换为正则表达式以匹配一个反斜杠字符。

Python 字符串和正则表达式的两次转义过程会使我们在 Python 中编写正则表达式时非常困惑，因此推荐另一种方式，即在字符串前添加字母"r"来取消 Python 的转义字符（参考 2.1 节），这样可以使 Python 字符串与正则表达式的字符串内容完全一致。例如，同样在匹配单个反斜杠"\"时，只需在 Python 中创建正则表达式字符串"r'\\'"。

Python 在标准库中提供了 re 模块来处理正则表达式。re 模块提供了一些函数、常量，以及 RegexObject、MatchObject 两个类，为正则表达式进行查找、替换或分隔字符串等操作提供支持。

1. re 模块的常用函数与常量

re 模块的常用函数如下。

re.compile(pattern, flags=0)：这个函数将正则表达式模式编译为一个正则表达式对象并返回，该对象可以以成员函数方式来调用下面所述的函数。可选参数 flags 将在后文进行介绍，下同。

re.search(pattern, string, flags=0)：这个函数将扫描字符串 string，找到第一个与正则表达式 pattern 匹配的位置，并返回对应的 MatchObject 对象。如果不存在一个匹配，则返回 None。

re.match(pattern, string, flags=0)：这个函数将匹配字符串 string 开头的若干字符是否匹配正则表达式 pattern，如果匹配，则返回对应的 MatchObject 对象，否则返回 None。

re.split(pattern, string, maxsplit=0, flags=0)：这个函数将字符串 string 以正则表达式 pattern 的匹配项为分隔符进行拆分，并返回拆分后的字符串列表。当可选参数 maxsplit 大于 0 时，表示最大的拆分数量。例如，调用 re.split(r"\W+", "wordA, wordB, wordC")将返回字符串列表['wordA', 'wordB', 'wordC']。

re.findall(pattern, string, flags=0)：这个函数将以列表形式返回所有非重叠匹配正则表达式 pattern 的字符串 string 的子串。字符串 string 从左到右扫描，匹配按照被发现的顺序添加到待返回的列表中。如果正则表达式 pattern 只包含一个组（用圆括号括起来的部分），则返回的列表为该组的匹配；如果正则表达式 pattern 包含多个组，则返回的列表为元组的列表。例如，调用 re.findall(r"ab*", "cabbabbb")将返回列表['abb', 'abbb']；调用 re.findall(r"a(b*)", "cabbabbb")将返回列表['bb', 'bbb']；调用 re.findall(r"(a)(b*)", "cabbabbb")将返回列表[('a', 'bb'),('a', 'bbb')]。

re.sub(pattern, repl, string, count=0, flags=0)：这个函数用来将字符串 string 对正则表达式 pattern 的每个非重叠匹配项替换为字符串 repl 并返回替换后的新串。例如：调用 re.sub(r"ab*", "z", "cabbabbb")将返回字符串"czz"。另外，参数 repl 还可以是一个单参数的函数，接收匹配串作为参数并返回新串以替换。

re.subn(pattern, repl, string, count=0, flags=0)：这个函数的功能与 sub()函数的功能很相似，但返回一个元组(new_string, number_of_subs_made)，分别表示替换后的新串与替换匹配的次数。

上述函数都包含一个可选参数 flags。re 模块定义了一些常量来传递给参数 flags，用于设置一些匹配的附加选项，如是否忽略大小写、是否为多行匹配等。表 7-3 所示为 re 模块定义的常量。

表 7-3　re 模块定义的常量

常 量 名	描　　述
I 或 IGNORECASE	执行不区分大小写的匹配
L 或 LOCALE	将字符集本地化
M 或 MULTILINE	多行匹配。"^"表示匹配行首；"$"表示匹配行尾
S 或 DOTALL	使"."匹配包括换行符在内的所有字符（默认不匹配换行符）

常 量 名	描 述
U 或 UNICODE	将字符集设定为 Unicode
X 或 VERBOSE	忽略正则表达式中的空白字符

这些常量用来传递给上面所介绍的函数中的参数 flags 作为匹配项时的选项。例如，执行 re.findall(r"[a-z]+", "Hello World", re.I)将返回列表['Hello', 'World']。当需要将多个选项同时设定到一个匹配时，使用按位或（|）运算符可以将这些常量进行运算后传递给参数 flags。例如，执行 re.findall(r"^.+$", "Hello\n World", re.M|re.S)将返回单元素列表['Hello\n World']。

2. re 模块中的两类对象

re 模块中定义了两个类来支持正则表达式的操作：RegexObject 类和 MatchObject 类。RegexObject 类是正则表达式字符串编译后得到的正则表达式对象；MatchObject 类封装了正则表达式的匹配结果。

使用 re.compile()函数对正则表达式字符串进行编译后，可以得到 RegexObject 类的正则表达式对象。事实上，使用正则表达式对象进行匹配比使用正则表达式字符串进行匹配的效率更高。因此，当需要使用一个正则表达式进行多次匹配时，建议将其编译为正则表达式对象后再进行匹配。RegexObject 类的成员如表 7-4 所示，可以通过"对象名.成员名"的方式进行访问或调用。

表 7-4　RegexObject 类的成员

成 员	描 述
flags	正则表达式匹配时的选项
groups	正则表达式中要捕获的组的数量
groupindex	一个字典结构，存储名称索引的组信息（名称以"?P<id>"方式定义）
pattern	编译前的正则表达式字符串
search(string[, pos[, endpos]])	与 re.search(pattern, string)的作用类似。可选参数 pos 和 endpos 表示匹配的限定范围
match(string[, pos[, endpos]])	与 re.match(pattern, string)的作用类似。可选参数 pos 和 endpos 表示匹配的限定范围
split(string, maxsplit=0)	与 re.split(pattern, string, maxsplit=0)的作用相同
findall(string[, pos[, endpos]])	与 re.findall(pattern, string)的作用类似。可选参数 pos 和 endpos 表示匹配的限定范围
sub(repl, string, count=0)	与 re.sub(pattern, repl, string, count=0)的作用相同
subn(repl, string, count=0)	与 re.subn(pattern, repl, string, count=0)的作用相同

MatchObject 类对象通过 match()和 search()函数返回得到，封装了匹配结果的信息。通过访问 MatchObject 类对象的成员，可以对匹配结果进行分析。MatchObject 类的成员如表 7-5 所示。

表 7-5　MatchObject 类的成员

成 员	描 述
pos	传递给 RegexObject 类 search 或 match 成员函数的 pos 参数值
endpos	传递给 RegexObject 类 search 或 match 成员函数的 endpos 参数值
lastindex	匹配结果中整数索引组的最大编号
lastgroup	匹配结果中名称索引组的最大编号
re	获取产生此匹配结果的 RegexObject 对象
string	获取进行匹配的字符串

续表

成 员	描 述
group([group1, ...])	返回匹配结果的组内容。参数可以为一个或多个（若为多个，则返回元组）是整数索引的组或名称索引的组
groups([default])	返回所有组内容的元组
groupdict([default])	以字典结构返回所有名称索引的组结果
start([group])	返回匹配开始位置在字符串中的下标
end([group])	返回匹配结束位置在字符串中的下标
span([group])	对于 MatchObject 类对象 m，返回二元组(m.start(group), m.end(group))

7.7 实例：使用正则表达式进行程序设计

7.7.1 校验用户注册信息格式

当用户注册一个网站时，经常需要输入用户名、密码、电子邮箱等信息，而网站一般对这些注册信息的长度和格式有要求。当用户输入不符合格式的信息时，网站会提示输入信息格式有误。图 7-6 所示为网站校验用户信息格式。

用户名	mytestforpython	✔
登录邮箱	def	✘ 邮箱格式不正确！
登录密码	•••	✘ 密码长度过短，请重新输入.

图 7-6　网站校验用户信息格式

假设某网站要求用户输入用户名、密码和电子邮箱。用户名要求长度为 4～20 字符，只能包含数字、字母及下画线，并且必须以字母开头；密码要求长度为 6～20 字符，只能包含数字和字母，并且必须包含至少一个数字和一个字母；电子邮箱需要符合格式要求。

如果用一般代码来校验这些信息，则可能需要很复杂的条件判断才能完成，但使用正则表达式可以很简单地完成。代码清单 7-5 展示了一个使用正则表达式校验信息格式的示例程序。

代码清单 7-5　checkUserInfo.py

```
1   import re
2
3   if __name__ == '__main__':
4       #校验用户名
5       id = input("ID:")
6       while not re.match(r"^[a-zA-Z][a-zA-Z0-9_]{4,20}$", id):
7           print("Invalid ID.")
8           id = input("ID:")
9       else:
```

```
10          print("Valid ID.")
11
12      #校验密码
13      pwd = input("Password:")
14      if not re.match(r"^(?![a-zA-Z]+$)(?![0-9]+$)[0-9a-zA-Z]{6,20}$", pwd):
15          print("Invalid Password.")
16          pwd = input("Password:")
17      else:
18          print("Valid Password.")
19
20      #校验电子邮箱
21      email = input("E-mail:")
22      while not re.match(r"^[a-zA-Z0-9_]+@[a-zA-Z0-9_]+(\.[a-zA-Z0-
23      9_]+)+$", email):
24          print("Invalid E-mail.")
25          email = input("E-mail:")
26      else:
27          print("Vaild E-mail")
```

【输出结果】

```
ID:1234567
Invalid ID.
ID:abc_123
Valid ID.
Password:123456
Invalid Password.
Password:12345a
Valid Password.
E-mail:123456
Invalid E-mail.
E-mail:123@qwe.com
Vaild E-mail
```

在代码清单 7-5 中，程序分别使用 3 个正则表达式来校验用户名、密码和电子邮箱。其中，校验密码的正则表达式中的 "(?!...)" 符号表示正向否定预查，即不实际匹配字符，但预言这一位置后的字符串不满足该符号中的条件；"(?![a-zA-Z]+$)" 表示这一位置之后全为字母；"(?![0-9]+$)" 则表示这一位置之后不全为数字。

7.7.2　模拟 scanf()函数

学过 C 或 C++语言的读者应该都了解 scanf()函数。scanf()函数通过一些格式控制符来格式化提取用户输入中的部分。Python 目前没有类似于 scanf()的函数，但可以利用正则表达式来设计一个与 scanf()类似的函数。

要模拟 scanf()函数，需要将 scanf()函数中的格式控制符与正则表达式进行对应，如表 7-6 所示。

表 7-6   scanf()函数格式控制符对应的正则表达式

scanf()函数格式控制符	正则表达式
%c	.
%d	[-+]?\d+
%f	[-+]?(\d+(\.\d*)?|\.\d+)([eE][-+]?\d+)?
%i	[-+]?(0[xX][\dA-Fa-f]+|0[0-7]*|\d+)
%o	[-+]?[0-7]+
%s	\S+
%u	\d+
%x	[-+]?(0[xX])?[\dA-Fa-f]+

模拟 scanf()函数的样例程序如代码清单 7-6 所示。

代码清单 7-6   scanf.py

```
1    import re
2
3    def scanf(format):
4        #将 scanf()函数中格式控制符修改为正则表达式
5        format = re.sub("%%", r"%", format)
6        format = re.sub("%c", r"(.)", format)
7        format = re.sub("%d", r"([-+]?\\d+)", format)
8        format = re.sub("%f", r"([-+]?(\\d+(\.\\d*)?|\.\\d+)([eE][-+]
9    ?\\d+)?)", format)
10       format = re.sub("%i", r"([-+]?(0[xX][\\dA-Fa-f]+|0[0-7]*|\\d+))", format)
11       format = re.sub("%o", r"([-+]?[0-7]+)", format)
12       format = re.sub("%s", r"(\\S+)", format)
13       format = re.sub("%u", r"(\\d+)", format)
14       format = re.sub("%x", r"([-+]?(0[xX])?[\\dA-Fa-f]+)", format)
15       format = '^' + format + '$'
16       #接收输入并返回组
17       s = input()
18       result = re.match(format, s)
19       return result.groups()
20
21   if __name__ == '__main__':
22       print(scanf("%d %d %d"))
```

【输出结果】

```
1 2 3
('1', '2', '3')
```

小结

本章讲解了 Python 中字符串的常用操作，包括字符串的拼接、切片、比较、格式化等。
Python 为字符串提供了丰富的成员函数。本章以检测回文串和字符串的简单加密为实例，具体讨论了字符串的一些操作。为了可以在 Python 中处理中文字符，本章还介绍了字符编码的相关知识，以及 Python 中的 Unicode 对象对中文的支持。

习题

一、选择题

1．（　　　）格式符代表有符号的八进制数。
　　A．%x　　　　　　　B．%c　　　　　　　C．%o　　　　　　　D．%e

2．（　　　）函数可以返回在字符串中找到的第一个子串的位置。
　　A．str.rfind()　　　　B．str.find()　　　　C．str.count()　　　　D．str.ljust()

3．最早通用的编码系统为（　　　）。
　　A．Unicode　　　　　B．GB 2312　　　　　C．UTF-8　　　　　　D．ASCII

4．以下数量限定词表示匹配前面的子表达式一次或多次的是（　　　）。
　　A．*　　　　　　　　B．+　　　　　　　　C．?　　　　　　　　D．!

5．以下字符串在作为 re.compile()函数的参数传入时，最终可以匹配\的是（　　　）。
　　A．\　　　　　　　　B．\\　　　　　　　　C．\\\\　　　　　　　D．以上均不对

二、判断题

1．str.isalnum()函数的功能是如果字符串中的所有字符都是字母且字符串非空，则返回 True，否则返回 False。　　　　　　　　　　　　　　　　　　　　　　　　（　　　）

2．在 Python 3.x 中，所有字符串均以 Unicode 编码方式来存储，因此可以直接创建中文字符串。　　　　　　　　　　　　　　　　　　　　　　　　　　　　　　（　　　）

3．UTF-8 编码将每个字符编码为 4 字节。　　　　　　　　　　　　　　　　（　　　）

4．使用"\w+\s\w+"能匹配"Hello World"。　　　　　　　　　　　　　　　（　　　）

5．使用已经编译好的正则表达式对象进行匹配比使用字符串进行匹配快。（　　　）

三、填空题

1．定义 mystr="Hello World"，则 mystr[0:5]的值为字符串"＿＿＿＿＿＿"。

2．定义 str2='*'*5，则 str2 的值为字符串"＿＿＿＿＿＿"。

3．调用"-".join(["How", "Are", "You"])将返回字符串"＿＿＿＿＿＿"。

4．调用 re.compile(pattern)将返回一个"＿＿＿＿＿＿"。

5．调用 re.match(pattern, string)，如果匹配不成功，则返回"＿＿＿＿＿＿"。

四、简答题

1．举例说明字符串支持哪些基本操作。

2．字符串支持的%运算符有何意义？

3．简述字符编码与字符的关系。

4．正则表达式的主要用途是什么？

5．re 模块函数的可选参数 flags 作为匹配项时有什么选项？

五、实践题

1．早期手机的键盘如图 7-7 所示。要输入英文字母，需要按键盘上对应的数字键。例如，字母 J 对应数字键 5，字母 S 对应数字键 7，而空格对应数字键 0。现在编写程序，当用户输入一个只包含大写字母与空格的字符串时，输出对应的数字键的字符串。例如，用户输入字符串"HELLO WORLD"，则程序应输出"43556096753"。

图 7-7　早期手机的键盘

2．编写程序，当用户输入一个十六进制数时，输出对应的十进制数。例如，用户输入"12CF"，则程序应输出"4815"。

3．编写一个函数用于返回两个字符串的最长公共前缀。例如，"dislike"和"discourage"的最长公共前缀是"dis"。函数头应定义为

```
def lcp(s1, s2):
```

4．一些网站对用户输入的密码有一定要求。编写函数用于检测用户输入的字符串是否为合法的密码。

假设密码规则如下。

（1）至少包含 8 个字符。

（2）只能包含英文字母、数字和下画线。

（3）在大写字母、小写字母、数字这三类字符中，至少包含两类。

程序提示用户输入一段字符串作为密码，如果密码合法，则输出"Valid password"，否则输出"Invalid password"。

第8章 面向对象编程

8.1 面向对象的概念

面向对象编程（Object Oriented Programming，OOP）是一种计算机编程架构。面向对象编程的一条基本原则是计算机程序是由单个能够起到子程序作用的单元或对象组合而成的。面向对象方法解决问题的思路就是主张从客观世界固有的事物出发来构造系统，提倡用人类在现实生活中常用的思维方法来认识、理解和描述客观事物，强调最终建立的系统能够映射问题域。也就是说，系统中的对象及对象之间的关系能够如实地反映问题域中固有事物及其关系。一般来说，面向对象方法是一种运用一系列面向对象的指导软件构造的概念和原则（如类、对象、抽象、封装、继承、多态、消息等）来构造软件系统的开发方法。从本质上讲，面向对象方法是对这些概念和原则的应用。

对象有着广泛的含义，难以被精确地定义。一般来说，世界上万事万物都可以被看作一个对象。这些现实中的实体也被称为客观对象。客观对象可以抽象出某些属性和方法来研究某个问题或场景中的性质，这被称为问题对象。抽象出来的问题对象通过封装等过程成为计算机中一个包含数据和操作的集合体，这被称为计算机对象。一个对象应该是一个具有状态、行为和标识符的实体，并且对象之间往往可以通过通信进行交互。

对象是存在于某个时空的具体实体，而类则是拥有共同的结构、行为和语义的一组对象的抽象。例如，可以定义一个"哺乳动物"类，所有满足全身披毛、恒温、胎生、体内有膈的脊椎动物对象都属于该类。类可以作为对象的一种描述机制，用来刻画一组对象的公共属性与公共行为，也可以作为程序的一个单位，用来形成程序中更大的模块。

面向对象方法是在传统的结构化设计方法出现很多问题的情况下应运而生的。传统的结构化设计方法侧重于计算机处理事情的方法和能力，而面向对象方法则从客观世界存在的事物进行抽象，更符合人类的思维习惯。另外，面向对象方法通过封装、继承、多态等手段，在不同层次上提供各种代码复用，以此提高代码的利用率。这些优势使面向对象方法得到了更广泛的应用。

8.2 类与对象

类与对象是面向对象编程中最重要的两个概念。本节将介绍如何使用 Python 来定义类并构造对象。

8.2.1 定义一个类

在 Python 中，一切数据都是对象。读者首先了解了数字和字符串等简单类型的对象，然后接触了列表、元组、集合和字典这些能够存放多个数据的对象。那么，如果需要自己定义一种数据类型该怎么办呢？例如，需要定义一个数据类型来存储某学校教务平台中的学生信息，这个数据类型要存储学生的学号、姓名、就读院系、选课列表等信息。在 Python 中，可以使用一个 Student 类来定义这个数据类型，通过这个类创建多个实例来表示不同的学生对象。

类和对象的关系就像数据类型和变量的关系。各个对象可以同属于一个类，但拥有彼此独立的属性。对象是类的实例，可以创建类的多个对象。创建类的一个实例的过程被称为实例化。

创建一个类的最简单的形式如下。

```
class 类名:
    语句1
    语句2
    ...
```

在进入类的定义部分后，Python 解释器会创建一个新的命名空间作为局部作用域，因此所有类中创建的属性（包括数据和函数）都会成为这个新命名空间中的局部变量。一个 Python 类使用变量来存储数据，使用方法来完成动作。但是，在 Python 中，相比于 C++等语言，对数据成员的定义更加灵活，可以随时进行定义。因此，类的定义中通常包含函数定义，但也允许包含其他语句。代码清单 8-1 中定义了一个 StudentInfo 类。

代码清单 8-1　studentInfo.py

```
1    #coding:utf-8
2
3    class StudentInfo:
4        #构造函数
5        def __init__(self, sID="13010001", sName="张三"):
6            self.id = sID
7            self.name = sName
8            self.courseList = []
9
10       #设置 id
11       def setID(self, sID):
12           self.id = sID
13
14       #设置 name
15       def setName(self, sName):
16           self.name = sName
17
18       #选课
19       def selectCourse(self, courseName):
20           self.courseList.append(courseName)
21
22       #获取元组(id, name)
23       def getPersonalInfo(self):
24           return (self.id, self.name)
```

在上面的程序中，类名 StudentInfo 紧跟在 class 关键字后，并跟随一个冒号。在类的内部先定义了__init__()函数（第 5～8 行）。这个函数是预定义在类中的方法属性，就像一个模块中预定义的__name__属性一样。__init__()函数是一个特殊的方法,其会在创建一个类的对象时执行,一般用来初始化类中的数据属性,作用相当于 C++语言中的构造函数。程序还定义了几个类的方法函数。其中 setID()函数和 setName()函数分别用来设置学生的学号和姓名;selectCourse()函数用来向学生的选课列表中添加一门课程;getPersonalInfo()函数用来将学生的学号和姓名合为一个元组并返回。

读者可以注意到类中每个方法的第一个参数都是 self。Python 规定,类的成员函数的第一个参数表示的是调用函数的对象。self 这个名称是约定俗成的结果而不是强制的,将代码中的 self 替换为任意合法标识符均可以正确执行。本书将在 8.2.2 节中具体介绍参数 self 的内容。

8.2.2　创建类的对象

一旦定义了一个类,就可以创建该类的对象。Python 在创建对象时要完成两个任务:一是在内存中创建一个对象,二是自动调用类的__init__()函数来初始化对象。

创建一个对象的语法如下。

> 类名(参数列表)

其中,参数列表与不带 self 的__init__()函数的参数相匹配,原因是 self 指向的是当前创建的对象,Python 解释器会自动进行传入。例如,对于代码清单 8-1 中定义的 StudentInfo 类,可以使用 StudentInfo("13211002", "李四", ["高等数学", "高级语言程序设计"])来创建一个 StudentInfo 类的对象。由于__init__()函数给出了参数的默认值,因此也可以使用部分参数或无参数的版本来创建对象。

注意:

由于 Python 不允许函数重载,因此构造函数也无法像 C++一样进行重载。

在创建类的对象之后,可以用该对象进行哪些操作呢?类的对象唯一可用的操作就是访问对象的成员。对象的成员包括数据成员和函数成员。数据成员一般在创建对象时已经通过__init__()函数初始化,用来存放对象的数据信息。函数成员用来完成对象的一种行为,如改变该对象的一个数据成员的值(如代码清单 8-1 中的 setID()函数)。为了访问一个对象的成员,需要在创建对象时先将对象赋给一个变量,其语法为

> 对象名=类名(参数列表)

再使用点(.)运算符访问对象的成员,其语法为

> 对象.数据成员
> 对象.函数成员(参数列表)

代码清单 8-2 展示了创建类的对象并访问对象成员的一段程序。该程序使用代码清单 8-1 作为模块导入。

代码清单 8-2　testStudentInfo.py

```
1    #coding:utf-8
2
3    from studentInfo import StudentInfo          #导入模块中的类
4
5    stu1 = StudentInfo()                          #创建对象,参数使用默认值
6    print("ID:%s NAME:%s" % (stu1.id, stu1.name)) #访问 id 和 name 成员
```

```
7    stu1.setName("李四")                              #访问 setName()函数成员
8    stu1.setID("13010002")                           #访问 setID()函数成员
9    #访问 getPersonalInfo()函数成员
10   print("ID:%s NAME:%s" % stu1.getPersonalInfo())
11
12   stu2 = StudentInfo("13010003", "王五")            #创建对象，带参数
13   #访问 getPersonalInfo()函数成员
14   print("ID:%s NAME:%s" % stu2.getPersonalInfo())
15   stu2.selectCourse("高等数学")                      #访问 selectCourse()函数成员
16   stu2.selectCourse("高级语言程序设计")              #访问 selectCourse()函数成员
17   for course in stu2.courseList:                    #访问 courseList 成员
18       print(course, end=" ")
```

【输出结果】

```
ID:13010001 NAME:张三
ID:13010002 NAME:李四
ID:13010003 NAME:王五
高等数学 高级语言程序设计
```

此时，读者可以注意到在使用对象调用函数成员时，所传入的实参数量比函数定义的形参数量少一个。这个隐式传入的参数就是 self。参数 self 表示函数的调用者被隐式地传递到函数中，在函数体内可以使用该参数代表调用对象访问其成员。例如，代码清单 8-1 中定义的 setID()函数在函数体中使用参数 self 来修改调用者的成员 id 的值；在代码清单 8-2 中，第 8 行以 stu1 对象调用 setID()函数，stu1 对象的地址被隐式地传递给参数 self，根据函数定义将 stu1 对象的数据成员 id 修改为新值 13010002。

在上面的程序中，在第 5 行和第 12 行分别创建了一个对象并赋值给 stu1 和 stu2。在创建 stu1 时，函数没有参数，所以使用的是__init__()函数的参数默认值；在创建 stu2 时，函数传入了两个参数，这两个参数作为__init__()函数的参数传入（参数 self 隐式传递）。第 6～10 行和第 14～18 行分别访问了 stu1 对象和 stu2 对象的成员。

一般情况下，在创建了一个对象后都会将其赋给一个变量，并用这个变量来访问此对象的成员。然而，创建对象后有可能不引用该对象。在这种情况下，可以不将对象赋给变量而直接访问其成员。例如：

```
print(StudentInfo().getPersonalInfo())
```

这条语句创建了一个 StudentInfo 对象并调用其 getPersonalInfo()方法来返回其个人信息。以这种方式创建的对象被称为匿名对象。

8.2.3 定义私有成员

Python 中的数据成员和函数成员默认都是公开的（Public），即在类外可以访问成员。例如，在代码清单 8-2 的第 6 行中就直接访问了两个数据成员。事实上，直接访问对象的数据对象不是一个好方法，因为数据成员可能被不加检查地篡改。例如，定义一个 Circle 类表示圆，使用数据成员 radius 表示圆的半径，但是直接修改 radius 可能导致意外写入非法的−1。

避免数据成员被直接修改的方法是将其设置为私有（Private）成员。私有成员就是能够

在类的内部访问但不能在外部访问的成员。Python 将以双下画线开始（但不能由双下画线结束）的成员定义为私有成员。

在将数据成员设置为私有成员之后，为了在类外可以操作数据成员的值，需要提供 get() 函数来获取值和 set() 函数来设置值。

代码清单 8-3 对代码清单 8-1 中定义的 StudentInfo 类进行了修改，将数据成员修改为私有成员。

代码清单 8-3　studentInfoWithPrivateMember.py

```
1   #coding:utf-8
2
3   class StudentInfo:
4       #构造函数
5       def __init__(self, sID="13010001", sName="张三"):
6           self.__id = sID
7           self.__name = sName
8           self.__courseList = []
9
10      #设置 id
11      def setID(self, sID):
12          self.__id = sID
13
14      #设置 name
15      def setName(self, sName):
16          self.__name = sName
17
18      #选课
19      def selectCourse(self, courseName):
20          self.__courseList.append(courseName)
21
22      #获取元组(id,name)
23      def getPersonalInfo(self):
24          return (self.__id, self.__name)
25
26      #获取 courseList
27      def getCourses(self):
28          return tuple(self.__courseList)
```

如果试图直接访问 StudentInfo 类对象的数据对象。例如，执行下面的语句。

```
stu1 = StudentInfo()
print(stu1.__id)
```

由于 __id 为私有成员，解释器会抛出一个 AttributeErrorn 异常，表示该成员不能在类外部访问，只能通过 stu1.getPersonalInfo() 来获取该对象的 id 和 name 值。

除了可以将数据成员设置为私有成员，也可以将一些不希望在类外调用的函数设置为私有的。在实际应用中，读者可以根据实际情况来具体分析是否将成员设置为私有的。如果要编写的类需要被其他程序或其他开发人员使用，为了防止数据被篡改，则可以将必要的成员设置为私有的；如果这个类只是自己使用，则可以选择不将成员设置为私有的。

8.3 迭代器

迭代是 Python 中一个很强大的功能，也是访问集合元素的一种方式，利用迭代器可以进行优雅的遍历。迭代器可以记录遍历的位置，其从集合的第一个元素开始访问，直到访问到所有的元素。需要注意的是，迭代器不能后退。迭代器提供了 iter()和 next()两个基本方法，其中 iter()方法用于创建迭代器，next()方法用于返回下一个元素。

字符串、列表等都可以创建迭代器。请看以下代码。

```
list = [1, 2, 3]
it = iter(list)
print(it)
print(next(it))
print(next(it))
```

上面程序的输出结果为

```
<list_iterator object at 0x0000015B707F5760>
1
2
```

基于迭代器，可以使用如下两种方法进行遍历。

方法一如下。

```
list = [1, 2, 3]
it = iter(list)
for x in it:
    print(x)
```

上面程序的输出结果为

```
1
2
3
```

方法二如下。

```
list = [1, 2, 3]
it = iter(list)
while True:
try:
        print(next(it))
    except StopIteration:
        exit()
```

上面程序的输出结果为

```
1
2
3
```

使用 isinstance()函数可以判断一个对象是否是 Iterable（可迭代）对象。例如：

```
from collections.abc import Iterable
list = [1, 2, 3]
print(isinstance(list, Iterable))
```

上面程序的输出结果为

```
True
```

如果想要获取一个自定义的类的迭代器，则需要在类中实现__iter__()和__next__()方法。__iter__()方法返回一个迭代器对象，这个迭代器对象实现了__next__()方法并在迭代完成时通过上述代码中提到的 StopIteration 异常进行标识。__next__()方法会返回下一个迭代器对象。

8.4　运算符重载

2.3 节介绍了运算符的概念，之前的章节中也逐渐介绍了各种运算符运用于不同数据类型的效果。实际上，这些运算符都是定义在数据结构对应类中的函数。

Python 允许为运算符定义特殊的方法来实现常用的操作。Python 使用独特的命名来辨别运算符和函数之间的关联性。如果开发人员想让某运算符应用于自己编写的类上，在该类中定义一个与该运算符对应的函数即可。表 8-1 所示为部分运算符与函数之间的对应关系。

表 8-1　部分运算符与函数之间的对应关系

运　算　符	函　数	描　述
+	__add__(self, other)	加法操作
−	__sub__(self, other)	减法操作
*	__mul__(self, other)	乘法操作
/	__truediv__(self, other)	除法操作
//	__floordiv__(self, other)	整除操作
%	__mod__(self, other)	求模操作
**	__pow__(self, other)	求幂操作
<<	__lshift__(self, other)	左移运算
>>	__rshift__(self, other)	右移运算
&	__and__(self, other)	按位与运算
		__or__(self, other)	按位或运算
^	__xor__(self, other)	按位异或运算
~	__invert__(self)	取反操作
+（一元运算符）	__pos__(self)	取正
−（一元运算符）	__neg__(self)	取负
<	__lt__(self, other)	小于
<=	__le__(self, other)	小于或等于
==	__eq__(self, other)	等于
>=	__ge__(self, other)	大于或等于
>	__gt__(self, other)	大于
!=	__ne__(self, other)	不等于
X[index]	__getattr__(self, key)	实现对 self[key]进行读取
X[index]=value	__setattr__(self, key, value)	实现对 self[key]进行赋值
in	__contains__(self, value)	检查是否为一个成员
for-in	__iter__(self)	迭代取值

假设 s1 和 s2 都是 X 类的对象，那么执行 s1+s2 相当于执行 s1.__add__(s2)，执行 s1<=s2 相当于执行 s1.__le__(s2)。重载运算符能够极大地简化程序，使程序更易读取。

表 8-1 中的前 12 行运算符有另一种重载方式，即在函数名前添加字母 r（如__radd__、

__rsub__ 等），表示对象作为右操作数的运算符。当左操作数的类型没有重载该运算符时，需要重载该函数。例如，s 是 X 类的函数，执行 1+s 相当于执行 s.__radd__(1)。另外，在这 12 个函数名前添加字母 i（如__imul__、__itruediv__等），表示重载该运算符对应的增强型赋值运算符。例如，执行 s1*=s2 相当于执行 s1.__imul__(s2)。

除了运算符，一些函数也可以对应这些特殊函数。例如，重载__len__(self)可以重新定义该类的对象的 len()函数，重载__str__(self)或__repr__(self)可以定义该类转换为可打印的字符串的方式，使该类的对象可以直接用于 print 语句。

现在对代码清单 8-3 中定义的 StudentInfo 类进行修改，使该类支持关系运算符和 print 语句。该类对象的比较原则设定为对学号的比较，如代码清单 8-4 所示。

代码清单 8-4　studentInfoWithOperatorOverload.py

```
1    #coding:utf-8
2
3    class StudentInfo:
4        #构造函数
5        def __init__(self, sID="13010001", sName="张三"):
6            self.__id = sID
7            self.__name = sName
8            self.__courseList = []
9
10       #设置 id
11       def setID(self, sID):
12           self.__id = sID
13
14       #设置 name
15       def setName(self, sName):
16           self.__name = sName
17
18       #选课
19       def selectCourse(self, courseName):
20           self.__courseList.append(courseName)
21
22       #获取元组(id,name)
23       def getPersonalInfo(self):
24           return (self.__id, self.__name)
25
26       #获取 courseList
27       def getCourses(self):
28           return tuple(self.__courseList)
29
30       #重载关系运算符
31       def __gt__(self, other):
32           if self.__id > other.__id:
33               return True
34           else:
35               return False
```

```
36
37        #重载 str()函数，使 StudentInfo 类实例可打印
38        def __str__(self):
39            ans = "ID:%s NAME:%s COURSES SELECTED:" % self.getPersonalInfo()
40            courses = ""
41            for course in self.__courseList:
42                courses += course
43                courses += " "
44            ans = ans + '[' + courses.rstrip(' ') + ']'
45            return ans
```

这段代码使用__gt__()函数使 StudentInfo 类支持">"比较运算。__gt__()函数根据 id 成员的大小来规定 StudentInfo 类对象的大小。__str__()函数使 StudentInfo 类支持转换为字符串的 str()函数和 print 语句。__str__()函数最后返回"ID:XX NAME:XX COURSES SELECTED:[XX XX]"格式的字符串。

代码清单 8-5 编写了测试程序来测试 StudentInfo 类对关系运算符和 print 语句的支持情况。

代码清单 8-5　testOperatorOverload.py

```
1    #coding:utf-8
2
3    from studentInfoWithOperatorOverload import StudentInfo
4
5    stu1 = StudentInfo("13010011", "张三")
6    stu1.selectCourse("高等数学")
7    stu1.selectCourse("线性代数")
8    stu1.selectCourse("高级语言程序设计")
9    print(stu1)                        #隐式调用__str__()成员函数
10
11   stu2 = StudentInfo("13010012", "李四")
12   print(stu2)
13
14   print(stu1 > stu2)                 #隐式调用__gt__()成员函数
15   #隐式调用__gt__()成员函数
16   print("%s has bigger ID." % max(stu1, stu2).getPersonalInfo()[1])
```

【输出结果】

```
ID:13010011 NAME:张三 COURSES SELECTED:[高等数学,线性代数,高级语言程序设计]
ID:13010012 NAME:李四 COURSES SELECTED:[]
False
李四 has bigger ID.
```

在上面的程序中，第 9 行和第 12 行使用 print 语句打印了两个 StudentInfo 类的对象；第 14 行输出了两个对象使用关系运算符的结果。由于内置函数 max()也是使用__gt__()函数来实现的，因此在第 16 行中也可以对两个对象使用 max()函数来取学号最大的一个学生的信息。

如果 StudentInfo 类没有定义__str__()函数，那么使用 print 语句打印时会输出类似于下面的结果来显示对象的所属类和地址信息。

```
<studentInfoWithOperatorOverload.StudentInfo instance at 0x03AB9D50>
```

如果 StudentInfo 类没有定义__gt__()等比较函数，则在比较对象大小时程序将报错。

8.5 实例：进行面向对象的程序设计

8.5.1 Circle 类的实现

3.3.2 节编写了判断两个圆的位置关系的程序。在学习了有关类与对象的知识之后，我们可以将圆封装为一个类，以提供一些圆的几何操作及关系的判断。封装后的程序将更加容易阅读和维护，并且代码能够复用。

先设计一个 Point 类，用来表示平面中的点（Point 类包含两个数据成员，用来表示平面坐标），再设计 Circle 类表示圆（Circle 类使用一个 Point 类的数据成员表示圆心位置，使用另一个数据成员，用来表示半径大小），如代码清单 8-6 所示。这两个类均提供了一些函数成员作为类的基本操作。

代码清单 8-6 circle.py

```python
1    import math
2
3    class Point:
4        #构造函数
5        def __init__(self, x=0, y=0):
6            self.__x = x
7            self.__y = y
8
9        #设置坐标
10       def setPosition(self, x=0, y=0):
11           self.__x = x
12           self.__y = y
13
14       #获取坐标
15       def getPosition(self):
16           return (self.__x, self.__y)
17
18       #平移坐标
19       def move(self, dx, dy):
20           self.__x += dx
21           self.__y += dy
22
23       #计算到另一个点的直线距离
24       def distanceTo(self, other):
25           return math.hypot((self.__x - other.__x), (self.__y - other.__y))
26
27       #重载-运算符
28       def __sub__(self, other):
29           return self.distanceTo(other)
30
```

```
31    class Circle:
32        #构造函数
33        def __init__(self, radius, x=0, y=0):
34            self.__center = Point(x, y)
35            self.__radius = radius
36
37        #设置圆心坐标
38        def setCenterPosition(self, x, y):
39            self.__center.setPosition(x, y)
40
41        #设置半径大小
42        def setRadius(self, radius):
43            self.__radius = radius
44
45        #获取圆心坐标
46        def getCenterPosition(self):
47            return self.__center.getPosition()
48
49        #设置半径大小
50        def getRadius(self):
51            return self.__radius
52
53        #计算圆的周长
54        def getPerimeter(self):
55            return math.pi * 2 * self.__radius
56
57        #计算圆的面积
58        def getArea(self):
59            return math.pi * self.__radius * self.__radius
60
61        #平移
62        def move(self, dx, dy):
63            self.__center.move(dx, dy)
64
65        #计算与另一个圆的圆心距
66        def centerDistanceTo(self, other):
67            return self.__center.distanceTo(other.__center)
68
69        #重载 in 运算符
70        def __contains__(self, item):
71            return self.__center.distanceTo(item) <= self.__radius
72
73        #判断与另一个圆是否内含
74        def isInternal(self, other):
75            return self.centerDistanceTo(other) < self.__radius - other.__radius
76
77        #判断与另一个圆是否重合
```

```
78          def isCoincided(self, other):
79              return self.__radius == other.__radius \
80                  and self.centerDistanceTo(other) == 0
81
82          #判断与另一个圆是否内切
83          def isInternallyTangent(self, other):
84              return self.centerDistanceTo(other) == self.__radius - other.__radius \
85                  and self.__radius != other.__radius
86
87          #判断与另一个圆是否相交
88          def isSecant(self, other):
89              return self.__radius - other.__radius < self.centerDistanceTo(other) \
90                  < self.__radius + other.__radius
91
92          #判断与另一个圆是否外切
93          def isExternallyTagent(self, other):
94              return self.centerDistanceTo(other) == self.__radius + other.__radius
95
96          #判断与另一个圆是否外离
97          def isExternal(self, other):
98              return self.centerDistanceTo(other) > self.__radius + other.__radius
99
100         #重载==运算符
101         def __eq__(self, other):
102             return self.isCoincided(other)
103
104         #重载!=运算符
105         def __ne__(self, other):
106             return not self.isCoincided(other)
```

在 Point 类中，setPosition()函数用来设置点的位置；getPosition()函数用来获取点的位置；move()函数用来平移点的位置；distanceTo()函数用来计算两点之间的距离；__sub__()函数用来重载-运算符，同时返回两点之间的距离。

在 Circle 类中，setCenterPosition()函数用来设置圆心的位置；setRadius()函数用来设置半径大小；getCenterPosition()函数用来获取圆心的位置；getRadius()函数用来获取半径大小；getPerimeter 函数用来获取圆的周长；getArea()函数用来获取圆的面积；move()函数用来平移圆的位置；centerDistanceTo()函数用来计算两圆之间的距离；__contains__()函数用来重载 in 运算符以检测点是否在圆内；isInternal()、isCoincided()、isInternallyTangent()、isSecant()、isExternallyTagent()、isExternal()函数分别用来判断两个圆之间是否为内含、重合、内切、相交、外切、外离的关系；__eq__()函数和__ne__()函数分别用来重载==和!=运算符，以判断两个圆是否重合。

从代码清单 8-6 中可以看出，一个类（Circle 类）的成员可以是另一个类（Point 类）的对象。在 Circle 类的__init__()函数中同样可以使用构造函数来创建并初始化 Point 类的对象，而在 Circle 类对该 Point 类的对象成员进行操作时，应通过 Point 类的公开函数成员进行操作。

封装好这两个类之后，通过创建对象和调用其函数成员即可执行已经封装好的操作。这两个类的代码可以被重复使用和完善，而不用每次均重复编写功能相似的代码。代码清单 8-7 展示了一些测试代码以验证编写的两个类是否能够正常工作。

代码清单 8-7　testCircle.py

```
1    from circle import Circle, Point
2    #创建 Circle 类实例
3    c1 = Circle(100, 60, 80)
4    #计算圆的周长和面积
5    print("Perimeter:%.3f" % c1.getPerimeter())
6    print("Area:%.3f" % c1.getArea())
7    #创建两个 Circle 类实例
8    c2 = Circle(50, 30, 40)
9    c3 = Circle(50, 40, 30)
10   #判断两个圆的关系，以及测试重载的==和 in 运算符
11   print(c1.isInternallyTangent(c2))
12   print(c1.isCoincided(c3))
13   print(c2 == c3)
14   print(Point(30, 40) in c1)
15   #测试调用成员函数
16   print("C1 center:%s radius:%s" % \
17        (c1.getCenterPosition(), c1.getRadius()))
18   c1.move(10, 20)
19   c1.setRadius(50)
20   print("C1 center:%s radius:%s" % \
21        (c1.getCenterPosition(), c1.getRadius()))
```

【输出结果】

```
Perimeter:628.319
Area:31415.927
True
False
False
True
C1 center:(60, 80) radius:100
C1 center:(70, 100) radius:50
```

8.5.2　Fraction 类的实现

Python 内置了整数类型和浮点数类型。本节将编写一个 Fraction 类来管理分数类型并提供一些运算和操作。

一个分数在形式上分为分子和分母两部分，形如 "a/b"。其中，a 被称为分子，b 被称为分母。分数的分母不能为 0，但分子可以为 0。当分数的分母为 1 时，该分数就退化为一个整数。

有一些分数是等价的，如 1/2=2/4=3/6=4/8。在程序中，应以最简形式存储分数。为了简化分数，需要一个求两个数的最大公约数的函数。这里使用欧几里得算法来实现这个函

数。欧几里得算法基于以下原理。

$$gcd(a,b)=gcd(b,a \bmod b)$$

其中，gcd 为求最大公约数的函数。循环使用这一公式直至 $a \bmod b=0$，此时两个数的最大公约数就是 b。

代码清单 8-8 实现了 Fraction 类。

代码清单 8-8　fraction.py

```
1    class Fraction:
2        #构造函数
3        def __init__(self, a=0, b=1):
4            if b == 0:
5                raise ZeroDivisionError("Denominator can't be zero.")
6            divisor = gcd(abs(a), abs(b))
7            self.__numerator = (-1 if b < 0 else 1) * a // divisor
8            self.__denominator = abs(b) // divisor
9
10       #重载+运算符
11       def __add__(self, other):
12           m = self.__denominator * other.__denominator
13           n1 = self.__numerator * other.__denominator
14           n2 = other.__numerator * self.__denominator
15           return Fraction(n1 + n2, m)
16
17       #重载-运算符
18       def __sub__(self, other):
19           m = self.__denominator * other.__denominator
20           n1 = self.__numerator * other.__denominator
21           n2 = other.__numerator * self.__denominator
22           return Fraction(n1 - n2, m)
23
24       #重载*运算符
25       def __mul__(self, other):
26           m = self.__numerator * other.__numerator
27           n = self.__denominator * other.__denominator
28           return Fraction(m, n)
29
30       #重载/运算符
31       def __truediv__(self, other):
32           m = self.__numerator * other.__denominator
33           n = self.__denominator * other.__numerator
34           return Fraction(m, n)
35
36       #重载**运算符
37       def __pow__(self, power, modulo=None):
38           n = pow(self.__numerator, power, modulo)
39           m = pow(self.__denominator, power, modulo)
```

```
40              return Fraction(n, m)
41
42      #重载关系运算符
43      def __lt__(self, other):
44          result = self.__sub__(other)
45          return result.__numerator < 0
46
47  def __le__(self, other):
48          result = self.__sub__(other)
49          return result.__numerator <= 0
50
51  def __gt__(self, other):
52          result = self.__sub__(other)
53          return result.__numerator > 0
54
55  def __ge__(self, other):
56          result = self.__sub__(other)
57          return result.__numerator >= 0
58
59  def __eq__(self, other):
60          result = self.__sub__(other)
61          return result.__numerator == 0
62
63  def __ne__(self, other):
64          result = self.__sub__(other)
65          return result.__numerator != 0
66
67      #重载 int()函数，将分数转换为取整
68      def __int__(self):
69              return self.__numerator // self.__denominator
70
71      #重载 float()函数，将分数转换为浮点数
72      def __float__(self):
73              return self.__numerator / self.__denominator
74
75      #重载 str()函数，将分数转换为字符串
76      def __str__(self):
77              if self.__denominator == 1:
78                  return "%d" % self.__numerator
79              else:
80                  return "%d/%d" % (self.__numerator, self.__denominator)
81
82  #全局函数，计算最大公约数
83  def gcd(m, n):
84      while n > 0:
85          m, n = n, m % n
86      return m
```

__init__()函数提供了创建 Fraction 类对象的方法，Fraction 类对象的分母一定为正数（第 7 行和第 8 行），分子可能为负数。创建的对象一定为最简分数。

gcd()函数不是 Fraction 类的成员函数，将是定义在 Fraction 模块中的普通函数（第 72 行和第 73 行）。gcd()函数使用欧几里得算法返回两个数的最大公约数，供__init__()函数调用以约分简化分数。

__add__()、__sub__()、__mul__()、__truediv__()和__pow__()函数（第 11～40 行）分别重载了+、-、*、/和**运算符，为分数提供这几种数学运算的支持。__lt__、__le__、__gt__、__ge__、__eq__ 和__ne__用来重载关系运算符，为分数提供比较大小的操作。__int__()、__float__()和__str__()函数（第 68～80 行）可以将 Fraction 类对象转换为整数、浮点数和字符串。

对于 Fraction 类，这里不希望分子和分母值被单独访问或修改，因此没有为分子和分母两个数据成员设置 set()和 get()函数成员。在面向对象的程序设计中，要为类设计何种成员要根据类的职责决定，没有绝对的要求。

代码清单 8-9 展示了一个测试程序来测试 Fraction 类的基本操作。

代码清单 8-9　testFraction.py

```
1    from fraction import Fraction
2    #创建 4 个类实例并测试__str__()函数
3    a = Fraction(1, 2)
4    b = Fraction(2, 4)
5    c = Fraction(4)
6    d = Fraction(20, 12)
7    print(a, b, c, d)
8    #测试+、-、*、/、**运算符
9    print("%s+%s=%s" % (a, c, a + c))
10   print("%s-%s=%s" % (d, c, d - c))
11   print("%s*%s=%s" % (b, c, b * c))
12   print("(%s)/(%s)=%s" % (a, d, a / d))
13   print("%s**%s=%s" % (d, 3, d ** 3))
14   #测试关系运算符与 int()、float()函数
15   print("%s==%s is %s" % (a, b, a == b))
16   print("%s>=%s is %s" % (b, c, b >= c))
17   print("%s<%s is %s" % (b, d, b < d))
18   print("int(%s)=%s" % (d, int(d)))
19   print("float(%s)=%s" % (d, float(d)))
```

【输出结果】

```
1/2 1/2 4 5/3
1/2+4=9/2
5/3-4=-7/3
1/2*4=2
(1/2)/(5/3)=3/10
5/3**3=125/27
1/2==1/2 is True
1/2>=4 is False
```

```
1/2<5/3 is True
int(5/3)=1
float(5/3)=1.66666666667
```

8.6　继承

继承是面向对象程序设计中的一个重要且功能强大的特性。通过继承，可以吸收现有类的数据和行为来创建新类，并添加新的性能来增强此类。

继承指的是类之间的一般与特殊关系。当创建一个新类时，不需要创建全新的数据成员和函数，可以指明这个类继承某个现有的类。这时，现有的类被称为基类、父类或超类，通过继承实现的新类被称为子类或派生类。子类代表了一组更加特殊的对象。通常，子类包含了从基类继承的数据和方法，并进行了自己的扩展。

例如，定义一个学生信息类和一个大学生信息类。大学生信息类包含了学生信息类的一般特性（如学号、学籍等信息）并加入了附加特性（如所属院系、专业等信息）。用户可以将这两个类描述为继承关系。这两个类的继承关系用 Python 描述出来如代码清单 8-10 所示。

代码清单 8-10　studentInfoWithDerivedClass.py

```python
1   class StudentInfo:
2       #构造函数
3       def __init__(self, sID, sName):
4           self.__id = sID
5           self.__name = sName
6           self.__courseList = []
7
8       #设置 id
9       def setID(self, sID):
10          self.__id = sID
11
12      #设置 name
13      def setName(self, sName):
14          self.__name = sName
15
16      #选课
17      def selectCourse(self, courseName):
18          self.__courseList.append(courseName)
19
20      #获取元组(id,name)
21      def getPersonalInfo(self):
22          return (self.__id, self.__name)
23
24      #获取 courseList
25      def getCourses(self):
26          return tuple(self.__courseList)
27
28  class CollegeStudentInfo(StudentInfo):
```

```
29          #构造函数
30          def __init__(self, sID, sName, department, specialty):
31              StudentInfo.__init__(self, sID, sName)        #调用基类的构造函数
32              self.__department = department
33              self.__specialty = specialty
34
35          #设置 department
36          def setDepartment(self, department):
37              self.__department = department
38
39          #设置 specialty
40          def setSpecialty(self, specialty):
41              self.__specialty = specialty
42
43          #获取 department
44          def getDepartment(self):
45              return self.__department
46
47          #获取 specialty
48          def getSpecialty(self):
49              return self.__specialty
```

创建子类时需要使用的语法如下。

```
class 子类名(基类名):
    语句块
```

代码清单 8-10 在第 28 行中以 StudentInfo 类为基类定义了 CollegeStudentInfo 类。这样，CollegeStudentInfo 类就继承了 StudentInfo 类中定义的所有成员（包括数据成员和函数成员）。

Python 类支持多继承，即以多个类为基类定义子类。例如：

```
class 子类名(基类 1 名, 基类 2 名):
    语句块
```

以上代码中创建的子类继承了基类 1 和基类 2 中定义的所有成员。如果不同基类中定义了同名的属性或方法，则子类在调用该属性或方法时会按照 MRO（Method Resolution Order，方法解析顺序）的顺序进行搜索。这种情况容易产生混淆，在开发时应尽量避免。

子类除了能够继承基类的成员，还能够根据自己的特殊性质定义新的成员。在代码清单 8-10 中，CollegeStudentInfo 类定义了 2 个数据成员表示院系和专业（第 32 行和第 33 行），以及 4 个函数成员为数据成员提供 get 和 set 操作（第 36～49 行）。

在子类的__init__()函数中，通常都要显式调用基类的__init__()函数以初始化继承自基类的数据成员，语法如下。

```
基类名.__init__(参数列表)
```

例如，代码清单 8-10 在第 31 行就调用了基类 StudentInfo 的__init__()函数来初始化 id、name 及 courseList 成员。

在定义子类后，子类所创建的对象既可以访问继承自基类的成员，又可以访问子类自己定义的成员。需要注意的是，子类虽然继承了基类的数据成员，但由于这些成员都是私

有成员，因此不能在子类中访问这些成员，而只能通过基类定义的公开函数成员进行访问。

代码清单 8-11 测试了 CollegeStudentInfo 类对成员的访问。

代码清单 8-11　testCollegeStudentInfo.py

```
1   #coding:utf-8
2
3   from studentInfoWithDerivedClass import StudentInfo, CollegeStudentInfo
4
5   stu = CollegeStudentInfo("13010001", "张三", "软件学院", "软件工程")
6   print(stu.getPersonalInfo()[1])            #访问继承自基类的成员
7   stu.setID("13010002")
8   print(stu.getPersonalInfo()[0])
9   print(stu.getSpecialty())                  #访问子类自身新定义的成员
10  stu.setSpecialty("计算机视觉")
11  print(stu.getSpecialty())
```

【输出结果】

```
张三
13010002
软件工程
计算机视觉
```

继承关系可以不断延伸。例如，学生信息类可以派生出大学生信息类，大学生信息类还可以派生出大学留学生信息类。这样的继承关系可以一级一级地不断延伸，形成树形的继承结构，如图 8-1 所示。此时，类之间构成了类似于祖先与后代的继承关系，也可以互称为间接基类和间接子类。例如，在如图 8-1 所示的继承关系中，Fruit 类就是 GoldenDelicious 类的间接基类。

一般来说，子类从基类继承函数成员。但是，有时子类需要修改基类中定义的函数的实现，这被称为方法覆盖（Method Override）。简单来说，子类定义一个与基类同名的函数，当对象访问该函数时，子类的函数会覆盖基类的函数。

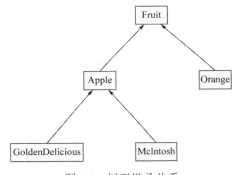

图 8-1　树形继承关系

例如，对于代码清单 8-10 中定义的 CollegeStudentInfo 类，在该类下重新定义 getPersonalInfo()函数以返回学生的学号、姓名、院系及专业信息。新定义的函数如下。

```
def getPersonalInfo(self):
    ori_info = StudentInfo.getPersonalInfo(self)
    return (ori_info[0], ori_info[1], self.__department, self.__specialty)
```

在子类定义的函数中，如果想要调用基类的同名函数，则需要在函数名前添加基类名和点运算符作为限定。子类对象在访问该函数时，只会执行子类所创建的函数，而覆盖基类的同名函数。

注意：

在 Python 中，私有函数不能被覆盖。如果子类所定义的函数在基类中是私有的，则这两个函数完全不相关，均独立存在。

下面介绍 Python 中与继承相关的一个重要的内置函数：isinstance()函数。

isinstance()函数接收 object 和 classinfo 两个参数。参数 object 是一个类的实例，参数 classinfo 是一个类名。如果 object 对象是 classinfo 类的一个直接实例或间接实例（object 所属的类是 classinfo 类的直接子类或间接子类），则该函数返回 True，否则返回 False。例如，对于代码清单 8-11 中定义的 stu 对象，调用 isinstance(stu, CollegeStudentInfo)和 isinstance(stu, StudentInfo)函数均返回 True。

注意：

除继承以外，一般的面向对象编程语言往往支持"多态"的特性。Python 本身就是一种多态语言，因此 Python 不支持多态，也不需要支持多态。

小结

本章主要介绍了 Python 的面向对象编程。首先介绍了面向对象的基本概念，然后介绍了 Python 中类的定义及如何创建类的实例等，最后介绍了 Python 的运算符重载的特性和 Python 所支持的继承特性。Python 的面向对象编程比 C++、Java 等语言更加轻量，也更简单易学。面向对象编程相比传统的结构化设计方法更加接近人的思维方式，面向对象方法也发展得越来越成熟。

习题

一、选择题

1. Python 中的数据成员和函数成员默认都是（　　）的。
   A．公开　　　　　　B．私有　　　　C．protect　　　　　D．无法被访问
2. 加法操作对应（　　）。
   A．__add__(self, other)　　　　　　B．__sub__(self, other)
   C．__mul__(self, other)　　　　　　D．__and__(self, other)
3. 子类定义一个与基类同名的函数，当对象访问该函数时，子类的函数会（　　）。
   A．覆盖基类的函数
   B．调用基类的函数
   C．调用基类和子类的函数
   D．均不调用基类和子类的函数
4. 在子类定义的函数中，如果想要调用基类的同名函数，则需要在函数名前添加（　　）作为限定。
   A．双下画线　　　　　　　　　　B．基类名和点运算符
   C．括号　　　　　　　　　　　　D．下画线

5．关于 Python 多态，以下说法正确的是（　　　）。

    A．大多数面向对象编程语言都不支持多态特性

    B．Python 本身不是多态语言

    C．Python 支持多态

    D．Python 不支持多态

6．关于面向对象编程，下列说法正确的是（　　　）。

    A．面向对象编程的一条基本原则为计算机程序由单个能够起到子程序作用的单元或对象组成

    B．面向对象方法解决问题的思路就是主张从客观世界固有的事物出发来构造系统，提倡用人类在现实生活中常用的思维方法来认识、理解和描述客观事物

    C．面向对象方法是一种运用一系列面向对象的指导软件构造的概念和原则（如类、对象、抽象、封装、继承、多态、消息等）来构造软件系统的开发方法

    D．ABC

7．关于类和对象，下列说法正确的是（　　　）。

    A．对象是存在于某个时空的具体实体，而类则是拥有共同的结构、行为和语义的一组对象的抽象

    B．类可以作为对象的一种描述机制，用来形成程序中更大的模块

    C．类和对象的关系就像数据类型和变量的关系。各个对象可以同属于一个类，但拥有彼此独立的属性。对象是类的实例，可以创建类的多个对象

    D．ABC

8．关于类成员，下列说法正确的是（　　　）。

    A．Python 中的数据成员和函数成员默认都是公开的，即可以在类外访问成员

    B．避免数据成员被直接修改的方法是将其设置为私有成员

    C．Python 中将以双下画线开始的成员定义为私有成员

    D．ABC

二、判断题

1．Python 允许函数重载。（　　　）

2．参数 self 指向的是当前创建的对象，Python 解释器会自动进行传入。（　　　）

3．参数 self 表示函数的调用者被隐式地传递到函数中，在函数体内可以使用该参数代表调用对象访问其成员。（　　　）

4．在将数据成员设置为私有后，为了在类外可以操作成员的值，需要提供 get()函数来获取值和 set()函数来设置值。（　　　）

5．迭代是 Python 中一个很强大的功能，也是访问集合元素的一种方式，利用迭代器可以进行优雅的遍历。（　　　）

6．__iter__()方法可以返回一个迭代器对象。（　　　）

7．一个类（Circle 类）的成员可以是另一个类（Point 类）的对象。（　　　）

8．子类不能根据自己的特殊性质定义新的成员。（　　　）

9. 子类虽然继承了基类的数据成员，但由于这些成员都是私有成员，因此不能在子类中访问这些成员，而只能通过基类定义的公开函数成员进行访问。   （　　）

10. 在定义了子类后，子类所创建的对象既可以访问继承自基类的成员，又可以访问子类自己定义的成员。   （　　）

三、填空题

1. Python 将以_____开始（但不能由双下画线结束）的成员定义为私有成员。

2. 解释器会抛出_____表示该成员不能在类外部访问。

3. 如果想要获取一个自定义的类的迭代器，则需要在类中实现_____和_____方法。

4. 当创建一个新类时，不需要创建全新的数据成员和函数，可以指明这个类继承某个现有的类。这时，现有的类被称为_____，通过继承实现的新类被称为_____。

5. 在 Python 中，私有函数_____（可以/不可以）被覆盖。

6. 除了可以将数据成员设置为私有成员外，还可以将一些不希望在类外调用的函数设置为_____。

7. 通过_____，可以吸收现有类的数据和行为来创建新类，并添加新的性能来增强此类。

四、简答题

1. 编写一个 Fraction 类来管理分数类型并提供一些运算和操作。

2. 简述 Python 中的继承。

3. 简述 Python 的 isinstance()函数。

4. 先设计一个 Point 类，用来表示平面中的点（Point 类包含两个数据成员，用来表示平面坐标），再设计 Circle 类，用来表示圆（Circle 类使用一个 Point 类的数据成员表示圆心位置，使用另一个数据成员表示半径大小）。

5. 定义一个学生信息类。

6. 什么是面向对象编程？面向对象编程有哪些特点？

7. 解释类、实例（对象）、成员等概念。

8. 什么是继承？使用继承有哪些好处？

五、实践题

1. 按照代码清单 8-6 中 Circle 类的例子，设计一个 Rectangle 类表示矩形，要求如下。

（1）包含 width、height 和 ltPoint 私有数据成员，分别用来表示矩形的宽、高及左上角顶点坐标。

（2）构造函数，用来接收 3 个参数并对矩形进行初始化，将宽和高的默认值均设置为 1，左上角顶点坐标设置为(0, 0)。

（3）设计对应函数成员，用来获取和设置对应的数据成员。

（4）设计函数成员，用来计算矩形的周长和面积。

（5）设计函数成员，用来判断两个矩形是否相交。

（6）重载 in 运算符，用来实现判断一个点是否在矩形内的功能。

（7）重载==和!=运算符，用来判断两个矩形是否重合。

2．设计一个 Time 类，要求如下。

（1）包含 hour、minute 和 second 私有数据成员，分别用来表示时、分、秒。

（2）构造函数，用来接收 3 个参数并初始化这 3 个数据成员，参数无默认值。

（3）设计对应函数，用来获取 3 个数据成员的值。

（4）设计 addTime(second)函数，用来将现有 Time 类对象所表示的时间更改为 second 秒后的时刻。

（5）重载 str()函数，使得 Time 类的对象可以按照"hh:mm:ss"的格式输出。

第 9 章　异常处理

9.1　异常的概念

通过学习第 3 章中的内容，读者了解了 Python 中的三大程序控制流程：顺序结构、选择结构和循环结构。然而，在程序运行过程中难免会因为程序内在缺陷或用户使用不当（如在进行除法运算时以 0 作为除数，用户输入不符合规范等）而无法按照预定的控制流程运行下去。这种在程序运行时产生的例外、违例情况被称为异常（Exception）。如果不能在发生异常时及时妥善地处理异常，则程序会崩溃，无法继续运行。

为了提高程序的健壮性，大多数高级程序设计语言都提供了完善的异常处理机制。当程序发生异常时，预先定义好的异常处理策略将为程序提供一个"安全通道"，修正程序中的错误，以使程序能够继续运行，或者当错误无法被修正时做使程序终止前的必要工作。

在 Python 中，异常是以对象的形式实现的。BaseException 是所有异常类的基类，而其子类 Exception 则是除 SystemExit、KeybaordInterrupt 和 GeneratorExit 三个系统级异常之外，所有内置异常类和用户自定义异常类的基类。表 9-1 所示为 Python 中常见的标准异常。

表 9-1　Python 中常见的标准异常

异 常 名 称	描　　　述
BaseException	所有异常的基类
SystemExit	解释器请求退出
KeyboardInterrupt	用户中断执行（通常按快捷键 Ctrl+C）
Exception	常规错误的基类
StopIteration	迭代器没有更多的值
GeneratorExit	生成器发生异常以通知退出
ArithmeticError	所有数值计算错误的基类
FloatingPointError	浮点计算错误
OverflowError	数值运算超出最大限制
ZeroDivisionError	除 0（或取模）（所有数据类型）
AssertionError	断言语句失败
AttributeError	对象没有这个属性
EOFError	没有内建输入，到达 EOF 标记
IOError	输入/输出操作失败
OSError	操作系统错误
ImportError	导入模块/对象失败
IndexError	序列中没有此索引（Index）
KeyError	映射中没有这个键
MemoryError	内存溢出错误（对 Python 解释器而言，这不是致命的）
NameError	未声明/初始化对象（没有属性）
UnboundLocalError	访问未初始化的本地变量

异 常 名 称	描　　述
ReferenceError	弱引用（Weak Reference）试图访问已经垃圾回收了的对象
RuntimeError	一般的运行时错误
NotImplementedError	尚未实现的方法
SyntaxError	Python 语法错误
IndentationError	缩进错误
SystemError	一般的解释器系统错误
TypeError	对类型无效的操作
ValueError	传入无效的参数
Warning	警告的基类
DeprecationWarning	被弃用的特征的警告
OverflowWarning	旧的自动提升为长整型（long）的警告
RuntimeWarning	可疑的运行时行为的警告
SyntaxWarning	可疑的语法的警告
UserWarning	用户代码生成的警告

9.2　异常的抛出和捕获

本节将介绍 Python 中抛出和捕获异常的相关语法。

9.2.1　使用 raise 关键字抛出异常

如前所述，程序在运行过程中出现错误而无法正常运行时，会陷入异常。此外，Python 为用户提供了 raise 关键字以人为地抛出指定类型的异常。raise 语句的基本语法非常简单，下面这行代码展示了如何使用 raise 语句抛出一个除 0 异常。

```
raise ZeroDivisionError
```

执行该语句会在控制台中产生以下输出，表示程序中有未处理的异常。

```
Traceback (most recent call last):
  File "D:/main.py", line 1, in <module>
    raise ZeroDivisionError
ZeroDivisionError
```

使用 raise 语句手动抛出异常在程序调试、自定义异常等场景下有诸多应用。需要注意的是，Python 不会自动引发自定义异常，这要求开发人员为自定义的异常编写合理的异常抛出代码（在合理的场合使用 raise 语句抛出合理的自定义异常），本书将在 9.3 节中继续讨论这个问题。

9.2.2　使用 try-except 语句捕获异常

当发生异常时，需要捕获并处理相应的异常。try-except 语句是捕获处理异常的常用语句之一，其语法如下。

```
try:
    <语句>        #可能抛出异常的代码
```

```
except <异常类型>:
    <语句>              #若 try 代码段抛出了 "<异常类型>" 异常，则执行该段代码
```

其中，except 子句可以有多个，当执行 try 后的语句发生异常时，Python 就会跳过 try 代码段余下的部分，执行第一个匹配该异常的 except 子句，处理完异常后，控制流继续执行 try-except 语句（除非在处理异常时又引发了新的异常）之后的代码。Python 亦提供了较为灵活的语法，except 后面可以放置多个异常类型（以逗号进行分隔）以表明若在多个异常中至少发生一个，则执行该部分异常处理代码，若不放置任何异常类型，则代表可匹配所有的异常类型。这里给出一个实例，如代码清单 9-1 所示。

代码清单 9-1　catchException.py

```
1    try:
2        file = open("FileNotExist")   #试图打开一个不存在的文件，会抛出 IOError 异常
3        print("try")
4    except (ZeroDivisionError, IndexError):
5        print("exception 1")
6    except BaseException:
7        print("exception 2")
8    except IOError:
9        print("never")
```

【输出结果】

```
exception 2
```

在代码清单 9-1 中，try 代码段首先抛出了 IOError 异常，Python 会跳过第 3 行中输出 "try" 的语句，直接跳转到 except 子句，并依次匹配 except 子句所指明的异常类型：由于 IOError 不是第一条 except 语句所指明的两种异常类型（ZeroDivisionError 和 IndexError）因此跳过代码段；由于 IOError 是 BaseException 类的子类，因此其为该类型异常，执行第二个 except 子句的代码段，输出"exception 2"，至此异常处理完成，程序会跳过下面的 except 子句。需要注意的是，由于任何异常都是 BaseException 类的子类异常，因此永远不会执行所有在 except BaseException，或者不带异常类型的 except 子句后面的 except 子句。由此可知，如果要处理的异常类之间有继承关系，则要按照由子类到基类的顺序依次排列 except 异常处理子句。

需要注意的问题是，在 Python 中没有被捕获的异常会被递交到上层的 try-except 异常处理语句，或者调用该函数的上层函数，直至程序最上层（若异常仍未被捕获，则程序将结束，并打印默认的异常信息），如代码清单 9-2 所示。

代码清单 9-2　uncatchedException.py

```
1    def fun1():
2        raise OSError
3
4    def fun2():
5        try:
6            try:
7                fun1()
8            except ZeroDivisionError:
9                print("ZeroDivisionError caught!")
```

```
10      except:
11          print("Exception caught!")
12      fun1()
13
14  fun2()
```

【输出结果】

```
Exception caught!
Traceback (most recent call last):
  File "D:/ uncatchedException.py", line 16, in <module>
    fun2()
  File "D:/ uncatchedException.py", line 14, in fun2
    fun1()
  File "D:/ uncatchedException.py", line 4, in fun1
    raise OSError
OSError
```

在代码清单 9-2 中，fun2() 函数在第一次调用 fun1() 函数时，fun1() 函数抛出 OSError 异常，由于该异常没有被捕获，因此将其递交到了上层函数 fun2() 中，嵌套在内层的 try-except 也未能捕获该异常，将其递交给了外层的 try-except 语句，异常被外层的 try-except 语句捕获并处理。fun2() 函数在第二次调用 fun1() 函数时，由于抛出的异常没有被任何异常处理语句捕获，因此被递交到了程序最上层，使程序终止，并打印默认的异常信息。

9.2.3 使用 else 和 finally 子句处理异常

Python 还为用户提供了 else 和 finally 两个子句，用于 try-except 异常处理语句，其语法说明如下。

```
try:
    可能抛出异常的代码段
except [(Exception1[, Exception2[,...ExceptionN]]])]:
    若发生以上多个异常中的一个，则执行这块代码
else:
    若没有异常，则执行这块代码
finally:
    无论异常是否发生都要执行该块代码
```

如果 try 代码段中没有发生任何异常，则执行 else 子句后的代码，并且无条件地执行 finally 子句中的代码段。下面的例子展示了 finally 子句在文件处理中的作用。

```
file = open("a.txt","w")
try:
    可能抛出异常的文件操作
except:
    print "Exception caught!"
finally:
    file.close()   #无论是否发生异常，都要关闭文件
```

在以上代码中，finally 子句实现了程序无条件地在退出前关闭打开的文件资源，以保证程序的安全性。

9.3　自定义异常

Python 与很多高级程序设计语言一样允许用户自定义异常类型，用于描述 Python 异常体系中没有涉及的异常情况。通过前面的学习，可知除 3 个系统级异常外，其他异常类型均是 Exception 子类。定义一个自定义异常十分简单，只需定义一个继承了 Exception 类的子类。由于 Python 不会自动为用户抛出或处理任何自定义异常，因此用户需要使用 raise 语句在合理的场合手动触发异常。例如，在代码清单 9-3 中，假设 deposit 代表储蓄账户中的金额，当试图将储蓄账户金额变为负数时，程序将抛出"余额不足"的自定义异常。

代码清单 9-3　notEnoughMoney.py

```
1    #自定义异常类型
2    class NotEnoughMoney(Exception):
3        def __init__(self, bill):
4            Exception.__init__(self)
5            self.bill = bill
6
7
8    deposit = 500
9    payment = 1000
10   try:
11       if payment > deposit:
12           raise NotEnoughMoney(payment)         #若余额不足，则手动触发异常
13   except NotEnoughMoney as e:                   #捕获异常，并获得异常的实例 e
14       print("Fail to charge %d yuan: Not enough balance" % e.bill)
15   else:
16       deposit -= payment
```

【输出结果】

```
Fail to charge 1000 yuan: Not enough balance
```

在使用自定义异常类型时，经常需要在捕获异常的同时获取该异常的实例（如代码清单 9-3 中的实例 e），以获取存储在异常实例中的数据（如付款金额 e.bill）。这只需在异常类型后用 as 关键字指定一个实例名。

9.4　使用断言

在程序调试过程中，用户经常希望知道某个条件在运行时是否为真（如储蓄账户余额始终为正），并在条件不成立时提示开发人员出现错误的位置。Python 中提供了断言 assert 语句，以检测某个表达式是否为真，当表达式不成立时，会引发 AssertionError 异常，如代码清单 9-4 所示。

代码清单 9-4　assert.py

```
1    deposit = 500
2    assert deposit > 0
```

```
3    deposit -= 100
4    assert deposit > 0
5    deposit -= 1000
6    assert deposit > 0
```

【输出结果】

```
Traceback (most recent call last):
  File "D:/assert.py", line 6, in <module>
    assert deposit > 0
AssertionError
```

同时，通过 assert 语句可以传递提示信息给 AssertionError 异常，以提示开发人员发生错误的部位和可能的原因。例如，执行下面两行代码：

```
month = 13
assert 1 <= month <= 12, "Invalid month"
```

将会输出下面的错误信息：

```
Traceback (most recent call last):
  File "D:/main.py", line 2, in <module>
    assert 1 <= month <= 12, "Invalid month"
AssertionError: Invalid month
```

小结

本章首先介绍了程序设计中异常的概念；然后分别介绍了与抛出异常和捕获异常相关的 5 个关键字（raise、try、except、else 和 finally），其中 Python 允许用户自定义异常类型，自定义异常的方法十分简单，只需定义一个 Exception 类的子类；最后介绍了如何使用断言的方式帮助开发人员调试程序。

习题

一、选择题

1. Python 中常见的标准异常不包括（   ）。
   A．BaseException   B．SystemExit
   C．Exception   D．Error

2. 抛出异常的方法有（   ）。
   A．使用 raise 关键字抛出异常   B．使用 try-except 捕获异常
   C．使用 else 和 finally 子句处理异常   D．ABC

3. Python 中常见的标准异常包括（   ）。
   A．ArithmeticError   B．EOFError
   C．NameError   D．ABC

4. 下列说法错误的是（   ）。
   A．任何异常都是 BaseException 类的子类异常

B. 程序永远不会执行所有在 except BaseException，或者不带异常类型的 except 子句后面的 except 子句

C. Python 会自动引发自定义异常

D. except 子句可以有多个，当执行 try 后的语句发生异常时，Python 会跳过 try 代码段余下的部分，执行第一个匹配该异常的 except 子句

5. 下列说法错误的是（　　　）。

A. Python 为用户提供了 raise 关键字以人为地抛出指定类型的异常

B. 在 Python 中，异常是以类的形式出现的

C. 在 Python 中，异常是以对象的形式出现的

D. 在程序运行过程中，难免会因为程序内在缺陷或用户使用不当（如在进行除法运算时以 0 作为除数，用户输入不符合规范等）而无法按照预定的控制流程运行下去。这种在程序运行时产生的例外、违例情况被称为异常

6. （　　　）是 Python 中常见的标准异常。

A. OverflowError   B. ZeroDevisionError

C. IOError   D. ABC

7. （　　　）关键字能够抛出异常。

A. IOError   B. try-except

C. raise   D. finally

二、判断题

1. except 后面可以放置多个异常类型（以逗号进行分隔）以表明若在多个异常中至少发生一个，则执行该部分异常处理代码，若不放置任何异常类型，则代表可以匹配所有的异常类型。 （　　　）

2. 在 Python 中，没有被捕获的异常会被递交到上层的 try-except 语句，或者调用该函数的上层函数，直至程序最上层（若异常仍未被捕获，则程序将结束，并打印默认的异常信息）。 （　　　）

3. 在使用自定义异常类型时，经常需要在捕获异常的同时获取该异常的实例，以获取存储在异常实例中的数据，这只需在异常类型后用 raise 关键字指定一个实例名。（　　　）

4. Python 中提供了断言 assert 语句，以检测某个表达式是否为真，当表达式不成立时，会引发 TypeError 异常。 （　　　）

5. as 关键字可以人为地抛出指定类型的异常。 （　　　）

6. BaseException 类是所有异常类的基类。 （　　　）

7. Exception 类是除 SystemExit、GeneratorExit 和 KeybaordInterrupt 三个系统级异常之外，所有内置异常类和用户自定义异常类的基类。 （　　　）

8. ImportError 表示导入模块/对象失败。 （　　　）

三、填空题

1. 定义一个自定义异常也十分简单，只需定义一个继承了＿＿＿＿＿＿＿＿＿＿的子类。

2. 由于 Python 不会自动为用户抛出或处理任何自定义异常，因此用户需要使用＿＿＿＿＿＿＿＿＿＿＿＿在合理的场合手动触发异常。

3．在 Python 中，异常是以＿＿＿＿＿＿＿＿＿＿的形式实现的。

4．Python 中的三大程序控制流程：顺序结构、选择结构和＿＿＿＿＿＿＿＿＿＿。

5．如果要处理的异常类之间有继承关系，则要按照从子类到基类的顺序依次排列＿＿＿＿＿＿＿＿＿＿。

6．如果 try 代码段中没有发生任何异常，则执行＿＿＿＿＿＿＿＿＿＿后的代码，并且无条件地执行 finally 子句中的代码段。

四、简答题

1．列举几个 Python 中常见的标准异常。

2．else 和 finally 子句处理异常的语法说明。

3．简述异常的抛出与捕获。

4．简述什么是自定义异常。

5．简述什么是异常。

6．简要说明 raise、try、except、else 和 finally 5 个关键字的作用和语法。

7．列举合理使用异常的场合，并思考是否存在替代的实现方法，如果有，则对比这些方法的优缺点。

五、实践题

10.2.3 节的例子只考虑了文件的读写时发生的异常，然而文件打开时也可能抛出异常（如文件不存在等）。请思考并提供能够处理上述两个阶段异常的代码。（提示：使用嵌套的两个 try-except 语句。）

第 10 章　文件处理

10.1　文件的创建与读写

在本章之前的所有 Python 程序中，数据都被存放在计算机的随机存储器（RAM，也被称为内存）中。RAM 的高读写速度可以保证程序的快速运行，但是在断电后 RAM 上的数据会自动消失。此外，通常一个程序存放在 RAM 中的数据无法被其他程序访问。然而，在程序设计实践中经常需要这种数据持久性和共享性。因此，可以使用文件来满足这些需要。

本节将先介绍如何在 Python 中创建并打开一个文件，再介绍 Python 中文件的读写操作。

10.1.1　文件的创建与打开

在对任何文件进行读写之前，都需要先创建或打开一个文件。在 Python 中创建或打开一个文件十分简单，使用 open()函数即可实现。例如，可以使用下面这行代码打开已有的文件 existFile.txt：

```
f = open('existFile.txt')
```

也可以使用下面这行代码在当前工作路径下创建一个名为 myFirstFile.txt 的文件：

```
f = open('myFirstFile.txt','w+')
```

open()函数完整的函数原型如下。

```
fileobj = open(name[, mode[, buffering]])
```

其中，返回值 fileobj 是 open()函数返回的文件对象；参数 name 是要打开或创建的文件路径；mode 是可选参数，指明打开方式和文件类型的字符串；buffering 也是可选参数，指明缓冲模式。如果参数 buffering 为 0，则不使用缓冲区；如果参数 buffering 为 1，则使用"行缓冲"策略；如果参数 buffering 是一个大于 1 的整数，则该整数表示缓冲区的大小。

参数 mode 是一个字符串。参数 mode 的第一个字母表明文件的打开方式。

（1）r 表示只读模式，是参数 mode 的默认值。

（2）w 表示写模式。如果文件不存在，则新建文件；如果文件存在，则覆盖原内容。

（3）x 表示只有在文件不存在时，才创建并写入文件。

（4）a 表示如果文件存在，则在文件末尾添加（Append）内容，而不是覆盖已有内容。

此外，如果在字母后面加上"+"，则表示使用另外的更新文件的模式。模式"w+"、"a+"和"r+"三者的区别在于"w+"会清空已有文件，"a+"是追加模式，"r+"可以在文件任何位置进行写入，但文件不存在时会报错。

参数 mode 的第二个字母表示文件类型。其中，t 表示文本文件；b 表示二进制文件。

需要注意的是，在使用完文件后，要使用文件对象的成员函数 close()来关闭打开的文件对象。例如：

```
f.close()
```

这行代码表示关闭打开的文件对象 f。

注意：

close()函数是必要的。虽然 Python 提供了垃圾回收机制，可以清理不再使用的对象，但是手动释放不需要的资源是一种良好的习惯，同时显式地告诉 Python 的垃圾回收器需要清理该对象。

10.1.2　文件的写入

在 Python 中，使用 write()函数可以实现文本文件的写入。例如，在代码清单 10-1 中，可以使用代码将 Python 的宣传语写入 myFirstFile.txt 文件。

代码清单 10-1　writeToFile.py

```
1    f = open('myFirstFile.txt', 'w+')   #打开文件
2    s = '''Python is powerful and fast;
3    plays well with others;
4    runs everywhere;
5    is friendly & easy to learn;
6    is Open.'''
7    f.write(s)                          #将字符串 str 中的内容写入文件对象 f
8    f.close()                           #关闭文件
```

这里可以观察到一个有意思的现象，在没有执行最后一行关闭文件的语句之前，打开myFirstFile.txt 文件很有可能发现没有任何内容被写入，而执行完最后一行语句后，再打开这个文件会发现内容已经被写入。这个现象告诉我们，在文件使用完后应关闭文件，同时反映了 Python 在对文件进行读写时使用的缓冲机制。在上述过程中，字符串 str 中的内容首先会被写入一个被称为"缓冲区"的区域，由于字符串 str 中内容小于缓冲区的大小，直到关闭文件，缓冲区中的数据才会真正被写入文件（刷新缓冲区）。

有时需要在不关闭文件的情况下将缓冲区中剩余的所有内容写入文件，即强制刷新缓冲区，这时可以使用 flush()函数来实现这一功能。例如：

```
f.flush()
```

在执行这条语句后，会将缓冲区中的内容全部强制写入文件，接下来可以对文件对象 f 进行后续操作。

除了 write()函数可以将字符串写入文件，writelines()函数也可以将列表中的内容写入文件。代码清单 10-2 展示了如何使用 writelines()函数将列表中的元素依次写入文件。

代码清单 10-2　writelinesToFile.py

```
1    #使用 writelines()函数写入文件
2    f = open("myFirstFile.txt", "w+")
3    myLst = ['Hello World\n', 'Hello Python\n', 'Hello Writelines']
4    f.writelines(myLst)
5    f.close()
```

10.1.3 文件的读取

Python 提供了 3 个文件的读取函数：read()、readline()和 readlines()。下面将分别介绍这 3 个函数。

1. 使用 read()函数进行读取

使用不带参数的 read()函数可以一次性读取文件中的所有内容。例如，下面的代码可以将之前写入 myFirstFile.txt 文件的 Python 宣传语读取到字符串 str 中。

```
f = open('myFirstFile.txt','r')
str = f.read()
```

同样，可以限制 read()函数一次读取的最大字符数。下面的代码将读取 Python 宣传语中的前 10 个字符。

```
f = open('myFirstFile.txt','r')
str = f.read(10)
```

使用限制最大字符数的 read()函数可以实现分块读取文件的功能，这一功能在处理大文件的场景下是十分有意义的。例如，要统计一个文件大小为 4GB 的文本文件 bigFile.txt 中字符 a 出现的次数，最简单的实现方式（第一种实现方式）只需以下 3 行代码。

```
f = open('bigFile.txt','r')
str = f.read()
print(str.count('a'))
```

另一种比较复杂的实现方式如代码清单 10-3 所示。

代码清单 10-3　readBigFile.py

```
1    f = open('bigFile.txt', 'r')                    #打开文件
2    sum_of_count = 0
3    chuck = f.read(100)                             #首先读取 100 个字符
4    while chuck:                                    #只要读取到的字符串不为空
5        sum_of_count += chuck.count('a')           #增加计数
6        chuck = f.read(100)                        #继续读取下面的 100 个字符
7    print(sum_of_count)
```

在原始的实现方式中，4GB 的文本文件内容会全部被读入字符串 str，这需要占用同样大小的内存空间，在内存较小的机器上运行该程序可能十分缓慢，甚至崩溃。在代码清单 10-3 的这种实现方式中，首先 read()函数一次性读取 100 个字符，然后统计其中字符 a 出现的字数，最后累加到变量 sum_of_count 中。在这一过程中，只有至多 100 个字符会被存储在 chunk 中，因此只占用 100 个字符大小的内存，程序的内存消耗远小于第一种实现方式。

2. 使用 readline()函数按行读取

readline()函数与上述分块读取方式类似，但其以一行为一个"块"，即每次调用 readline()函数时，将读取文件中的一行内容。下面从存有 Python 宣传语的 myFirstFile.txt 文件中按行读取内容，并标记行号后打印出来，如代码清单 10-4 所示。

代码清单 10-4　readline.py

```
1    f = open('myFirstFile.txt', 'r')
2    line = f.readline()                             #读取一行
```

```
3    i = 0
4    while line:                          #只要读取的文件不为空
5        print(i, line, end='')           #打印行号和内容
6        i += 1
7        line = f.readline()              #读取下一行
```

【输出结果】

```
0 Python is powerful and fast;
1 plays well with others;
2 runs everywhere;
3 is friendly & easy to learn;
4 is Open.
```

3. 使用 readlines()函数进行多行读取

readlines()函数以每次一行的方式读取全部文件内容，并返回由单行字符串组成的列表。代码清单 10-5 使用 readlines()函数重写代码清单 10-4。

代码清单 10-5 readlines.py

```
1    f = open('myFirstFile.txt')
2    lines = f.readlines()                #读取所有行，lines 为字符串的列表
3    i = 0
4    for line in lines:                   #依次遍历每一行
5        print(i, line, end='')           #打印行号和内容
6        i += 1
```

【输出结果】

```
0 Python is powerful and fast;
1 plays well with others;
2 runs everywhere;
3 is friendly & easy to learn;
4 is Open.
```

10.1.4　设置文件读取指针

在 10.1.3 节介绍的文件读取操作中，文件读取指针一直是顺序移动的，即从文件头到文件尾。（也就是说，已经读取过的字符不能再次被读取，已经写入文件的内容无法被改写，同时用户也无法选择性地读写处于文件中间位置的内容。）有时，这不能完全满足用户的需求，为此 Python 提供了 seek()函数将文件读取指针移动到指定位置，其语法十分简单，具体如下。

```
fileobj.seek(offset[, whence])
```

其中，offset 代表偏移量，即文件读取指针需要移动的字节数；whence 是可选参数，用于指定 offset 的计算起点，默认值为 0，即代表从文件头开始计算，若设置为 1，则代表从当前位置开始计算；若设置为 2，则代表从文件尾开始计算。seek()函数的具体应用实例可以在 10.4 节中找到。

10.2　文件操作与目录操作

本节将分别向读者展示 Python 中的文件操作与目录操作。需要注意的是，本节中的部分内容依赖于操作系统的先修知识，尽管本书力求提前说明这些概念，但由于篇幅所限，读者发现有阅读困难的地方可以在第一遍学习时略过，或者参阅相关操作系统的书。

10.2.1　文件操作

Python 提供了操作简单且功能强大的文件操作，10.1 节中使用 open()函数创建文件便是一个例子。下面将介绍其他的文件操作函数。

os.path.exists(path)：这个函数将检查文件或目录 path 是否存在，返回一个布尔值。假设当前目录存在一个名为 myFirstFile.txt 的文件，则调用 os.path.exists('myFirstFile.txt')将返回 True。

os.path.isfile(path)：这个函数将判断参数 path 是否是文件（而不是目录）。假设当前目录存在一个名为 myFirstFile.txt 的文件，则调用 os.path.isfile('myFirstFile.txt')将返回 True。

os.path.isdir(path)：这个函数将判断参数 path 是否是目录（而不是文件），与 isfile()函数的作用相反。假设当前目录存在一个名为 myFirstFile.txt 的文件，而不存在同名目录，则调用 os.path.isdir('myFirstFile.txt')将返回 False。

shutil.copy(src, dst)：这个函数将 src 文件复制到 dst 文件或目录中。如果 dst 是一个目录，则将在该指定的目录中创建（或覆盖）一个具有与 src 相同名称的文件。例如，调用 shutil.copy('myFirstFile.txt', 'myFirstCopy.txt')会将 myFirstFile.txt 文件复制到 myFirstCopy.txt 文件中。

shutil.move(src, dst)：这个函数将文件或目录（src）移动到另一个位置（dst）。这个函数可以实现文件重命名功能（Python 也提供了重命名函数 rename()，在需要重命名时，这两个函数的功能相同）。例如，调用 shutil.move('myFirstFile.txt', 'myFirstCopy.txt')会将 myFirstFile.txt 文件重命名为 myFirstCopy.txt 文件。

os.path.abspath(path)：这个函数将返回绝对路径名。例如，假设 myFirstFile.txt 文件存储在 D 盘根目录中，则调用 os.path.abspath('myFirstFile.txt')将返回字符串"D:\myFirstFile.txt "。又如，调用 os.path.abspath('.')将获得当前文件目录的绝对路径。

os.remove(path)：这个函数将删除文件。例如，执行 os.remove('myFirstCopy.txt')将删除该目录下的"myFirstCopy.txt"文件。

下面介绍的几个文件操作函数仅限于 UNIX 及类 UNIX 系统（如 Linux、macOS，它们具有较为相似的文件系统）。

os.link()和 os.symlink()：这两个函数分别将创建硬链接和符号链接：在 UNIX 及类 UNIX 系统中，一个文件可以只存储在一个系统中但可以拥有多个名称，这种链接机制被称为链接。链接分为两类：硬链接和符号链接（软链接）。硬链接相当于给一个文件建立多个索引，通过这些索引均可以访问该文件。所有的索引"地位等价"，每个索引都代表真正的文件，当删除其中一个索引时，不会影响文件，而当删除所有索引时，才会真正地删除文件。符号链接会建立一个"快捷方式"指向原始文件，与硬链接不同，当删除原始文件后，该符号链接会无效（因为指向了一个不存在的文件）。在 Python 中，使用 os.path.islink()函数可以判断一个名称是文件还是符号链接，使用 os.path.realpath()函数可以获取其指向文件的路径和名称（这也是使用符号链接的一个优势）。

os.chown()：这个函数将修改文件所有者。chown()函数可以指定文件的用户所有者 ID（uid）和用户组 ID（gid），以修改文件的所有者和所有用户组，函数原型为 os.chown (filename, uid, gid)。

os.chmod()：这个函数将修改文件权限。该命令分别使用一个八进制数表示所有者、所属用户组和其他用户组用户的权限（读取、写入和执行权限，分别对应一位八进制数）。例如，调用 os.chmod('myFirstHardLink.txt' , 0o640)可以使"myFirstHardLink.txt"文件只被拥有者写入，以及只能被拥有者及所属用户组内成员读取。

10.2.2　目录操作

在大部分操作系统中，文件多被存储在树形层次结构的目录中，目录提供了文件组织和管理的一种有效方式。本节将介绍 Python 中常用的几个目录操作函数。

os.mkdir(path[, mode])：这个函数将创建 path 目录，但在目录已存在时会抛出 OSError 异常。例如，调用 os.mkdir('myFirstDir')会在当前目录下创建一个名为 myFirstDir 的子目录。

os.rmdir(path)：这个函数将删除 path 目录，与 mkdir()函数相反，在目录不存在时会抛出 OSError 异常。例如，调用 os.rmdir('myFirstDir')会在当前目录下删除名为 myFirstDir 的子目录。

os.listdir(path)：这个函数将列出目录中的内容，会以字符串列表的形式返回目录中的所有内容（包括文件和目录）。

os.chdir(path)：这个函数将修改当前目录。在此之前的所有文件和目录操作都是在默认的当前目录下进行的。例如，在创建 myFirstDir 目录时，没有指定该目录的创建位置，则会在当前目录下创建该目录。如果想要在其他目录下创建文件或目录，则可以使用绝对路径的方式来指定操作目录。例如，假设在根目录下存在一个名为 abc 的目录，则可以使用绝对路径"/abc/myFirstDir"来指定创建新目录 myFirstDir 的位置。然而，有时需要频繁地在某个特定的文件夹下进行文件操作或目录操作，这种指定绝对路径的方式会显得十分笨拙。读者可以使用 os.chdir()函数将经常访问的目录指定为当前目录。

10.2.3　文件操作与目录操作的实例

本节将介绍几个常用的文件操作与目录操作的实例。

1．提取与修改文件扩展名

读者已经知道 os 模块的 rename()函数可以对文件或目录进行重命名。在实际应用中，有时需要获取或修改文件的扩展名。这种情况可以通过将字符串的查找操作与 rename()函数相结合来实现。代码清单 10-6 中的程序将当前目录下所有扩展名为".py"的文件的扩展名修改为".txt"。

代码清单 10-6　modifyExtensionName.py

```
1    import os
2
3    files = os.listdir('.')             #获取当前目录下的所有文件和目录
4    for filename in files:
5        pos = filename.find('.')        #获取 "." 的位置
6        if pos >= 0 and filename[pos + 1:]=='py':
7            newname = filename[:pos + 1] + 'txt'
8            os.rename(filename, newname)
```

程序首先使用 listdir()函数获取当前目录下的所有文件和目录，然后遍历每个文件的文件名，使用 find()函数获取 "." 的位置，判断扩展名是否为 ".py" 并进行替换。使用 find()函数获取扩展名位置的过程可以用 os.path 模块下的 splitext()函数来实现。splitext()函数将返回一个列表，其中列表第一个元素表示主文件名，第二个元素表示扩展名。

另外，glob 模块可以进行路径匹配，返回符合给定匹配条件的文件列表。使用 glob()函数可以代替代码清单 10-6 中获取所有文件并判断扩展名的过程。glob()函数可以对路径做更多的带通配符的匹配，这里不再详述。

使用 splitext()函数和 glob()函数可以对代码清单 10-6 进行改写，经过改写的程序如代码清单 10-7 所示。

代码清单 10-7　modifyExtensionName2.py

```
1    import glob
2    import os
3    import os.path
4
5    files = glob.glob("*.py")           #获取当前目录下扩展名为 ".py" 的文件
6    for filename in files:
7        newname = os.path.splitext(filename)[0] + '.txt'
8        os.rename(filename, newname)
```

2. 比较文件

Python 提供了 difflib 模块，用于比较文件或序列内容的不同。要比较两个文件，可以使用 difflib 模块中的 Differ 类来实现。Differ 类通过调用 compare()函数来比较多行文本，并返回可读的差异。Differ 类以第一个文件为基准来比较两个文件中的内容（行的列表）并返回一个新的字符串列表，返回结果的每行以一个符号开头，如表 10-1 所示。

表 10-1　行对比符号说明

符　号	意　义
'-'	从基准文件中减去的行
'+'	从基准文件中添加的行
' '	两个文件相同的行
'?'	两个文件有差异的行，标记出两个文件的不同

例如，当前目录下有 text1.txt 和 text2.txt 两个文件，现在要比较这两个文件。text1.txt 文件的内容如下。

```
1. Beautiful is better than ugly.
2. Explicit is better than implicit.
3. Simple is better than complex.
4. Complex is better than complicated.
```

text2.txt 文件的内容如下。

```
1. Beautiful is better than ugly.
3. Simple is better than complex.
4. Complicated is better than complex.
5. Flat is better than nested.
```

代码清单 10-8 展示了比较这两个文件的示例程序。

代码清单 10-8 showDiff.py

```
1    import difflib
2    import pprint
3
4    text1 = open('text1.txt','r').readlines()    #读取 text1.txt 文件
5    text2 = open('text2.txt','r').readlines()    #读取 text2.txt 文件
6    d = difflib.Differ()                          #创建 Differ 类对象
7    result = list(d.compare(text1,text2))         #比较文件
8    pprint.pprint(result)                         #输出结果
```

【输出结果】

```
['  1. Beautiful is better than ugly.\n',
 '- 2. Explicit is better than implicit.\n',
 '- 3. Simple is better than complex.\n',
 '+ 3.  Simple is better than complex.\n',
 '?   ++\n',
 '- 4. Complex is better than complicated.',
 '?       ^              ---- ^\n',
 '+ 4. Complicated is better than complex.\n',
 '?      ++++ ^              ^ +\n',
 '+ 5. Flat is better than nested.']
```

代码第 8 行使用了 pprint 模块的 pprint()函数来更加漂亮地打印这个字符串列表。读者可以从【输出结果】中详细地看到两个文件的差异。

3. 访问 ini 配置文件

应用程序通常会使用配置文件定义一些参数。例如，数据库配置文件用于记录数据库的主机名、用户名、密码等信息。Windows 系统中的 ini 文件就是一种传统的配置文件。ini 文件可以分为若干块，每块由多个配置项组成。例如，Windows 系统文件夹下的 ODBC.ini 文件就记录了 Windows 系统中各种数据库存储系统的 ODBC 驱动信息，具体如下。

```
[ODBC 32 bit Data Sources]
Xtreme Sample Database 2008=Microsoft Access Driver (*.mdb) (32 bit)
Xtreme Sample Database 2008 CHS=Microsoft Access Driver (*.mdb) (32 bit)
[Xtreme Sample Database 2008]
Driver32=C:\windows\system32\odbcjt32.dll
[Xtreme Sample Database 2008 CHS]
Driver32=C:\windows\system32\odbcjt32.dll
```

其中，每个方括号表示一个配置块的开始。配置块中的每个赋值表达式（表达式中的等号可以表示为冒号）就是一个配置项。此外，配置文件中可以包含注释，一般以"#"开头。

Python 使用标准库中的 configparser 模块来解析配置文件。该模块中的 ConfigParser 类可以读取并解析 ini 文件中的内容。

代码清单 10-9 展示了一个从 ODBC.ini 文件中读取配置块名称、配置项名称及配置内容的简单程序。

代码清单 10-9　readFromINI.py

```
1    import configparser
2
3    config = configparser.ConfigParser()
4    config.read(r"C:\Windows\ODBC.ini")
5    #获取配置块
6    sections = config.sections()
7    print("Sections:", sections)
8    #获取配置块的配置项名称
9    options = config.options("ODBC 32 bit Data Sources")
10   print("Options:", options)
11   #返回配置块的配置项值
12   items = config.items("ODBC 32 bit Data Sources")
13   print("Items:", items)
14   #根据配置块和配置项返回内容
15   item = config.get("ODBC 32 bit Data Sources", "Xtreme Sample Database 2008")
16   print(item)
```

【输出结果】

```
Sections: ['ODBC 32 bit Data Sources', 'Xtreme Sample Database 2008',
'Xtreme Sample Database 2008 CHS']
Options: ['xtreme sample database 2008', 'xtreme sample database 2008
chs']
Items: [('xtreme sample database 2008', 'Microsoft Access Driver (*.mdb)
(32 bit)'), ('xtreme sample database 2008 chs', 'Microsoft Access Driver
(*.mdb) (32 bit)')]
Microsoft Access Driver (*.mdb) (32 bit)
```

在上面的程序中，第 3 行和第 4 行创建了一个 ConfigParser 类的对象 config 并读取了 ODBC.ini 文件中的内容；第 6 行和第 7 行调用 sections()函数获取配置块的名称，并将其打印；第 9 行和第 10 行调用 options()函数获取配置块中所有配置项的名称，并将其输出；第 12 行和第 13 行调用 items()函数获取配置块中所有配置项的，并将其输出；第 15 行和第 16 行调用 get()函数并根据配置块名称与配置项名称获取配置项的值，并将其输出。

配置文件的写入操作也很简单。调用 add_section()函数可以添加新的配置块；调用 set()函数可以为配置块设置项目；调用 write()函数可以写入配置文件。代码清单 10-10 展示了一个写入配置文件的示例程序。

代码清单 10-10　writeToINI.py

```
1    import configparser
2
3    f = open("MyConfiguration.ini", "w")                      #创建文件
4    config = configparser.ConfigParser()
5    config.add_section("Video Setting")                        #创建配置块
6    config.set("Video Setting", "Resolution width", '1366')    #设置配置项
7    config.set("Video Setting", "Resolution height", '768')
8    config.set("Video Setting", "Frame rate", '60')
9    config.add_section("Audio Setting")
10   config.set("Audio Setting", "Volume", '80')
11   config.write(f)                                            #写入配置文件
12   f.close()
```

执行上面的程序将生成一个名为 MyConfiguration.ini 的配置文件。该文件中的内容如下。

```
[Video Setting]
resolution width = 1366
resolution height = 768
frame rate = 60


[Audio Setting]
volume = 80
```

配置文件的修改首先需要读取配置文件，然后调用 set()函数来修改制定配置块下某配置项的值，最后写回配置文件。例如，代码清单 10-11 修改了上面生成的配置文件中的两个表示分辨率的配置项。

代码清单 10-11　modifyINI.py

```
1    import configparser
2
3    f = open("MyConfiguration.ini", "r+")
4    config = configparser.ConfigParser()
5    config.read("MyConfiguration.ini")                         #读取配置文件
6    config.set("Video Setting", "Resolution width", '800')     #修改配置项
7    config.set("Video Setting", "Resolution height", '600')
8    config.write(f)                                            #写回配置文件
9    f.close()
```

如果需要删除某个配置块，则可以调用 remove_section()函数并传入配置块名称。如果需要删除制定配置块中的某个配置项，则可以调用 remove_option()函数并传入配置块名称和配置项名称。例如，代码清单 10-12 展示了如何删除 MyConfiguration.ini 配置文件中的 Audio Setting 配置块及 frame rate 配置项。

代码清单 10-12　removeFromINI.py

```
1    import configparser
2
3    config = configparser.ConfigParser()
4    config.read("MyConfiguration.ini")                         #读取配置文件
```

```
5    config.remove_section("Audio Setting")              #删除配置块
6    config.remove_option("Video Setting", "frame rate") #删除配置项
7    f = open("MyConfiguration.ini", "w+")
8    config.write(f)                                      #写回配置文件
9    f.close()
```

4. 遍历目录

通过自己编写递归函数和调用 os 模块下的 walk()函数两种方法可以实现遍历目录。这两种方法的操作方式不尽相同。下面将分别对这两种方法进行介绍。

由于目录可以多层嵌套并且深度有限，因此可以使用递归编写一个递归函数来遍历目录。代码清单 10-13 展示了使用递归函数遍历目录的程序。

代码清单 10-13　visitDir.py

```
1    import os
2    #递归函数 visitDir()
3    def visitDir(path, level=0):
4        print(os.path.basename(path))
5        if os.path.isdir(path):
6            li = os.listdir(path)
7            for subdir in li:
8                print("\t" * (level + 1), end=" ")
9                subpath = os.path.join(path, subdir)
10               visitDir(subpath, level + 1)
11
12   if __name__ == '__main__':
13       visitDir(r'D:\STUDY\Python\code')
```

【输出结果】

```
code
    tmp.py
    第 1 章
        1-1 helloWorld.py
        1-2 testIndent.py
    第 2 章
        2-1 integer.py
        2-2 string.py
    第 3 章
        3-1 if.py
        3-2 if_else.py
        3-3 if_elif_else.py
```

在上面的程序中，定义了递归函数 visitDir()，用来遍历并输出目录中的内容。visitDir()函数先输出当前路径名并进行判断，如果是目录，则取目录中包含的所有内容并按照当前目录深度打印缩进长度，再递归调用 visitDir()函数。

os 模块提供了 walk()函数，用于遍历目录。walk()函数的原型如下。

```
os.walk(top, topdown=True, onerror=None, followlinks=False)
```

walk()函数各个参数的作用如下。

（1）参数 top：需要遍历的根目录。

（2）可选参数 topdown：默认值为 True，表示先返回目录中的文件，再遍历当前目录的子目录。如果将 topdown 设置为 False，则表示先遍历目录树的子目录，再返回目录中的文件。

（3）可选参数 onerror：默认值为 None，表示忽略文件遍历时产生的错误。如果该参数不为空，则提供一个自定义函数提示错误后继续遍历或抛出异常终止遍历。

（4）可选参数 followlinks：默认值为 False。如果将该参数设置为 True，则表示在支持符号链接的系统上可以访问符号链接指向的目录。

walk()函数将生成一个三元组(dirpath, dirnames, filenames)，分别表示目标路径、目录的名称列表和文件的名称列表。

代码清单 10-14 展示了使用 os 模块中的 walk()函数遍历目录的程序。

代码清单 10-14　visitDirViaWalk.py

```
1    import os
2
3    def visitDir(path, level=0):
4        for root, dirs, files in os.walk(path):      #调用 walk()函数
5            for filepath in files:
6                print(os.path.join(root, filepath))
7
8    if __name__ == '__main__':
9        visitDir(r'D:\STUDY\Python\code')
```

【输出结果】

```
D:\STUDY\Python\code\tmp.py
D:\STUDY\Python\code\第 1 章\1-1 helloWorld.py
D:\STUDY\Python\code\第 1 章\1-2 testIndent.py
D:\STUDY\Python\code\第 2 章\2-1 integer.py
D:\STUDY\Python\code\第 2 章\2-2 string.py
D:\STUDY\Python\code\第 3 章\3-1 if.py
D:\STUDY\Python\code\第 3 章\3-2 if_else.py
D:\STUDY\Python\code\第 3 章\3-3 if_elif_else.py
```

10.3　Python 的流对象

数据像流水一样，可以从一个容器流入或流出。在计算机科学中，人们用流的概念来抽象数据的读写的过程。例如，网络连接中的数据传输可以被抽象为网络流，对文件的读写可以被抽象为文件流。下面将简要介绍 Python 中 sys 系统模块提供的 3 个标准流对象：stdin、stdout 和 stderr。这 3 个标准流对象也是大部分语言所支持的，分别对应系统的标准输入、标准输出和错误日志。在此之前，需要注意的是，Python 把流与文件的处理关联在一起，所以 Python 中没有类似于 Stream 的类。实际上，这 3 个标准流对象是 3 个文件：stdin、stdout 和 stderr。stdin 是读模式打开的文件，而 stdout 和 stderr 是写模式打开的文件。

因此，10.1 节中介绍的文件对象的读写操作同样适用于流对象。

10.3.1　标准输入

stdin 是标准输入流对象，负责从控制台中读取数据。在代码清单 10-15 中，利用 stdin 可以从控制台中读取两个整数，并输出这两个整数的和。

代码清单 10-15　stdin.py

```
1    import sys
2
3    def sum_from_screen():
4        print("Please input two integers, separated by space:", end=" ")
5        line = sys.stdin.readline()  #等待并读取用户从控制台中输入的一行字符串
6        #分隔两个数字，并将其转换为整型
7        num = [int(str_num) for str_num in line.split()]
8        print("The sum is:%d" % (num[0] + num[1]))
9
10   sum_from_screen()
```

【输出结果】

```
Please input two integers, separated by space:10 12
The sum is:22
```

读者可以重新定向标准输入流 stdin，即将一个文件代替控制台作为标准输入的数据来源。例如，在代码清单 10-15 中调用 sum_from_screen()函数前添加下面这行语句。

```
sys.stdin = open('input.txt', 'r')
```

这行语句会将标准输出流重定向到同样以读模式打开的 input.txt 文件中，并将与上例中相同的数据输入存放在该文件中，再次运行上面的函数。

10.3.2　标准输出

stdout 是标准输出流对象，负责向控制台输出数据。例如，print 命令就是通过 stdout 对象将内容显示在控制台上的。读者可以通过重写一个简化版本的 print()函数来加深对标准输出流的理解。

```
def simple_print(str):
    sys.stdout.write(str)
```

同样，读者可以利用 stdout 重定向标准输出流到一个文件中，这样程序的运行结果将不再显示在控制台中，而是被输出到指定的文件中。下面的代码可以先将标准输出重定向到 output.txt 文件中，再执行 print 语句，程序输出将输出到该文件而不是控制台中。

```
sys.stdout = open('output.txt', 'w')
```

10.3.3　日志输出

日志文件通常用于记录程序每次操作的执行状态、结果及异常情况，以便维护人员了解系统的状况，甚至可用于数据的恢复。Python 中提供了标准日志对象 stderr，用于记录程序运行过程中抛出的异常信息。下面的代码将 stderr 重定向到 log.txt 文件中。

```
sys.stderr = open("log.txt","w")
```

在进行重定向之后，当程序发生一个异常时，Python 会将该异常信息记录在 log.txt 文件中。例如，在进行重定向之后，执行表达式 4/0，程序会抛出一个 ZeroDivisionError 异常。但是，由于 stderr 被重定向了，因此需要到 log.txt 文件中寻找如下异常信息。

```
Traceback (most recent call last):
  File "<stdin>", line 1, in <module>
ZeroDivisionError: integer division or modulo by zero
```

10.4 实例：处理文件

10.4.1 获取文件属性

本节将运用本章中所介绍的内容，设计一个查看文件属性的程序。通过给定的目录路径来查看文件的名称、大小、创建时间、最后修改时间和最后访问时间，设计 showFileProp(path) 函数来查看该目录下所有文件的属性。设计 showFileProp(path) 函数主要分为以下 3 个步骤。

（1）遍历目录，获取所有文件。

（2）获取文件各个属性的值。

（3）格式化输出属性的值。

要获取文件的属性，可以调用 os 模块下的 stat() 函数。stat() 函数的原型如下。

```
os.stat(path)
```

stat() 函数接收绝对路径 path 作为参数，返回该路径（目录或文件）的属性信息。返回的属性信息包括以下内容。

（1）st_mode：保护位。

（2）st_ino：inode 的值。

（3）st_dev：设备。

（4）st_nlink：硬链接数。

（5）st_uid：所有者的用户 ID。

（6）st_gid：所有者的组 ID。

（7）st_size：文件的大小，以字节为单位。

（8）st_atime：最近访问时间。

（9）st_mtime：最近修改时间。

（10）st_ctime：依赖于平台；在 UNIX 系统下表示最新的元数据修改时间，而在 Windows 系统下表示创建时间。

在一些特定的平台环境下，该函数可能会返回其他属性信息，这里不再详述。

代码清单 10-16 展示了遍历目录并获取文件属性的示例程序。

代码清单 10-16 getFileProperties.py

```
1    #coding:utf-8
2    import os
```

```
3    import time
4
5    def showFileProp(path, level=0):
6        info = "文件名:" + os.path.basename(path)        #获取文件的名称
7        state = os.stat(path)
8        info = info + " 大小:" + str(state[-4]) + "字节"  #获取文件的大小
9        #创建时间
10       t = time.strftime("%Y-%m-%d %X", time.localtime(state[-1]))
11       info = info + " 创建时间:" + t
12       #最后修改时间
13       t = time.strftime("%Y-%m-%d %X", time.localtime(state[-2]))
14       info = info + " 最后修改时间:" + t
15       #最后访问时间
16       t = time.strftime("%Y-%m-%d %X", time.localtime(state[-3]))
17       info = info + " 最后访问时间:" + t
18       print(info)                                       #输出属性信息
19       #递归遍历目录
20       if os.path.isdir(path):
21           li = os.listdir(path)
22           for subdir in li:
23               print("\t" * (level + 1), end=" ")
24               subpath = os.path.join(path, subdir)
25               showFileProp(subpath, level + 1)
26
27   if __name__ == '__main__':
28       showFileProp(r'D:\STUDY\Python\code')
```

【输出结果】

文件名:code 大小:4096 字节 创建时间:2016-05-21 17:51:34 最后修改时间:2016-11-07 21:42:35 最后访问时间:2016-11-07 21:42:35

文件名:tmp.py 大小:287 字节 创建时间:2016-05-06 00:51:54 最后修改时间:2016-11-07 22:47:09 最后访问时间:2016-05-06 00:51:54

文件名:第 1 章 大小:0 字节 创建时间:2016-10-07 19:48:30 最后修改时间:2016-11-07 22:48:04 最后访问时间:2016-11-07 22:48:04

文件名:1-1 helloWorld.py 大小:34 字节 创建时间:2016-10-06 22:05:51 最后修改时间:2016-10-06 22:05:51 最后访问时间:2016-10-06 22:05:51

文件名:1-2 testIndent.py 大小:55 字节 创建时间:2016-10-06 22:07:52 最后修改时间:2016-10-06 22:07:52 最后访问时间:2016-10-06 22:07:52

文件名:第 2 章 大小:4096 字节 创建时间:2016-05-21 18:03:36 最后修改时间:2016-11-07 22:47:56 最后访问时间:2016-11-07 22:47:56

文件名:2-1 integer.py 大小:57 字节 创建时间:2016-05-21 17:52:55 最后修改时间:2016-05-21 17:52:55 最后访问时间:2016-05-21 17:52:55

文件名:2-2 string.py 大小:140 字节 创建时间:2016-05-21 17:54:43 最后修改时间:2016-05-21 17:54:43 最后访问时间:2016-05-21 17:54:43

文件名:第 3 章 大小:4096 字节 创建时间:2016-05-21 18:11:29 最后修改时间:2016-11-07 22:48:01 最后访问时间:2016-11-07 22:48:01

文件名:3-1 if.py 大小:201 字节 创建时间:2016-05-21 18:11:51 最后修改时间:2016-05-22 11:20:55 最后访问时间:2016-05-21 18:11:51

文件名:3-2 if_else.py 大小:120 字节 创建时间:2016-05-22 11:21:16 最后修改时间:2016-05-22 11:21:35 最后访问时间:2016-05-22 11:21:16

文件名:3-3 if_elif_else.py 大小:340 字节 创建时间:2016-05-22 15:11:00 最后修改时间:2016-05-22 15:11:00 最后访问时间:2016-05-22 15:11:00

10.4.2 实例：获取 MP3 文件的元数据

MP3 是人们常用的音乐格式，该音乐格式不仅可以存储音频信息，还支持存储该音频信息的元数据，以存储该音频的创作时间、艺术流派、歌手名称等信息。在代码清单 10-17 中，展示如何使用上面介绍的 Python 文件操作提取 MP3 文件的元数据。

其中，UserDict 是 Python 中字典的包装类。关于 UserDict 类的部分，由于篇幅有限，这里不进行详细介绍。UserDict 类中文件操作函数的介绍读者可以参考 Python 的开发文档。

代码清单 10-17　getMp3Metadata.py

```python
1    import os
2    import sys
3    from collections import UserDict
4
5    #一个空字符串的处理函数，将所有 00 字节的内容替换为空字符，并将前后的空字符串去掉
6    def stripnulls(data):
7        return data.replace("\00", "").strip()
8
9    #文件基类，存储文件的名称，继承自 UserDict
10   class FileInfo(UserDict):
11       #构造函数
12       def __init__(self, filename=None):
13           UserDict.__init__(self)   #调用基类构造函数
14           self["name"] = filename   #将 name 设置为 filename
15
16   #MP3 文件的信息类，用于分析 MP3 文件和存储信息
17   class MP3FileInfo(FileInfo):
18       #用于存储 MP3 的 Tag 信息
19       tagDataMap = {"title": (3, 33, stripnulls),
20                     "artist": (33, 63, stripnulls),
21                     "album": (63, 93, stripnulls),
22                     "year": (93, 97, stripnulls),
23                     "comment": (97, 126, stripnulls),
24                     "genre": (127, 128, ord)}
25
26       #解析 MP3 文件
27       def __parse(self, filename):
28           self.clear()
29           try:
30               fsock = open(filename, "rb", 0)   #打开文件
```

```
31              try:
32                  #设置文件读取的指针位置
33                  fsock.seek(-128, 2)
34                  tagdata = fsock.read(128)   #读取 128 字节的数据
35              finally:
36                  fsock.close()   #关闭文件
37              if tagdata[:3] == "TAG":  #判断是否为有效的含 Tag 的 MP3 文件
38                  #循环取出 Tag 信息的位置信息
39                  for tag, (start, end, parseFunc) in self.tagDataMap.items():
40                      #使用 parseFunc 处理 tagdata[start:end]
41                      self[tag] = parseFunc(tagdata[start:end])
42          except IOError:  #如果出现 IOError 异常，则跳过并继续执行
43              pass
44
45      #重写基类的__setitem__()方法
46      def __setitem__(self, key, item):
47          if key == "name" and item:  #如果 key 是 name，并且 item 不空
48              self.__parse(item)          #解析 MP3 文件
49          FileInfo.__setitem__(self, key, item)
50
51  #获取 directory 目录下的所有 fileExtList 格式的文件
52  def listDirectory(directory, fileExtList):
53      #列出 directory 目录下所有的文件
54      fileList = [os.path.normcase(f)
55                  for f in os.listdir(directory)]
56      fileList = [os.path.join(directory, f)
57                  for f in fileList
58                  #过滤满足 fileExtList 内一种格式的文件
59                  if os.path.splitext(f)[1] in fileExtList]
60
61      #定义一个函数，用来获取文件的信息
62      def getFileInfoClass(filename, module=sys.modules [FileInfo.__module__]):
63      #获取需要用来解析的类，如果是 MP3 文件，则结果为 MP3FileInfo，否则为 FileInfo
64          subclass = "%sFileInfo" % os.path.splitext(filename)[1].upper()[1:]
65          #返回一个类
66          return hasattr(module, subclass) and getattr(module, subclass) or FileInfo
67
68      return [getFileInfoClass(f)(f) for f in fileList]
69
70
71  if __name__ == "__main__":  #程序入口
72      #循环获取所有 MP3 文件的信息
73      for info in listDirectory("Test", [".mp3"]):
74          print("\n".join(["%s=%s" % (k, v) for k, v in info.items()]))
75          print("")
```

小结

本章首先介绍了文件的创建与读写，这是 Python 文件操作的基础，然后介绍了如何使用 Python 对文件及目录进行操作（需要注意的是，这部分操作可能因操作系统的不同而略有差别），最后介绍了如何使用 Python 中的流对象，包括标准输入流、标准输出流和日志输出流。

习题

一、选择题

1. 在 Python 中，创建或打开一个文件十分简单，使用（　　）函数就可以实现。

    A．open()　　　　　　B．close()　　　　　C．flush()　　　　　D．read()

2. 有时需要在不关闭文件的情况下将缓冲区中剩余的所有内容写入文件，即强制刷新缓冲区，这时可以使用（　　）函数来实现这一功能。

    A．open()　　　　　　B．close()　　　　　C．flush()　　　　　D．read()

3. os.path.exists(path)函数用于检查文件或目录 path 是否存在，并返回（　　　）。

    A．布尔值　　　　　　B．true　　　　　　C．false　　　　　D．绝对路径名

4. Python 提供了（　　）模块，用于比较文件或序列内容的不同。

    A．difflib　　　　　　B．glob　　　　　　C．config　　　　　D．pprint

5. stdout 是（　　），负责向控制台输出数据。

    A．标准输出流对象　　　　　　　　　　B．标准输入流对象

    C．错误日志　　　　　　　　　　　　　D．异常信息

二、判断题

1. open()函数完整的函数原型为 fileobj = open(name[, mode[, buffering]])。其中，返回值 fileobj 是 open()函数返回的文件对象。　　　　　　　　　　　　　　　（　　）

2. readlines()函数以每次一个数据的方式读取全部文件内容，并返回由单行字符串组成的列表。　　　　　　　　　　　　　　　　　　　　　　　　　　　　　　（　　）

3. os.path.isfile(path)函数用于判断参数 path 是否是文件（而不是目录）。假设当前目录存在一个名为 myFirstFile.txt 的文件，则调用 os.path.isfile('myFirstFile.txt')将返回 True。
　　　　　　　　　　　　　　　　　　　　　　　　　　　　　　　　　　（　　）

4. Python 使用标准库中的 configparser 模块来解析配置文件。　　　　　　（　　）

5. 我们仅可以使用一种方法来实现目录的遍历：自己编写递归函数。　　　（　　）

三、填空题

1. 使用限制最大字符数的 read()函数可以实现＿＿＿＿＿＿＿＿的功能，这一功能在处理大文件的场景下是十分有意义的。

2. os.path.isdir(path)函数用于判断参数 path 是否是＿＿＿＿＿＿＿＿，与 isfile()函数的作用相反。

3．os.listdir(path)函数用于列出目录中的内容，会以＿＿＿＿＿＿＿的形式返回目录中的所有内容（包括文件和目录）。

4．Differ 类以第一个文件为基准来比较两个文件内容（行的列表）并返回一个新的＿＿＿＿＿＿＿，返回结果的每行以一个符号开头。

5．如果要＿＿＿＿＿＿＿制定配置块中的某个配置项，则可以调用 remove_option()函数并传入配置块名称和配置项名称。

四、简答题

1．简述 shutil.move(src, dst)函数的用途。

2．如何进行文件扩展名的提取与修改？

3．如何实现目录的遍历？

4．简述日志文件的作用。

5．简述 Python 中实现文件的读写方法。

6．简述 open()函数中参数 mode 的意义。

7．什么是流对象？如何使用流对象？

五、实践题

1．假设有名称为 record.txt 的文件，其内容如下。

```
#name, age, score
tom, 12, 86
Lee, 15, 99
Lucy, 11, 58
Joseph, 19, 56
```

第一栏为姓名（name），第二栏为年龄（age），第三栏为得分（score），请编写程序，完成以下任务。

（1）读取文件。

（2）输出得分低于 60 的人的姓名。

（3）求出所有人的总分并输出。

（4）姓名的首字母需要大写，判断 record.txt 文件是否符合此要求，若不符合，则纠正出现错误的地方。

2．请编写程序，使用标准输入流 stdin 从控制台中读取只包含一个四则运算符的表达式（如 2+1），并使用 print 语句将表达式求值结果输出到某个文件中。（提示：重定向标准输出流为 stdout。）

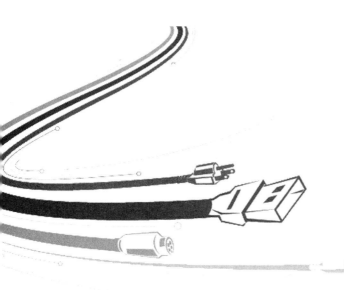

应 用 篇

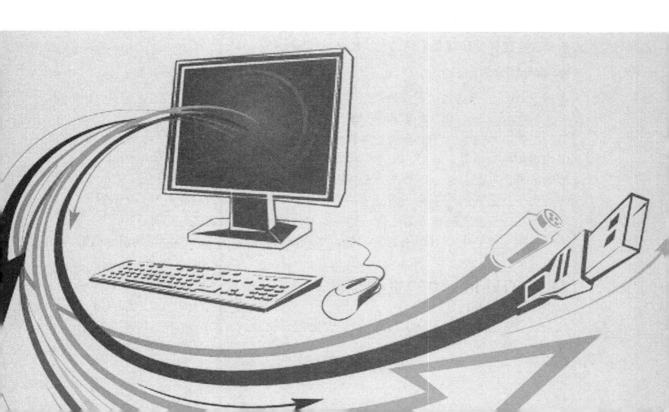

第 11 章　使用 Python 进行 GUI 开发

11.1　GUI 编程

此前的章节中的程序都是在控制台中运行且完成用户交互（如输入、输出数据）的。然而，单调的命令行界面不仅让缺乏计算机专业背景的用户难以接受，还极大地限制了程序使用效率。20 世纪 80 年代，苹果公司首先将图形化用户界面（Graphical User Interface，GUI）引入计算机领域，其提供的 Macintosh 系统以全鼠标、下拉菜单式操作和直观的图形界面，引发了微型计算机人机界面的历史性的变革。也就是说，GUI 的开发直接影响终端用户的使用感受和使用效率，是软件质量最直观的体现。

使用 Python，可以通过多种 GUI 开发库进行 GUI 开发，包括内置在 Python 中的 Tkinter，以及优秀的跨平台 GUI 开发库 PyQt 和 wxPython 等。本章将以 Tkinter 为例，介绍 Python 中的 GUI 开发。本章最后将完成一个简单的三连棋游戏的设计。

下面简要介绍两个 GUI 编程中的基础概念。

1. 窗口与组件

在 GUI 开发过程中，首先要创建一个顶层窗口，该窗口是一个容器，可以存放程序所需的各种按钮、下拉菜单、单选按钮等组件。每种 GUI 开发库都拥有大量的组件，即一个 GUI 程序就是由各种不同功能的组件组成的。

顶层窗口作为一个容器，包含了所有的组件；组件本身亦可充当一个容器，包含其他组件。这些包含其他组件的组件被称为父组件，而被包含的组件被称为子组件。这是一种相对的概念，组件的所属关系通常可以用树来表示。

2. 事件驱动与回调机制

当每个 GUI 组件都构建并布局完后，程序的界面设计阶段就算完成了。但是，此时的用户界面只能看而不能用，需要为每个组件添加相应的功能。

用户在使用 GUI 程序时，会进行各种操作，如移动鼠标、单击鼠标、按键盘上的键等，这些操作均被称为事件。同时，每个组件对应一些特有的事件，如在文本框中输入文本、拖动滚动条等。也就是说，整个 GUI 程序都是在事件驱动下完成各项功能的。GUI 程序在启动时就会一直监听这些事件，当发生某个事件时，程序会调用对应的事件处理函数并做出相应的响应，这种机制被称为回调，而事件对应的处理函数被称为回调函数。

因此，为了使一个 GUI 具有预期功能，用户需要为每个事件编写合理的回调函数。

11.2　Tkinter 中的主要组件

Tkinter 是标准的 Python GUI 库，可以帮助用户快速且容易地完成一个 GUI 应用程序的开发。使用 Tkinter 创建一个 GUI 程序只需以下几个步骤。

（1）导入 Tkinter 模块。

（2）创建 GUI 应用程序的主窗口（顶层窗口）。

（3）添加完成程序功能所需要的组件。

（4）编写回调函数。

（5）进入事件主循环，对用户触发的事件做出响应。

代码清单 11-1 展示了前两个步骤，通过这段代码可以创建如图 11-1 所示的一个空白主窗口。

代码清单 11-1　blankWindow.py

```
1   #coding:utf-8
2
3   import tkinter          #导入 Tkinter 模块
4
5   top = tkinter.Tk()      #创建 GUI 应用程序的主窗口
6   top.title("主窗口")
7   top.mainloop()          #进入事件主循环
```

图 11-1　空白主窗口

接下来将介绍如何在这个空白主窗口中构建需要的组件，而如何对这些组件与事件进行绑定将在 11.3 节中以实例的形式展示。

11.2.1　标签

标签（Label）是用来显示图片和文本的组件，可以为一些组件添加需要显示的文本。下面将为前面创建的主窗口添加一个标签，并在该标签中显示两行文字，如代码清单 11-2 所示。

代码清单 11-2　testLabel.py

```
1   #coding:utf-8
2
3   from tkinter import *
4
```

```
5    top = Tk()
6    top.title("主窗口")
7    label = Label(top, text="Hello World,\nfrom Tkinter")    #创建标签组件
8    label.pack()                                              #显示组件
9    top.mainloop()                                            #进入事件主循环
```

代码清单 11-2 的运行结果如图 11-2 所示。值得一提的是，text 只是 Label 的一个属性。如同其他组件一样，Label 还提供了很多设置，可以改变其外观或行为，具体细节可以参考 Python 开发者文档。

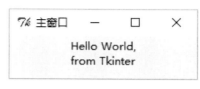

图 11-2　标签

11.2.2　框架

框架（Frame）是其他组件的一个容器，通常用来包含一组控件的主体。用户可以定制框架的外观。代码清单 11-3 展示了如何定义不同样式的框架。

代码清单 11-3　testFrame.py

```
1    #coding:utf-8
2
1    from tkinter import *
2
3    top = Tk()
4    top.title("主窗口")
5    for relief_setting in ["raised", "flat", "groove", "ridge", "solid", "sunken"]:
6        frame = Frame(top, borderwidth=2, relief=relief_setting)    #定义框架
7        Label(frame, text=relief_setting, width=10).pack()
8        #显示框架，并将其设定向左排列，左右、上下均间隔 5px
9        frame.pack(side=LEFT, padx=5, pady=5)
10   top.mainloop()    #进入事件主循环
```

代码清单 11-3 的运行结果如图 11-3 所示。我们可以通过这一列并排的框架看到不同样式的区别。为了显示浮雕模式的效果，必须将宽度 borderwidth 设置为大于 2 的值。

图 11-3　框架

11.2.3　按钮

按钮（Button）是接收单击事件的组件。用户可以使用按钮的 command 属性为每个按钮绑定一个回调程序，用于处理单击按钮时的事件响应，也可以通过 state 属性禁用一个按

钮的单击行为。代码清单 11-4 展示了这个功能。

代码清单 11-4 testButton.py

```
1   #coding:utf-8
2
3   from tkinter import *
4
5   top = Tk()
6   top.title("主窗口")
7   bt1 = Button(top, text="禁用", state=DISABLED)     #将按钮设置为禁用状态
8   bt2 = Button(top, text="退出", command=top.quit)   #设置回调函数
9   bt1.pack(side=LEFT)
10  bt2.pack(side=LEFT)
11  top.mainloop()                                     #进入事件主循环
```

代码清单 11-4 的运行结果如图 11-4 所示。其中，可以明显地看出"禁用"按钮是灰色的，并且单击该按钮不会有任何反应；"退出"按钮被绑定了 top.quit()回调函数，当单击该按钮后，主窗口会从事件主循环 mainloop 中退出。

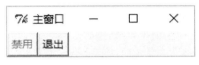

图 11-4 按钮

11.2.4 输入框

输入框（Entry）是用来接收用户文本输入的组件。代码清单 11-5 展示了一个构建登录界面的程序。

代码清单 11-5 testEntry.py

```
1   #coding:utf-8
2
3   from tkinter import *
4
5   top = Tk()
6   top.title("登录")
7   #第一行框架
8   f1 = Frame(top)
9   Label(f1, text="用户名").pack(side=LEFT)
10  E1 = Entry(f1, width=30)
11  E1.pack(side=LEFT)
12  f1.pack()
13  #第二行框架
14  f2 = Frame(top)
15  Label(f2, text="密  码").pack(side=LEFT)
16  E2 = Entry(f2, width=30)
17  E2.pack(side=LEFT)
```

```
18   f2.pack()
19   #第三行框架
20   f3 = Frame(top)
21   Button(f3, text="登录").pack()
22   f3.pack()
23   top.mainloop()
```

代码清单 11-5 的运行效果如图 11-5 所示。在上面的程序中，利用了框架来布局其他的组件。在前两个框架组件中，分别加入了标签和输入框组件，用于提示并接收用户文本输入。在最后一个框架组件中，加入了登录按钮。

图 11-5　登录界面

与按钮相同，可以通过将 state 属性设置为 DISABLED 的方式禁用输入框，以禁止用户输入或修改输入框中的内容，这里不再赘述。

11.2.5　单选按钮与复选按钮

单选按钮（Radiobutton）和复选按钮（Checkbutton）是供用户进行选择输入的两种组件。前者是排他性选择，即用户只能选择一组选项中的一个选项；后者可以支持用户选择一组选项中的多个选项。单选按钮和复选按钮的创建方式略有不同：当创建一组单选按钮时，必须将这组单选按钮与一个相同的变量进行关联，以设定或获得单选按钮组当前的选中状态；当创建一个复选按钮时，需要将每个选项与一个不同的变量进行关联，以表示每个选项的选中状态。这两种按钮也可以通过其 state 属性被设置为禁用。

单选按钮的实例如代码清单 11-6 所示。

代码清单 11-6　testRadioButton.py

```
1    #coding:utf-8
2
3    from tkinter import *
4
5    top = Tk()
6    top.title("单选按钮")
7    f1 = Frame(top)
8    choice = IntVar(f1)   #定义动态绑定变量
9    for txt, val in [('1', 1), ('2', 2), ('3', 3)]:
10       #将所有的选项与变量 choice 进行绑定
11       r = Radiobutton(f1, text=txt, value=val, variable=choice)
12       r.pack()
13
```

```
14   choice.set(1)   #设定默认选项
15   Label(f1, text="您选择了: ").pack()
16   Label(f1, textvariable=choice).pack()   #将标签与变量动态进行绑定
17   f1.pack()
18   top.mainloop()
```

在这个例子中，将变量 choice 与 3 个单选按钮进行绑定实现了一个单选框的功能。同时，变量 choice 通过动态标签属性 textvariable 与一个标签进行绑定，当选中不同选项时，变量 choice 的值会发生变化，并在标签中动态地显示出来。如图 11-6 所示，选中第二个选项，最下方的标签会更新为 2。

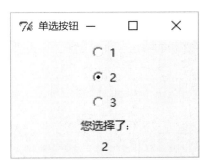

图 11-6   单选按钮

复选按钮的实例如代码清单 11-7 所示。

代码清单 11-7   testCheckButton.py

```
1    #coding:utf-8
2
3    from tkinter import *
4
5    top = Tk()
6    top.title("复选按钮")
7    f1 = Frame(top)
8    choice = {}   #存放绑定变量的字典
9    cstr = StringVar(f1)
10   cstr.set("")
11
12   def update_cstr():
13       #被选中选项的列表
14       selected = [str(i) for i in [1, 2, 3] if choice[i].get() == 1]
15       #设置动态字符串 cstr，用逗号连接选中的选项
16       cstr.set(",".join(selected))
17
18   for txt, val in [('1', 1), ('2', 2), ('3', 3)]:
19       ch = IntVar(f1)        #建立与每个选项绑定的变量
20       choice[val] = ch       #将绑定的变量加入 choice 字典
21       r = Checkbutton(f1, text=txt, variable=ch, command=update_cstr)
22       r.pack()
23
```

```
24    Label(f1, text="您选择了: ").pack()
25    Label(f1, textvariable=cstr).pack()        #将标签与变量字符串 cstr 进行绑定
26    f1.pack()
27    top.mainloop()
```

在这个例子中，分别将 3 个不同的变量与 3 个复选按钮进行绑定，并为每个复选按钮设置了 update_cstr()回调函数。当选中一个复选按钮时，会触发 update_cstr()回调函数，该函数会根据与每个选项绑定变量的值确定其是否被选中（当某个项被选中时，其对应的变量值为 1，否则为 0），并将选中结果保存在以逗号分隔的动态字符串 cstr 中，最终会在标签中显示该字符串。如图 11-7 所示，选中了 2 和 3 两个选项，在最下方的标签中就会显示这两个选项被选中的信息。

图 11-7　复选按钮

11.2.6　列表框与滚动条

列表框（Listbox）会用列表的形式展示多个选项供用户选择。同时，在某些情况下这个列表会比较长，所以可以为列表框添加一个滚动条（Scrollbar）以处理界面无法显示的情况。代码清单 11-8 是一个简单的列表框与滚动条例子，运行结果如图 11-8 所示。

代码清单 11-8　testListbox.py

```
1     #coding:utf-8
2
3     from tkinter import *
4
5     top = Tk()
6     top.title("列表框")
7     scrollbar = Scrollbar(top)                   #创建滚动条
8     scrollbar.pack(side=RIGHT, fill=Y)           #设置滚动条布局
9     #将列表与滚动条进行绑定，并加入主窗口
10    mylist = Listbox(top, yscrollcommand=scrollbar.set)
11    for line in range(20):
12        mylist.insert(END, str(line))            #向列表尾部插入元素
13
14    mylist.pack(side=LEFT, fill=BOTH)            #设置列表布局
15    scrollbar.config(command=mylist.yview)       #将滚动条行为与列表进行绑定
16
17    mainloop()
```

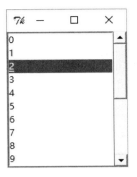

图 11-8　列表框与滚动条

11.2.7　画布

使用 create_rectangle()、create_oval()、create_arc()、create_plolygon()和 create_line()函数可以分别在画布上绘制出矩形、椭圆、圆弧、多边形和线段。

代码清单 11-9 展示了如何使用画布。程序显示了一个矩形、一个椭圆、一段圆弧、一个多边形、两条线段和一个字符串。这些对象都由按钮控制。代码清单 11-9 的运行结果如图 11-9 所示。

代码清单 11-9　canvasDemo.py

```
1    from tkinter import *
2
3
4    class CanvasDemo:
5      def __init__(self):
6          window = Tk()
7          window.title('Canvas Demo')   #设置标题
8
9          #放置画布
10         self.canvas = Canvas(window, width=200, height=100, bg='white')
11         self.canvas.pack()
12
13         #放置按钮
14         frame = Frame(window)
15         frame.pack()
16         btRectangle = Button(frame, text='Rectangle',
17                         command=self.displayRect)
18         btOval = Button(frame, text='Oval',
19                     command=self.displayOval)
20         btArc = Button(frame, text='Arc',
21                     command=self.displayArc)
22         btPolygon = Button(frame, text='Polygon',
23                       command=self.displayPolygon)
24         btLine = Button(frame, text='Line',
25                     command=self.displayLine)
26         btString = Button(frame, text='String',
```

```
27                            command=self.displayString)
28          btClear = Button(frame, text='Clear',
29                            command=self.clearCanvas)
30          btRectangle.grid(row=1, column=1)
31          btOval.grid(row=1, column=2)
32          btArc.grid(row=1, column=3)
33          btPolygon.grid(row=1, column=4)
34          btLine.grid(row=1, column=5)
35          btString.grid(row=1, column=6)
36          btClear.grid(row=1, column=7)
37
38          window.mainloop()    #进入事件主循环
39
40      #显示矩形
41      def displayRect(self):
42          self.canvas.create_rectangle(10, 10, 190, 90,
43                                      tags='rect')
44
45      #显示椭圆
46      def displayOval(self):
47          self.canvas.create_oval(10, 10, 190, 90,
48                                  fill='red', tags='oval')
49
50      #显示圆弧
51      def displayArc(self):
52          self.canvas.create_arc(10, 10, 190, 90,
53              start=0, extent=90, width=8, fill='red', tags='arc')
54
55      #显示多边形
56      def displayPolygon(self):
57          self.canvas.create_polygon(10, 10, 190, 90, 30, 50,
58                                      tags='polygon')
59
60      #显示线段
61      def displayLine(self):
62          self.canvas.create_line(10, 10, 190, 90,
63                                  fill='red', tags='line')
64          self.canvas.create_line(10, 90, 190, 10, width=9,
65              arrow='last', activefill='red', tags='line')
66
67      #显示字符串
68      def displayString(self):
69          self.canvas.create_text(60, 40, text='Hi, Canvas',
70              font="Times 10 bold underline", tags='string')
71
72      #清空画布
73      def clearCanvas(self):
```

```
74          self.canvas.delete('rect', 'oval', 'arc', 'polygon', 'line',
                  'string')
75
76  CanvasDemo()
```

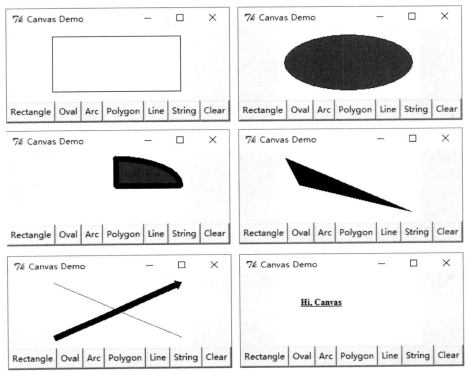

图 11-9　画布

11.2.8　标准对话框

下面介绍 Tkinter 的标准对话框（通常被简称为对话框）。代码清单 11-10 展示了使用这些对话框的例子。代码清单 11-10 的运行结果如图 11-10 所示。

代码清单 11-10　dialogDemo.py

```
1   from tkinter import messagebox
2   from tkinter import simpledialog
3
4   #普通信息对话框
5   messagebox.showinfo("showinfo", "This is an info message.")
6   #警告对话框
7   messagebox.showwarning("showwarning", "This is a warning.")
8   #错误对话框
9   messagebox.showerror("showerror", "This is an error.")
10  #是否对话框
11  isYes = messagebox.askyesno("askyesno" < "Continue?")
12  print(isYes)
```

```
13    #确定/取消对话框
14    isOK = messagebox.askokcancel("askokcancle", "OK?")
15    print(isOK)
16    #是/否/取消对话框
17    isYesNoCancle = messagebox.askyesnocancel("askyesnocancel",
18                                    "Yes, No, Cancle?")
19    print(isYesNoCancle)
20    #填写信息对话框
21    name = simpledialog.askstring("asksttring", "Enter you name")
22    print(name)
```

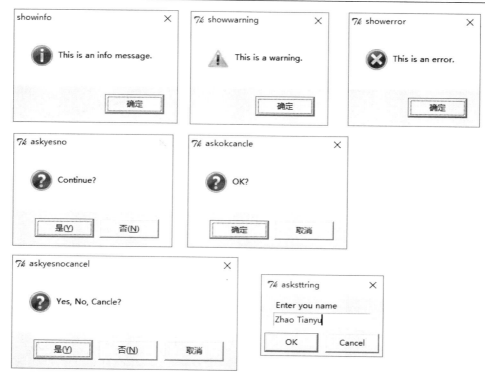

图 11-10　标准对话框

程序调用 showinfo()、showwarning() 和 showerror() 函数来显示一条消息（第 5 行）、一个警告（第 7 行）和一个错误（第 9 行）。这些函数都被定义在 messagebox 模块中。

askyesno() 函数在对话框中显示"是"和"否"按钮（第 11 行）。如果单击"是"按钮，则该函数返回 True；如果单击"否"按钮，则该函数返回 False。

askokcancle() 函数在对话框中显示"确定"和"取消"按钮（第 14 行）。如果单击"确定"按钮，则该函数返回 True；如果单击"取消"按钮，则该函数返回 False。

askyesnocancle() 函数（第 17 行和第 18 行）在对话框中显示"是"、"否"和"取消"按钮。如果单击"是"按钮，则该函数返回 True；如果单击"否"按钮，则该函数返回 False；如果单击"取消"按钮，则该函数返回 None。

askstring() 函数（第 21 行）会在单击"确定"按钮时返回对话框中输入的字符串，在单击"取消"按钮时返回 None。

由于篇幅所限，一些本节没有介绍的组件（如菜单）和相关组件的设置将通过 11.3 节的实例向读者展示。更多的组件及细节读者可以参考 Python 的官方文档。

11.3　实例：使用 Tkinter 进行 GUI 编程——三连棋游戏

本节将通过一个真实的项目帮助读者进一步掌握使用 Tkinter 进行 GUI 编程。这个项目是一个简单的三连棋游戏，与五子棋类似，游戏规则为：两个玩家在一个 3×3 的棋盘上交替落子，首先在横、竖或对角线方向连满三个棋子的玩家胜利。

在开发这个项目的过程中，应首先设计用户界面，然后创建菜单和游戏面板，最后连接用户界面与游戏逻辑。这个过程体现了模型-视图-控制器（MVC）的设计模式。其中，用户界面被称为视图，游戏逻辑层和数据层被称为模型，控制器中的代码负责视图和模型间的交互及依赖关系。MVC 的设计模式在软件开发领域十分普遍和重要，在第 13 章 Web 开发的介绍中将向读者展示这种模式。

11.3.1　设计用户界面

在创建一个 GUI 之前，首先要给出一个设计草图，指明在界面中应该添加哪些组件，以及如何排列这些组件。

在三连棋游戏中，应该包括一个菜单和一个游戏面板。菜单中包括"文件"和"帮助"两个子菜单。前者包括"新游戏"、"恢复"、"保存"和"退出"菜单项，而后者包括"帮助"和"关于"菜单项。游戏面板主要包括由 9 个按钮构成的 3×3 棋盘和一个位于窗口底端的状态栏。三连棋游戏的布局方式如图 11-11 所示。

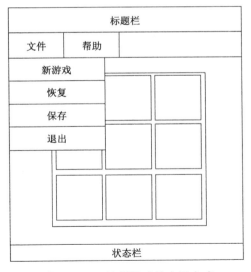

图 11-11　三连棋游戏的布局方式

11.3.2　创建菜单

相比 11.2 节中介绍的组件，Tkinter 中菜单（Menu）的创建要稍微复杂一些。为了创建一个菜单，需要做以下操作。

（1）创建菜单对象。

（2）创建子菜单对象。

（3）利用子菜单的 add_command()方法添加菜单项，并绑定回调函数。

（4）利用菜单的 add_cascade()方法将子菜单添加到菜单中。

（5）绑定菜单对象与主窗口。

通过代码清单 11-11，可以为三连棋游戏创建菜单，运行效果如图 11-12 所示。

代码清单 11-11 testMenuBar.py

```
1   #coding:utf-8
2
3   import tkinter as tk
4   import messagebox as mb   #导入消息框
5
6   top = tk.Tk()
7
8
9   def buildMenu(parent):
10      menus = (
11          ("文件", (("新游戏", evNew),
12                  ("恢复", evResume),
13                  ("保存", evSave),
14                  ("退出", evExit))),
15          ("帮助", (("帮助", evHelp),
16                  ("关于", evAbout)))
17      )
18      #创建菜单对象
19      menubar = tk.Menu(parent)
20      for menu in menus:
21          #创建子菜单对象
22          m = tk.Menu(parent)
23          for item in menu[1]:
24              #向子菜单中添加菜单项
25              m.add_command(label=item[0], command=item[1])
26          #向菜单中添加子菜单（"文件"和"帮助"）
27          menubar.add_cascade(label=menu[0], menu=m)
28      return menubar
29
30  def dummy():
31      mb.showinfo("Dummy", "Event to be done")
32
33  evNew = dummy
34  evResume = dummy
35  evSave = dummy
36  evExit = top.quit
37  evHelp = dummy
```

```
38    evAbout = dummy
39    #创建菜单
40    mbar = buildMenu(top)
41    #将菜单与主窗口绑定
42    top["menu"] = mbar
43    tk.mainloop()
```

图 11-12　三连棋游戏的菜单

在上面的程序中，首先将菜单定义在一个嵌套元组 menus 中，然后使用循环的方式将菜单项加入子菜单，以及将子菜单加入菜单。这种方式可以为用户避免大量重复代码的输入。需要说明的是，本节没有实现菜单项的具体功能，除"退出"以外的菜单项都只与一个 dummy()测试函数进行绑定，在 11.3.4 节中将实现这些菜单项的功能。

11.3.3　创建游戏面板

在创建完菜单后，就要开始创建游戏面板了。首先，应创建一个框架作为游戏面板的容器；然后，在该框架中依次构建由九个按钮组成的棋盘和一个标签充当的状态栏。同样，本节只创建游戏面板的界面，而没有实现界面中按钮的功能，这些按钮的单击事件都与一个 evClick()测试函数进行绑定。

代码清单 11-12 展示了创建游戏面板的部分代码，这里只列出了较前一节新增的部分，运行效果如图 11-13 所示。

代码清单 11-12　testBoard.py

```
1     #coding:utf-8
2
3     import tkinter as tk
4     import messagebox as mb
5
6     top = tk.Tk()
7
8     def evClick(row, col):
9         mb.showinfo("单元格", "被单击的单元格：行：{}，列：{}".format(row, col))
10
11    def buildBoard(parent):
```

```
12        outer = tk.Frame(parent, border=2, relief="sunken")
13        inner = tk.Frame(outer)
14        inner.pack()
15        #创建棋盘上的按钮（棋子）
16        for row in range(3):
17            for col in range(3):
18                cell = tk.Button(inner, text=" ", width="5", height="2",
19                                 command=lambda r=row, c=col: evClick(r, c))
20                cell.grid(row=row, column=col)
21        return outer
22
23    #创建棋盘
24    board = buildBoard(top)
25    board.pack()
26    #创建状态栏
27    status = tk.Label(top, text="测试", border=0,
28                      background="lightgrey", foreground="red")
29    status.pack(anchor="s", fill="x", expand=True)
30    tk.mainloop()
```

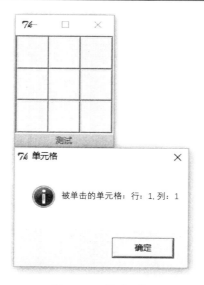

图 11-13　游戏面板

11.3.4　连接用户界面与游戏逻辑

由于本项目采取了 MVC 的设计模式，可以将表示层（用户界面）和逻辑层（游戏逻辑）的开发过程分开，因此 11.3.2 节和 11.3.3 节只创建了用户界面，而没有实现任何功能。本节将先给出游戏逻辑的实现，再重点介绍如何连接用户界面与游戏逻辑，以构成一个完整的 GUI 程序。

代码清单 11-13 给出的 oxo_data 模块主要负责游戏数据的保存与读取，代码清单 11-14 给出的 oxo_logic 模块主要负责游戏的逻辑。

代码清单 11-13　oxo_data.py

```python
1    #coding:utf-8
2
3    import os.path
4
5    game_file = "oxogame.dat"
6
7    #获取文件路径以保存和读取游戏
8    def _getPath():
9        try:
10           game_path = os.environ['HOMEPATH'] or os.environ['HOME']
11           if not os.path.exists(game_path):
12               game_path = os.getcwd()
13       except (KeyError, TypeError):
14           game_path = os.getcwd()
15       return game_path
16
17   #将游戏保存到文件中
18   def saveGame(game):
19       path = os.path.join(_getPath(), game_file)
20       try:
21           with open(path, 'w') as gf:
22               gamestr = ''.join(game)
23               gf.write(gamestr)
24       except FileNotFoundError:
25           print("Failed to save file")
26
27   #从文件中恢复游戏对象
28   def restoreGame():
29       path = os.path.join(_getPath(), game_file)
30       with open(path) as gf:
31           gamestr = gf.read()
32           return list(gamestr)
```

代码清单 11-14　oxo_logic.py

```python
1    #coding:utf-8
2
3    import random
4    import oxo_data
5
6
7    #返回一个新游戏
8    def newGame():
9        return list(" " * 9)
10
11   #保存游戏
12   def saveGame(game):
```

```
13        ' save game to disk '
14        oxo_data.saveGame(game)
15
16   #恢复存档游戏，若没有存档，则返回新游戏
17   def restoreGame():
18       try:
19            game = oxo_data.restoreGame()
20            if len(game) == 9:
21                return game
22            else:
23                return newGame()
24       except IOError:
25            return newGame()
26
27   #随机返回一个空的可用棋盘位置，若棋盘已满，则返回-1
28   def _generateMove(game):
29       options = [i for i in range(len(game)) if game[i] == " "]
30       if options:
31            return random.choice(options)
32       else:
33            return -1
34
35   #判断玩家是否胜利
36   def _isWinningMove(game):
37       wins = ((0, 1, 2), (3, 4, 5), (6, 7, 8),
38                (0, 3, 6), (1, 4, 7), (2, 5, 8),
39                (0, 4, 8), (2, 4, 6))
40       for a, b, c in wins:
41            chars = game[a] + game[b] + game[c]
42            if chars == 'XXX' or chars == 'OOO':
43                return True
44       return False
45
46   def userMove(game, cell):
47       if game[cell] != ' ':
48            raise ValueError('Invalid cell')
49       else:
50            game[cell] = 'X'
51       if _isWinningMove(game):
52            return 'X'
53       else:
54            return ""
55
56   def computerMove(game):
57       cell = _generateMove(game)
58       if cell == -1:
59            return 'D'
```

```
60          game[cell] = 'O'
61          if _isWinningMove(game):
62              return 'O'
63          else:
64              return ""
```

在开发完游戏逻辑部分之后，需要将用户界面与实际功能进行连接。此游戏主要通过编写绑定在棋盘按钮上的 evClick() 函数来实现。此外，这里没有做一些细节处理，如菜单事件处理程序的填充、状态栏内容的更新等。关于这些细节处理读者可以在代码清单 11-15 的主模块中看到。

代码清单 11-15 tictactoe.py

```python
1    #coding:utf-8
2
3    import tkinter as tk
4    import messagebox as mb
5    import oxo_logic   #游戏逻辑
6
7    top = tk.Tk()
8
9    #创建菜单
10   def buildMenu(parent):
11       menus = (
12           ("文件", (("新游戏", evNew),
13                    ("恢复", evResume),
14                    ("保存", evSave),
15                    ("退出", evExit))),
16           ("帮助", (("帮助", evHelp),
17                    ("关于", evAbout)))
18       )
19       menubar = tk.Menu(parent)
20       for menu in menus:
21           m = tk.Menu(parent)
22           for item in menu[1]:
23               m.add_command(label=item[0], command=item[1])
24           menubar.add_cascade(label=menu[0], menu=m)
25       return menubar
26
27   #新游戏事件
28   def evNew():
29       status['text'] = "游戏中"
30       game2cells(oxo_logic.newGame())
31
32   #恢复游戏事件
33   def evResume():
34       status['text'] = "游戏中"
35       game = oxo_logic.restoreGame()
```

```
36          game2cells(game)
37
38      #保存游戏事件
39      def evSave():
40          game = cells2game()
41          oxo_logic.saveGame(game)
42
43      #退出游戏事件
44      def evExit():
45          if status['text'] == "游戏中":
46              if mb.askyesno("退出", "是否想在退出前保存？"):
47                  evSave()
48          top.quit()
49
50      #帮助事件
51      def evHelp():
52          mb.showinfo("帮助", '''
53      文件->新游戏：  开始一局新游戏
54      文件->恢复：恢复上次保存的游戏
55      文件->保存：保存现在的游戏
56      文件->退出：退出游戏
57      帮助->帮助：帮助
58      帮助->关于：展示程序开发者信息''')
59
60      #关于事件
61      def evAbout():
62          mb.showinfo("关于", "由 ztypl 开发的 GUI 演示程序")
63
64      #单击事件
65      def evClick(row, col):
66          if status['text'] == "游戏结束":
67              mb.showerror("游戏结束", "游戏结束！")
68              return
69          game = cells2game()
70          index = (3 * row) + col
71          result = oxo_logic.userMove(game, index)
72          game2cells(game)
73
74          if not result:
75              result = oxo_logic.computerMove(game)
76              game2cells(game)
77          if result == "D":
78              mb.showinfo("结果", "平局！")
79              status['text'] = "游戏结束！"
80          else:
81              if result == "X" or result == "O":
82                  mb.showinfo("游戏结果", "胜方是：{}".format(result))
```

```
83              status['text'] = "游戏结束"
84
85
86  def game2cells(game):
87      table = board.pack_slaves()[0]
88      for row in range(3):
89          for col in range(3):
90              table.grid_slaves(row=row,
91                          column=col)[0]['text'] = game[3 * row + col]
92
93
94  def cells2game():
95      values = []
96      table = board.pack_slaves()[0]
97      for row in range(3):
98          for col in range(3):
99              values.append(table.grid_slaves(row=row, column=col)[0] ['text'])
100         return values
101
102     #创建游戏面板
103     def buildBoard(parent):
104         outer = tk.Frame(parent, border=2, relief="sunken")
105         inner = tk.Frame(outer)
106         inner.pack()
107
108         for row in range(3):
109             for col in range(3):
110                 cell = tk.Button(inner, text=" ", width="5", height="2",
111                             command=lambda r=row, c=col: evClick(r, c))
112                 cell.grid(row=row, column=col)
113         return outer
114
115
116     #创建菜单
117     mbar = buildMenu(top)
118     top["menu"] = mbar
119     #创建棋盘
120     board = buildBoard(top)
121     board.pack()
122     #创建状态栏
123     status = tk.Label(top, text="游戏中", border=0,
124                     background="lightgrey", foreground="red")
125     status.pack(anchor="s", fill="x", expand=True)
126     #进入事件主循环
127     tk.mainloop()
```

最终的游戏界面如图 11-14 所示。

图 11-14　最终的游戏界面

小结

本章主要介绍了如何使用 Python 进行 GUI 编程。本章首先简单介绍了 GUI 编程的两组重要概念——窗口与组件、事件驱动与回调机制；然后介绍了 Tkinter 中的主要组件，并以三连棋游戏为例，向读者展示了如何使用 Tkinter 进行 GUI 编程。

习题

一、选择题

1. 在下列选项中，（　　）属于 Tkinter 的组件。
    A．窗口　　　　　　　B．按钮　　　　　　　C．句柄　　　　　　　D．图像
2. 在下列选项中，（　　）不属于事件。
    A．鼠标单击　　　　　　　　　　　B．窗口图片改变
    C．文本框输入　　　　　　　　　　D．拖动滚动条
3. 在下列选项中，（　　）不是使用 Tkinter 创建一个 GUI 程序的必要步骤。
    A．带入 Tkinter 模块
    B．创建 GUI 程序的主窗口
    C．添加所需组件
    D．设计组件的布局和样式
4. 在画布组件上可以完成（　　）操作。
    A．绘制矩形　　　B．绘制椭圆　　　C．绘制圆弧　　　D．ABC
5. 在下列选项中，（　　）是基于 Python 的 GUI 开发库。
    A．Tkinter　　　　　B．wxPython　　　　C．PyQT　　　　D．ABC

二、判断题

1. GUI 的开发直接影响终端用户的使用感受和使用效率，是软件质量最直观的体现。

　　　　　　　　　　　　　　　　　　　　　　　　　　　　　　　　（　　）

2. 整个 GUI 程序都是在事件驱动下完成各项功能的。　　　　　　　　　（　　）

3. Tkinter 不是 Python 标准库。　　　　　　　　　　　　　　　　　（　　）

4. 三连棋游戏设计采用了 MVC 的设计模式。其中，游戏界面被称为模型，游戏逻辑层和数据层被称为视图。　　　　　　　　　　　　　　　　　　　　　　（　　）

5. 每种 GUI 开发库都拥有大量的组件，即一个 GUI 程序是由各种不同功能的组件组成的。　　　　　　　　　　　　　　　　　　　　　　　　　　　　　　（　　）

三、填空题

1. 20 世纪 80 年代，苹果公司首先将＿＿＿＿＿＿＿＿引入计算机领域，其提供的 Macintosh 系统以全鼠标、下拉菜单式操作和直观的图形界面，引发了微型计算机人机界面的历史性的变革。

2. GUI 程序在启动时就会一直监听事件，当发生某个事件时，程序会调用对应的事件处理函数并做出相应的响应，这种机制被称为＿＿＿＿＿＿＿＿。

3. 使用＿＿＿＿＿＿＿＿函数可以在画布上绘制一个线段。

4. 在 MVC 模型中用户界面被称为＿＿＿＿＿＿＿＿。

5. ＿＿＿＿＿＿＿＿支持用户选择多个选项。

四、简答题

1. 以 11.3 节中的三连棋游戏项目为例简述组件、事件和事件回调机制的概念。

2. 简述使用 Python 进行 GUI 编程的主要步骤。

3. 简述单选按钮和复选按钮之间的区别。

4. 简述 MVC 设计模式，并在三连棋游戏项目中进行具体举例解释。

5. 简述三连棋游戏的整体结构。

五、实践题

1. 编写一个具有图形化界面的五子棋游戏。

2. 查阅基于哈夫曼编码的压缩算法，将其改写成一个具有图形化界面的压缩工具。

第 12 章 使用 Python 进行数据管理

12.1 引言

在当今社会环境下，各个领域都在产生大量的数据，如财务数据、医疗数据、社交网络数据等。在这些领域中，数据的分析和管理具有不可替代的作用。本章将首先介绍如何使用持久化模块持久化地存储程序中的数据对象，然后展示如何使用 Python 中的 itertools 模块对数据进行处理和分析，最后介绍如何在 Python 中使用一种更为高级的数据管理工具——数据库，以满足更为复杂的数据管理需求。

本章将以一个教务信息数据集为例，展示各项数据分析和管理功能。

教务信息数据集由 3 部分组成：学生信息列表 student、课程信息列表 course 和选课信息列表 election。在代码清单 12-1 中，以嵌套列表的形式给出这 3 部分数据的定义。

代码清单 12-1　data.py

```
1    #coding:utf-8
2    #学号、姓名、年级、入学成绩
3    student = [
4        ['12091101', "小明", 4, 500],
5        ['14011002', "小王", 2, 520],
6        ['13091101', "小明", 3, 510],
7        ['12081219', "小张", 4, 520],
8        ['13101004', "小田", 3, 530],
9        ['12111103', "小李", 4, 470],
10   ]
11   #课程号、课程名
12   course = [
13       ['1', "数据库原理"],
14       ['2', "Python 程序设计"],
15       ['3', "离散数学"],
16       ['4', "数字电路"],
17       ['5', "模拟电路"]
18   ]
19   #选课编号、学号、课程号、成绩
20   election = [
21       ['1', '12091101', '1', 90],
22       ['2', '12091101', '2', 80],
23       ['3', '13091101', '1', 97],
24       ['4', '13091101', '2', 96],
25       ['5', '13091101', '4', 96],
```

```
26        ['6', '13091101', '5', 95],
27        ['7', '12081219', '2', 96],
28        ['8', '12081219', '4', 98],
29        ['9', '13101004', '4', 98],
30        ['10', '12111103', '3', 78],
31    ]
```

12.2　数据对象的持久化

在很多场景中，用户希望保存程序中的数据对象，以供下次运行或其他程序使用，这种功能需求被称为数据持久化。本节将分别介绍如何使用 pickle、json 和 shelve 三个模块对数据对象进行持久化存储和随机读取。

12.2.1　使用 pickle 模块存取对象

pickle 模块的功能是将 Python 对象转换为二进制字节序列并存储在文件中。被 pickle 模块转换的对象包括基本数据类型、系统和用户自定义的类对象，甚至包括列表、元组等容器对象。pickle 模块的使用十分简单，使用通过其 dump(data, file)函数即可将数据对象 data 存储在 file 文件对象中，而使用 load(file)函数可以读取保存在 file 中的持久化数据对象。

下面的代码将教务信息数据集中的学生信息列表 student 存储到 student.dat 文件中：

```
import data,pickle
student_file = open("student.dat","wb")        #二进制写模式
pickle.dump(data.student,student_file)         #持久化存储列表 data.student
student_file.close()
```

下面从 student.dat 文件中读取学生信息列表 student，以测试数据持久化的效果。

```
with open("student.dat", "rb") as student_file:
    student = pickle.load(student_file)
```

此时，学生信息列表 student 被原样取出。然而，这里存在一个问题，存储在文件中的数据对象只能一次性地被读入内存，而不支持随机访问其中一条数据。假设有上万条学生信息，而经常一次只需访问几位学生的信息，这时一次读入全部文件的方式会显得十分笨拙且低效。为解决这个问题，可以使用 12.2.3 节中的 shelve 模块实现持久化对象的随机读取。

12.2.2　使用 json 模块进行数据序列化与反序列化

json 模块支持将数据按照 JSON 格式序列化后存储入文件，或者从具有 JSON 格式的文件中读取数据。json 模块提供了 dump()、load()等函数进行数据处理，使用方法和功能与 pickle 模块的非常相似，但两个模块在数据可互操作性与可读性方面存在差异。经过 json 模块转化的数据可以被非 Python 程序读取和使用，而 pickle 模块所使用的数据格式仅限 Python 使用。此外，json 模块采用文本序列化格式对数据进行编码，转化后的数据可以直接阅读；pickle 模块使用二进制格式来存储数据，经过 pickle 模块转化的数据文件通常难以

理解。相比 pickle 模块，json 模块在进行数据处理时具有更高的安全性，当用户需要对不信任的数据进行反序列化操作时，使用 json 模块可以避免产生安全漏洞。

使用 json 模块将教务信息数据集中的选课信息列表 election 存储到 ele.json 文件中。

```
import data
import json
ele_file = open('ele.json', 'w+')
#dump()函数的参数 indent 用于存储时的格式美化，传入的非负整数规定了缩进等级
json.dump(data.election, ele_file, indent=4)
ele_file.close()
```

下面使用 load()函数读取序列化后的 JSON 数据。

```
with open('ele.json', 'r') as f:
    ele = json.load(f)
```

json 模块还提供了 dumps()和 loads()函数，用于 Python 对象与具有 JSON 格式字符串（str）的相互转化，具体如代码清单 12-2 所示。

代码清单 12-2　testJson.py

```
1    import json
2
3    dic = {
4        'a': "Python",
5        'b': "C++",
6        'c': "Java",
7        'd': "SQL"
8    }
9    language = json.dumps(dic)    #将 dic 字典按照 JSON 格式序列化为 str 类型的数据
10   print("序列化后的 dic: %s" % language)
11   print("序列化后的数据类型: %s" % type(language))
12
13   json_str = """
14       {
15       "Python":"a",
16       "C++":"b",
17       "Java":"c",
18       "SQL":"d"
19   }
20   """    #json_str 是具有 JSON 格式的字符串
21   form = json.loads(json_str)    #将字符串 json_str 反序列化为 Python 对象
22   print("反序列化后的 json_str: %s" % form)
23   print("反序列化后的数据类型: %s" % type(form))
```

【输出结果】

```
序列化后的 dic: {"a": "Python", "b": "C++", "c": "Java", "d": "SQL"}
序列化后的数据类型: <class 'str'>
反序列化后的 json_str: {'Python': 'a', 'C++': 'b', 'Java': 'c', 'SQL': 'd'}
反序列化后的数据类型: <class 'dict'>
```

12.2.3　使用 shelve 模块随机访问对象

shelve 模块提供了类似于字典的持久化解决方案。对于要对字典做的几乎所有事情，都可以使用 shelve 模块实现。两者唯一的区别是 shelve 模块的数据持久化对象存储在硬盘中，而不存储在内存中，只有当需要时，某一字典项才会被调入内存。这样虽然会有一定速度上的牺牲，但是意味着我们可以在内存有限的情况下操作非常大的字典。更重要的是，这个字典是持久化的，可以在程序的多次运行或多个程序中被使用。

使用 shelve 模块的 open()函数可以创建一个数据持久化文件（shelf 文件）。

```
shelf = shelve.open('shelf','c')       #'c'用于创建一个新文件
```

在创建完 shelf 文件后，向其中添加数据。

```
shelf['lists']= [1,2,12]
shelf['tuple']= (1,2,12)
```

为了将这些数据持久地保存到文件中，需要调用 shelf 的 close()函数。

```
shelf.close()
```

当再次使用这个文件对象时，打开 shelf 文件，像访问字典一样访问数据即可。

```
shelf = shelve.open('shelf')
print(shelf['lists'])
```

此时，程序将输出列表[1, 2, 12]。

如前所述，与 pickle 模块只有读入所有文件内容才可以访问数据对象不同，当访问"lists"数据时，只有该项内容会被调入内存，即"tuple"项不会同时被调入。

下面使用 shelve 模块对教务信息进行持久化，如代码清单 12-3 所示。

代码清单 12-3　testShelve.py

```
1     import data
2     import shelve
3
4     def createDB(data, shelfname):
5         try:
6             shelf = shelve.open(shelfname, 'c')
7             for datum in data:
8                 shelf[datum[0]] = datum
9         finally:
10            shelf.close()
11
12    createDB(data.student, 'student.dat')
13    createDB(data.course, 'course.dat')
14    createDB(data.election, 'election.dat')
```

此后，通过"student.dat"、"course.dat"和"election.dat"分别随机访问学生、课程和选课信息。例如，读取学号为 13101004 的学生信息。

```
student = shelve.open('student.dat')
print(str(student['13101004']))
```

此时，程序将输出列表：['13101004', '小田', 3, 530]。

12.3　使用 itertools 模块分析和处理数据

Python 标准库中的 itertools 模块提供了一组迭代器工具，用户利用这组工具可以进行一些简单的数据分析和处理。下面将简要介绍这个模块中的两种常用函数：一种是数据过滤函数组，另一种是 groupby()函数。下面继续使用教务信息数据集展示该模块在数据分析和处理上的应用。

12.3.1　数据过滤函数

itertools 模块中有两组函数可以提供数据过滤功能，下面将依次介绍这两组函数。这两组函数负责返回一个包含符合用户过滤要求数据的迭代器，通过迭代器可以过滤数据。

1. compress()与 filterfalse()函数

compress()函数的第一个参数为输入数据（如列表、迭代器，甚至字符串），第二个参数为由输入数据中每个元素对应的布尔值组成的列表。调用 compress()函数将得到由输入数据中对应布尔值为 True 的数据元素构成的迭代器，即实现了"掩码"的功能。例如，当输入数据为[1,2,3,4,5]，对应的布尔值列表为[True,False,False,False,True]时，只有 1 和 5 会在 compress()函数返回的迭代器中出现，具体代码如下。

```
for i in itertools.compress([1,2,3,4,5],[True,False,False,False,True]):
    print(i)
```

程序将输出两个整数："1 5"。

filterfalse()函数的功能与 compress()函数的功能类似，但过滤条件可以由用户构造的函数自行定义。filterfalse()函数的第一个参数为过滤条件函数（function()），第二个参数为可迭代对象（列表、迭代器、字符串等）。其中，function()函数的返回值应为布尔类型或可等价为布尔类型的值，否则 filterfalse()函数将无效。function()函数可以由 lambda 表达式定义。对于可迭代对象的每个数据元素 x，若 function(x)的值为 False，则数据元素 x 将出现在 filterfalse()函数返回的迭代器中，否则将丢弃数据元素 x。例如，在以下代码中，使用 lambda 表达式作为 filterfalse()函数的过滤条件函数，筛选出列表中的奇数。

```
for i in itertools.filterfalse(lambda x: x%2==0,[1,2,3,4,5]):
    print (i)
```

程序将输出 3 个整数："1 3 5"。

我们可以自定义函数，过滤出符合相应条件的数据元素。在如下的代码中，定义函数 func()，判断整数是否是 4 的倍数，并将 func 作为 filterfalse()函数的第一个参数传入。

```
def func(m):
    return m % 4
a = [0, 1, 2, 3, 4, 5, 6, 7, 8]
for i in itertools.filterfalse(func, a):
    print(i)
```

程序将输出 3 个整数："0 4 8"。

2. takewhile()函数与 dropwhile()函数

takewhile()函数的输入是一个布尔值函数和一个数据列表（或其他迭代器），该函数会返回列表或迭代器中的数据元素，直到布尔值函数的结果为 False。与 takewhile()函数相反，dropwhile()函数会对同样的输入做出相反的输出行为，即该函数会忽略所有输入元素，直到函数返回结果为 False。例如，下面的两段代码分别利用这两个函数实现了"过滤出"和"过滤掉"个位数的功能。

```python
for i in itertools.takewhile(lambda x: x < 10,range(20)):
    print(i, end=' ')
```

这两行代码将输出："0 1 2 3 4 5 6 7 8 9"。

```python
for i in itertools.dropwhile(lambda x: x < 10,range(20)):
    print(i, end=' ')
```

这两行代码将输出："10 11 12 13 14 15 16 17 18 19"。

12.3.2　groupby()函数

groupby()函数是 itertools 模块中最有用、最强大的数据分析和处理函数之一。该函数的输入是一组数据（以列表或迭代器的形式输入）和一个 key()函数。groupby()函数的效果是将 key()函数作用于各个数据元素，并根据 key()函数结果，将拥有相同函数结果的元素分到一个新的迭代器中，而每个新的迭代器以函数的返回结果为标签。

例如，可以对身高数据使用这样一个 key()函数：如果身高大于 180（cm），则返回"tall"；如果身高小于 160（cm），则返回"short"；身高在 160（cm）和 180（cm）之间，则返回"middle"。最终，所有身高将分为 3 个循环器，即"tall"、"short"和"middle"，如代码清单 12-4 所示。

代码清单 12-4　testGroupby.py

```python
1    import itertools
2
3    def height_class(h):
4        if h > 180:
5            return "tall"
6        elif h < 160:
7            return "short"
8        else:
9            return "middle"
10
11   friends = [191, 158, 159, 165, 170, 177, 181, 182, 190]
12   friends = sorted(friends, key=height_class)
13   for m, n in itertools.groupby(friends, key=height_class):
14       print(m)
15       print(list(n))
```

【输出结果】

```
middle
[165, 170, 177]
short
```

```
[158, 159]
tall
[191, 181, 182, 190]
```

对于 groupby()函数，需要注意以下两点。

第一点：如代码清单 12-4 所示，在分组之前，需要使用 sorted()函数将原来的数据元素根据 key()函数进行排序，并让同组元素向相邻的位置"靠拢"实现分组。

第二点：groupby()函数产生的组事实上并不是真实的迭代器，而只是原始输入的一个视图。也就是说，在函数移动到下一组数据时，之前的组会失效。因此，为了在之后的程序中使用这些分组，最好将其保存在一个列表中。

12.4 实例：分析与处理教务信息数据

利用 12.3 节中的几个函数可以对教务数据进行简单的处理。本节将继续使用教务信息数据集作为实例，进行如下操作。

1. 选择入学成绩大于或等于 510 分的学生

这个操作希望从所有的学生记录中过滤出入学成绩大于或等于 510 分的学生记录。在下面的代码中，利用 filterfalse()函数配合一个 lambda 表达式来实现这个过滤功能。若学生信息记录中的入学成绩大于或等于 510，则 lambda 表达式将返回 False，并将该数据项加入最终返回的迭代器，如代码清单 12-5 所示。

代码清单 12-5　over510.py

```
1    from itertools import *
2    from data import *
3
4    #过滤出入学成绩大于或等于 510 分的学生记录
5    for s in filterfalse (lambda stu: stu[3] < 510, student):
6        #对于过滤出的每条记录，输出其学号和姓名
7        print(s[0], s[1])
```

【输出结果】

```
14011002 小王
13091101 小明
12081219 小张
13101004 小田
```

2. 计算每个学生的平均分

在教务信息数据集中，成绩信息被保存在选课信息列表 election 中。下面代码先利用 groupby()函数将选课信息按照学号进行分组，得到每个学生的选课列表，再根据这个选课列表中的成绩项计算每位学生的平均分，如代码清单 12-6 所示。

代码清单 12-6　calAverage.py

```
1    from itertools import *
2    from data import *
3
```

```
4    def student_id(record):
5        return record[1]    #返回选课信息中的学号项
6
7    sorted_election = sorted(election, key=student_id)
8    for election_list in groupby(sorted_election, key=student_id):
9        #election_list = [学号,选课记录]
10       print("学号: " + election_list[0], end=' ')
11       score = [course[3] for course in list(election_list[1])]    #提取成绩项
12       avg = sum(score) / len(score)
13       print("平均分: " + str(avg))
```

【输出结果】

```
学号: 12081219  平均分: 97
学号: 12091101  平均分: 85
学号: 12111103  平均分: 78
学号: 13091101  平均分: 96
学号: 13101004  平均分: 98
```

3. 计算选课数超过 2 人的课程

在这个操作中，希望输出选课数超过 2 人的课程名。同样，可以先利用前一个问题中类似的方法将选课信息按照课程号进行分组，并根据每组选课列表的大小判断每门课程的选课人数是否大于 2，再利用 compress()函数过滤掉课程信息列表 course 中选课人数小于或等于 2 人的课程并输出，如代码清单 12-7 所示。

代码清单 12-7　selectCourse.py

```
1    from itertools import *
2    from data import *
3
4    def course_id(record):
5        return record[2]    #返回课程代码
6
7    sorted_election = sorted(election, key=course_id)
8    mask_course = []    #掩码，选课人数超过 2 人为 True（以课程代码序排列）
9    for election_list in groupby(sorted_election, key=course_id):
10       #若课程的选课人数大于 2 人，则对应课程信息位置为 True
11       mask_course.append(len(list(election_list[1])) > 2)
12   for course in compress(course, mask_course):    #利用掩码过滤课程信息
13       print(course[1])    #输出课程名
```

【输出结果】

```
Python 程序设计
数字电路
```

12.5　Python 中 SQLite 数据库的使用

本书已经介绍了两种数据持久化的方案：一种是在第 10 章中介绍的文件处理，另

一种是在 12.2 节中介绍的持久化模块的方法。通过比较，可以看到后者在数据读取和处理方面为用户提供了更加便利的方案。本节将介绍一种更为高级的数据持久化方案——数据库。数据库在大多数的日常软件开发过程中扮演着重要角色，可以极大地提高数据管理、分析与处理的效率。

　　Python 支持多种数据库，包括 SQLite、MySQL 和 Oracle 等主流数据库，也提供了多种数据库连接方式，如 ODBC、DAO 和专用数据库连接模块等。本着通俗与实用的原则，本节将以 SQLite 数据库为例，介绍 Python 中的数据库编程。读者只要掌握 Python 中的 SQLite 数据库编程，就会很容易地学会使用其他数据库（特别是 MySQL 数据库）了。

12.5.1　SQLite 数据库

　　SQLite 是一款简单的嵌入式关系型数据库。SQLite 数据库的轻便和高效，其在各个领域都有广泛的应用，如第 13 章中介绍的 Django 框架就是以 SQLite 作为默认的内置数据库。读者可以从 SQLite 官网下载 SQLite 数据库，具体安装方法可以参考其官方文档，这里不再赘述。

　　Python 中提供了 sqlite3 模块负责 SQLite 数据库与 Python 的连接。使用这个模块操作 SQLite 数据库可以分为以下几个步骤。

　　（1）导入 sqlite3 模块。

　　（2）调用 connect()函数连接 SQLite 数据库，得到 conn 对象。

　　（3）执行数据库操作。

　　① 调用 conn 对象的 execute()函数执行数据库操作语句（SQL 语句）。

　　② 调用 conn 对象的 commit()函数提交对数据库的修改。

　　（4）查询数据库。

　　① 使用 execute()方法获得 cur 游标对象。

　　② 利用 cur 游标对象的 futechall()、fectchmany()或 fecthone()方法获得查询结果。

　　（5）关闭 cur 游标对象和 conn 对象。

　　本节的后半部分将以教务信息数据集为例，分别介绍上述步骤中的操作。

12.5.2　连接数据库

　　连接数据库是对数据库进行实质性操作的第一步，下面的代码展示了如何使用 connect()方法连接当前路径下名为 admin.db 的数据库（其本质也是一个文件，读者可以将其与持久化模块方式中保存数据对象的文件做类比，以帮助理解），并获得一个数据库对象 conn。如果 admin.db 数据库不存在，则创建该数据库。

```
import sqlite3
conn = sqlite3.connect('admin.db')
```

　　在创建并连接数据库后，就可以开始对数据库进行操作了。在 sqlite3 模块中，需要使用 SQL 语句操作数据库。结构化查询语言（Structured Query Language，SQL）是一种高级的数据库查询语言，可以用于查询、更新和管理关系型数据库。尽管关于 SQL 的系统介绍已经超出了本书所涉及的范围，编著者将在使用 SQL 语句的地方尽可能地做出说明，以帮助没有数据库基础的读者进行学习。

12.5.3　创建表

在关系型数据库中，数据是以表的形式进行管理的。数据库中的一张表包括表结构（表中每列数据的字段名）和表记录（表中的每行记录）。SQL 语句中创建一个空表的语法如下。需要注意的是，SQL 是大小写不敏感的。

CREATE TABLE 表名称 (字段名 1 数据类型，字段名 2 数据类型，…)

例如，代码清单 12-8 将在之前连接的数据库中创建一个名为 STUDENT 的学生信息列表、一个名为 COURSE 的课程信息列表和一个名为 ELECTION 的选课信息列表。其中，VARCHAR 是可变长字符串类型，PRIMARY KEY 表明 ID 是区别不同记录的主键，NOT NULL 表明该项不能为空。

代码清单 12-8　createTable.py

```
1    import sqlite3
2
3    conn = sqlite3.connect('admin.db')
4    conn.execute('''CREATE TABLE STUDENT(
5                      ID VARCHAR(10) PRIMARY KEY,
6                      NAME VARCHAR(10) NOT NULL,
7                      GRADE INT NOT NULL,
8                      ENTRANCE_SCORE INT
9                  )''')
10   conn.execute('''CREATE TABLE COURSE(
11                     ID          VARCHAR(10)      PRIMARY KEY,
12                      NAME      VARCHAR(20)     NOT NULL
13                  )''')
14   conn.execute('''CREATE TABLE ELECTION(
15                    STU_ID VARCHAR(10) NOT NULL,
16                    COURSE_ID VARCHAR(10) NOT NULL,
17                     SCORE INT
18                  )''')
19   conn.commit()    #提交对数据库的修改
```

12.5.4　插入数据记录

在 SQL 中，使用 INSERT 语句可以向表中添加一条记录，其语法如下。

INSERT INTO 表名称 VALUES (值 1，值 2，…)

使用代码清单 12-9 中的命令，分别将教务信息数据集中的数据记录添加到刚刚创建的 3 个表中。

代码清单 12-9　insertInto.py

```
1    import sqlite3
2    from data import *
3
4    conn = sqlite3.connect('admin.db')
5    for s in student:
6        conn.execute("INSERT INTO STUDENT VALUES('%s','%s',%d,%d)"
7                     % (s[0], s[1], s[2], s[3]))
```

```
8    for c in course:
9        conn.execute("INSERT INTO COURSE VALUES('%s','%s')"
10                    % (c[0], c[1]))
11   for e in election:
12       conn.execute("INSERT INTO ELECTION VALUES('%s','%s',%d)"
13                    % (e[1], e[2], e[3]))
14   conn.commit()   #提交对数据库的修改
```

12.5.5　查询数据记录

SQL 中的 SELECT 语句可以查询表中的数据记录，其语法如下。

```
SELECT 列名称 FROM 表名称
[WHERE 行筛选条件]
[GROUP BY 字段名 [HAVING 分组筛选条件]]
```

在 sqlite3 模块中，通过 execute()函数返回的游标对象可以获得查询结果。使用代码清单 12-10 中的命令，从课程信息列表 COURSE 中查询所有课程代码大于 2 的课程。

代码清单 12-10　query.py

```
1    import sqlite3
2
3    conn = sqlite3.connect('admin.db')
4    cur = conn.execute("SELECT NAME FROM COURSE WHERE ID>2")
5    result = cur.fetchall()   #获得全部查询结果
6    print(str(result))
7    for re in result:
8        print(re[0])
```

【输出结果】

```
[('离散数学',), ('数字电路',), ('模拟电路',)]
离散数学
数字电路
模拟电路
```

在上面的例子中，使用 fetchall()方法一次性返回了所有查询结果。sqlite3 模块还提供了 fetchone()方法，即以元组的形式一次返回一行查询结果，若没有符合条件的查询结果，则返回空元组。fetchmany()方法一次返回不大于指定数目的结果，读者可以想象分页显示的使用场景。

SQL 中还提供了表连接功能，即通过几个相同的字段，将多个表连接在一起。例如，可以先利用课程信息列表 COURSE 与选课信息列表 ELECTION 之间的共同字段课程号将两个表进行连接，以获得每条选课记录中的课程名，再配合 groupby 子句就可以轻易地完成 12.4 节中的第 3 个操作，代码如下。

```
cur = conn.execute('''SELECT COURSE.NAME FROM COURSE,ELECTION
                    WHERE COURSE.ID=ELECTION.COURSE_ID
                    GROUP BY ID
                    HAVING COUNT(STU_ID)>2''')
for c in cur:             #游标对象也可直接作为迭代器
    print(c[0])           #输出课程名
```

12.5.6　更新和删除数据记录

在数据管理过程中，数据更新是一个很常见的需求。使用 SQL 中的 UPDATE 语句可以实现这个需求，其语法如下。

```
UPDATE 表名称 SET 列名称 = 新值 [WHERE 更新条件]
```

例如，如果想将所有学生的年级加 1，则可以使用下面的代码。

```
conn.execute("UPDATE STUDENT SET GRADE = GRADE +1")
conn.commit()
```

使用 DELETE 语句可以删除符合某些条件的记录，其语法如下。

```
DELETE FROM 表名称 [WHERE 删除条件]
```

例如，如果想从表中删除所有年级大于 4 的学生，即已毕业的学生，则可以使用下面的代码。

```
conn.execute("DELETE FROM STUDENT WHERE GRADE>4")
conn.commit()
```

12.5.7　回滚与关闭数据库

在前面的代码中，每次对数据库进行更改后都需要使用 commit()函数确认更改，否则对数据库的更改将不会生效。这种数据库操作方式看似复杂，实则是为用户提供了错误恢复功能。用户可以随时使用连接对象的 rollback()函数将数据库还原到上一次 commit()函数确认操作的状态（若没有调用过 commit()函数，则恢复到最初连接数据库时的状态）。例如，下面首先删除所有学生记录，然后调用 rollback()函数将数据库恢复为原样。

```
conn.execute("DELETE FROM STUDENT")          #错误操作
conn.rollback()                              #回滚数据库
```

最后在操作完数据库后，使用 close()函数关闭 cur 游标对象和 conn 对象。

```
cur.close()                                  #关闭 cur 游标对象
conn.close()                                 #关闭 conn 对象
```

12.6　实例：封装 MySQL 数据库操作

在介绍完上述使用 Python 进行 SQLite 数据库操作的基本语法后，读者应当可以很快地掌握其他常见的关系型数据库的使用方法了。下面以具体实例向读者介绍如何将 MySQL 数据库的基本操作以函数的形式进行封装（见代码清单 12-11），在这个过程中读者可以掌握使用 Python 操作 MySQL 数据库的基本方法，并体会使用 Python 操作不同关系型数据库的相似性。需要注意的是，在运行代码之前，需要通过 pip 来安装 MySQL Connector 库。

代码清单 12-11　mysqlConnector.py

```
1    #coding:utf-8
2
3    import mysql.connector
4
5    #设置数据库的用户名和密码
6    user = 'root'              #用户名
```

```
7    pwd = 'root'                 #密码
8    host = 'localhost'           #IP 地址
9    db = 'mysql'                 #所要操作的数据库名称
10   charset = 'UTF-8'
11   cnx = mysql.connector.connect(user=user, password=pwd, host=host, database=db)
12   #设置游标
13   cursor = cnx.cursor(dictionary=True)
14
15   #插入数据
16   def insert(table_name, insert_dict):
17       param = '';
18       value = '';
19       if (isinstance(insert_dict, dict)):
20           for key in insert_dict.keys():
21               param = param + key + ","
22               value = value + insert_dict[key] + ','
23           param = param[:-1]
24           value = value[:-1]
25       sql = "insert into %s (%s) values(%s)" % (table_name, param, value)
26       cursor.execute(sql)
27       id = cursor.lastrowid
28       cnx.commit()
29       return id
30
31   #删除数据
32   def delete(table_name, where=''):
33       if (where != ''):
34           str = 'where'
35           for key_value in where.keys():
36               value = where[key_value]
37               str = str + ' ' + key_value + '=' + value + ' ' + 'and'
38           where = str[:-3]
39       sql = "delete from %s %s" % (table_name, where)
40       cursor.execute(sql)
41       cnx.commit()
42
43   #查询数据库
44   def select(param, fields='*'):
45       table = param['table']
46       if ('where' in param):
47           thewhere = param['where']
48           if (isinstance(thewhere, dict)):
49               keys = thewhere.keys()
50               str = 'where';
51               for key_value in keys:
52                   value = thewhere[key_value]
53                   str = str + ' ' + key_value + '=' + value + ' ' + 'and'
```

```
54              where = str[:-3]
55          else:
56              where = ''
57      sql = "select %s from %s  %s" % (fields, table, where)
58      cursor.execute(sql)
59      result = cursor.fetchall()
60      return result
61
62  #显示建表语句
63  def showCreateTable(table):
64      sql = 'show create table %s' % (table)
65      cursor.execute(sql)
66      result = cursor.fetchall()[0]
67      return result['Create Table']
68
69  #显示表结构语句
70  def showColumns(table):
71      sql = 'show columns from %s ' % (table)
72      print(sql)
73      cursor.execute(sql)
74      result = cursor.fetchall()
75      dict1 = {}
76      for info in result:
77          dict1[info['Field']] = info
78      return dict1
```

小结

本章主要介绍了使用 Python 进行数据管理的几种常用方法：使用数据持久化模块对数据对象进行持久化存储，使用 itertools 模块对数据进行简单的分析，在 Python 中使用 SQLite 数据库对数据进行分析和处理。本章最后以实例的形式介绍了如何使用 Python 操作 MySQL 数据库。

习题

一、选择题

1. （　　）模块不能对数据对象进行持久化存储和随机读取。

    A．pickle   B．json   C．shelve   D．shutil

2. （　　）不能提供数据过滤的功能。

    A．compress   B．filterfalse   C．takewhile   D．groupby

3. MySQL 数据库中用来创建数据库对象的命令是（　　）。

    A．CREATE   B．ALTER   C．DROP   D．GRANT

4. 下列关于 SQL 的叙述中，正确的是（　　　　）。
   A．SQL 是专供 MySQL 数据库使用的结构化查询语言
   B．SQL 是一种过程化的语言
   C．SQL 是关系数据库的通用查询语言
   D．SQL 只能以交互方式对数据库进行操作

5. 在 CREATE TABLE 语句中，用来指定外键的关键字是（　　　）。
   A．CONSTRAINT　　　　　　　B．PRIMARY KEY
   C．FOREIGN KEY　　　　　　　D．CHECK

二、判断题

1. pickle 模块的功能是将 Python 对象转换为八进制字节序列并存储在文件中。
（　　　）

2. 相比 pickle 模块，json 模块在进行数据处理时具有更高的安全性。（　　　）

3. shelve 模块的数据持久化对象存储在内存中。（　　　）

4. takewhile()函数会返回列表或迭代器中的数据元素，直到布尔值函数的结果为 False。（　　　）

5. 在 SQL 中，使用 UPDATE 语句可以删除数据库表中的数据。（　　　）

三、填空题

1. json 模块采用_____格式对数据进行编码。

2. shelve 模块提供了类似于_____的持久化解决方案。

3. dropwhile()函数会忽略所有输入元素，直到函数返回结果为_____。

4. _____可以极大地提高数据管理、分析与处理的效率。

5. 使用 SQL 中的_____语句可以向表中添加一条记录。

四、简答题

1. 简述 json 模块与 pickle 模块在数据可互操作性与可读性方面存在的差异。

2. 简述 Python 中数据持久化的常用方法及其异同点。

3. 简述数据库中 execute 操作和 commit 操作的作用，以及这样设计的意义。

4. 简述 SQLite 数据库的优势。

5. 简述 Python 中使用 sqlite3 模块操作 SQLite 数据库的步骤。

五、实践题

自行建立一个 SQLite 数据库，并根据自己的需求练习相应的数据库操作。

第 13 章　使用 Python 进行 Web 开发

13.1　Django 框架

Django 是一个由 Python 编写的开源 Web 应用开发框架。Django 框架与之前介绍的众多 GUI 开发库一样，采用了 MVC 的设计模式。与其他 Web 开发框架相比，Django 框架的以下几个优势，使其成为最受用户欢迎的 Web 开发框架之一。

（1）Django 框架具有完整且翔实的文档支持，可以极大地方便开发人员。

（2）Django 框架提供全套的 Web 解决方案，包括服务器、前端开发及数据库交互。

（3）Django 框架提供强大的 URL 路由配置，可以使开发人员设计并使用 URL。

（4）Django 框架提供自助管理后台，可以使开发人员仅做很少的修改就能够拥有一个完整的后台管理界面。

Django 框架的安装可以参考其官方网站，由于不同系统中的安装方法有一定的区别，这里不再一一列出。本章将以一个投票系统的开发过程为例向读者介绍如何使用 Django 框架容易且迅速地进行 Web 开发。

13.2　创建项目与模型

13.2.1　创建项目

使用 Django 框架进行 Web 开发的第一步是创建网站项目。也就是说，一个 Django 项目涵盖了所有相关的配置项，包括数据库的配置、针对 Django 框架的配置选项和应用本身的配置选项等。用户可以在 Linux 系统的命令行中（与 Window 系统的命令行窗口类似）使用下面的命令在指定路径下创建一个 Django 项目。

```
$ cd 项目路径
$ django-admin startproject mysite
```

执行完上面的命令后，可以在项目路径中找到一个名为 mysite 的项目文件夹。这个文件夹中包含的文件结构如下。

```
mysite
├── manage.py
└── mysite
    ├── __init__.py
    ├── asgi.py
    ├── settings.py
    ├── urls.py
    └── wsgi.py
```

其中，manage.py 文件是一个 Python 脚本，该脚本为用户提供了对 Django 项目的多种交互式管理方式，而内层的 mysite 文件夹是 Django 项目的核心部分，也是该项目真正的 Python 包。mysite 文件所包含的文件功能如下。

（1）__init__.py：一个空文件，用于指示 Python 这个目录应该被看作一个 Python 包。

（2）asgi.py：存储 asgi 设定的文件，使用 ASGI 部署 Django 项目时会使用，一般情况下不需要更改。

（3）settings.py：该 Django 项目的配置文件，用于指明项目的各项配置。

（4）urls.py：该 Django 项目的 URL 路由器，用于匹配和调度 URL 请求。

（5）wsgi.py：该 Django 项目与 WSGI 兼容的 Web 服务器入口。初学者不需要了解太多关于该文件的细节。

asgi.py 与 wsgi.py 的功能相似，都用于 Django 项目的部署。ASGI 是对 WSGI 的扩展，可以支持异步网络服务器。此处同样不对初学者展开介绍。

13.2.2 设置数据库

在创建完 Django 项目后，就要配置项目的数据库了。Django 框架会使用第 12 章中介绍的嵌入式数据库 SQLite 作为默认数据库。如果读者没有太多的数据库管理经验，或者所开发的项目不需要更高级的数据库支持，则使用默认的 SQLite 数据库是最简单的选择。

当然，Django 框架也支持一些更为健壮的数据库产品，如 PostgreSQL 和 MySQL 数据库。为实现这一点，更改 mysite/settings.py 中的 DATABASES 配置项即可，即将其 default 条目中的 ENGINE 和 NAME 按以下说明进行修改。

（1）ENGINE：当使用 SQLite 数据库时，默认为 "django.db.backends.sqlite3"；当使用 PostgreSQL 数据库时，应将该项修改为 "django.db.backends.postgresql_psycopg2"；当使用 MySQL 数据库时，应将该项修改为 "django.db.backends.mysql"；当使用 Oracle 数据库时，应将该项修改为 "django.db.backends.oracle"，其他支持的数据库配置读者可以参考官方文档。

（2）NAME：数据库的名称。

（3）USER：数据库的用户名，使用默认的 SQLite 数据库时无需指定，下同。

（4）PASSWORD：数据库用户 USER 的密码。

（5）HOST：数据库服务器的地址，本地为 localhost 或 127.0.0.1。

（6）PORT：数据库服务所在的端口。

例如，如果使用 PostgreSQL 数据库，则将对 DATABASES 做如下配置。

```
DATABASES = {
    'default': {
        'ENGINE': 'django.db.backends.postgresql_psycopg2',
        'NAME': 'mydatabase',
        'USER': 'mydatabaseuser',
        'PASSWORD': 'mypassword',
        'HOST': '127.0.0.1',
        'PORT': '5432',
    }
}
```

另外，如果使用自定义的数据库配置，则需要确保已经正确创建数据库；如果使用默认的 SQLite 数据库，则在需要时将自动创建数据库文件。

13.2.3　启动服务器

先启动 Django 项目的服务器，再在项目目录下执行下面的两行命令。

```
$ python manage.py migrate
$ python manage.py runserver
```

其中，第一行命令是为框架自带的几个"应用"创建数据库表的命令；第二条命令是启动服务器的命令，若不出意外，将会看到下面的几行输出，表明服务器启动成功。

```
Performing system checks...

System check identified no issues (0 silenced).
February 07, 2023 - 13:22:51
Django version 4.1, using settings 'mysite.settings'
Starting development server at http://127.0.0.1:8000/
Quit the server with CONTROL-C.
```

此时，在浏览器中访问 http://127.0.0.1:8000 会进入如图 13-1 所示的页面（可能因版本差异而使页面内容有所不同）。

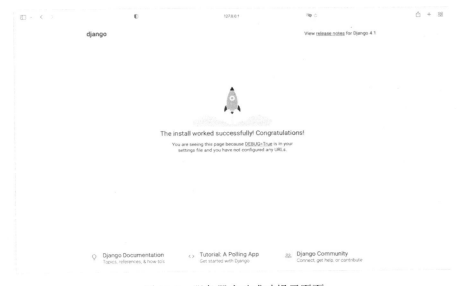

图 13-1　服务器启动成功提示页面

由于 Django 框架的开发服务器会根据需要自动重新载入 Python 代码，因此不需要因修改代码而重启服务器，下文也将在服务器开启的状态下进行进一步开发。然而，一些操作，如添加文件等，需要手动重启服务器以使操作生效。

13.2.4　创建模型

1．定义模型

从本节起，将开始真正的项目开发过程。在此之前，首先介绍一下数据模型和应用的概念。在 Django 框架中，一个项目中最重要的元素之一就是模型。该模型包含项目所使用的数据结构，并可以帮助用户完成与数据库的各项交互，包括数据库表的建立，记录的增加、删除、修改、查找等。模型包含在项目的一个"应用"中，而应用是完成一个特定功能的模块，如本章将要介绍的投票系统。值得一提的是，一个应用可以被运用到多个项目中，以减少代码的重复开发。也就是说，本章的投票系统可以非常容易地被加入一个更大的网页项目。

首先，建立一个名为 polls 的投票系统。

```
$ python manage.py startapp polls
```

在运行上面的命令后，会在当前文件下创建一个名为 polls 的目录，其结构如下。

```
polls
├── __init__.py
├── admin.py
├── apps.py
├── migrations
│   └── __init__.py
├── models.py
├── tests.py
└── views.py
```

然后，开发重点是 models.py 文件和 views.py 文件。前者是负责本节中介绍的数据模型，而后者则主要负责 13.4 节中将要介绍的视图。

Django 框架中的模型是以 Python 类的形式表示的，类的定义存放在 models.py 文件中。例如，在投票系统中，models.py 文件定义了 Question 和 Choice 两个类，分别对应两个数据模型，如代码清单 13-1 所示。

代码清单 13-1　models.py

```
1    #coding:utf-8
2
3    from django.db import models      #引入 Django 框架中负责模型的模块
4
5    class Question(models.Model):     #自定义模型类需要继承 models.Model 类
6        #定义模型的数据结构
7        question_text = models.CharField(max_length=200)
8        pub_date = models.DateTimeField('date published')
9
10       #定义 Question 类对象实例的字符串表示
11       def __str__(self):
12           return self.question_text
13
14   class Choice(models.Model):          #自定义模型类需要继承 models.Model 类
15       #定义模型的数据结构
16       #外键关联
17       question = models.ForeignKey(Question, on_delete=models.CASCADE)
18       choice_text = models.CharField(max_length=200)
19       votes = models.IntegerField(default=0)
20
21       #定义 Question 类对象实例的字符串表示
22       def __str__(self):
23           return self.choice_text
```

在上面的代码中，可以看到模型中的每个数据元素（术语为"字段"）都是用字段类 Field 子类的一个实例定义的，如发布时间 pub_date 字段是日期时间字段类 DateTimeField 的一个实例对象。其中，常用的字段类如下。

（1）AutoField：一个自动递增的整型字段，在添加记录时其会自动增长。

（2）BooleanField：布尔字段，管理工具会自动将其描述为 checkbox。

（3）FloatField：浮点型字段。

（4）IntegerField：用于保存一个整数。

（5）CharField：字符串字段，单行输入，用于输入较短的字符串。若要保存大量文本，则应使用 TextField。CharField 有一个必填参数——CharField.max_length，表示字符串的最大长度。Django 框架会根据这个参数在数据库中限制该字段所允许的最大字符数，并自动提供校验功能。

（6）EmailField：一个具有检查 E-mail 合法性的 CharField。

（7）TextField：一个容量很大的文本字段。

（8）DateField：日期字段。有下列额外的可选参数：auto_now，当保存对象时，自动将该字段的值设置为当前日期，通常用于表示最后修改时间；auto_now_add，当首次创建对象时，自动将该字段的值设置为当前日期，通常用于表示对象的创建日期。

（9）TimeField：时间字段，类似于 DateField，但 DateField 存储的是"年月日"日期信息，而 TimeField 存储的是"时分秒"时间信息。

（10）DateTimeField：日期时间字段，与 DateFields 和 TimeFields 类似，存储日期和时间信息。

（11）FileField：文件上传字段。FileField 有一个必填参数——upload_to，用于指定上传文件的本地文件系统路径。

（12）ImageField：类似于 FileField，但要校验上传对象是否为一张合法图片。

另外，可以看到 Choice 类中使用外键 ForeignKey 定义了一个"一对多"关联，这意味着每个选项（Choice）都关联于一个问题（Question）。Django 框架还提供了其他常见的关联方式，列举如下。

（1）OneToOneField："一对一"关联，使用方法与 ForeignKey 类似。事实上，通过将 ForeignKey 设置为 unique=True 可以实现该功能。

（2）ManyToManyField："多对多"关联，如菜品和调料之间的关系，一道菜品中可以使用多种调料，而一种调料也可以用于多道菜品。使用关联管理器 RelatedManager 可以对关联的对象进行添加 add() 和删除 remove() 操作。

2. 激活模型

在定义完模型后，Django 框架就可以帮助用户根据字段和关联关系的定义在数据库中建立数据表了，并帮助用户对数据库进行各项操作。在此之前还需要做一些工作，即告诉 Django 框架我们在项目中添加了新的应用及其包含的数据模型。

首先，需要打开项目的设置文件 settings.py，并将新添加的应用加入 INSTALLED_APPS 项。将 polls 应用添加到项目配置后的内容如代码清单 13-2 所示。

代码清单 13-2　settings.py

```
1    #settings.py
2    INSTALLED_APPS = (
```

```
 3          'django.contrib.admin',
 4          'django.contrib.auth',
 5          'django.contrib.contenttypes',
 6          'django.contrib.sessions',
 7          'django.contrib.messages',
 8          'django.contrib.staticfiles',
 9          'polls',
10     )
11
```

然后，需要使用管理脚本 manage.py 中的 makemigrations 命令告诉 Django 框架添加了新的应用，Django 框架会为新的应用创建用于数据库迁移的迁移文件。例如，下面的命令就为刚刚添加的 polls 应用创建了新的迁移文件。

```
$ python manage.py makemigrations polls
```

若执行上面的命令成功，将会看到如下输出。

```
Migrations for 'polls':
  polls/migrations/0001_initial.py
    - Create model Question
    - Create model Choice
```

从命令输出中可以看出，在添加 polls 应用后，成功创建了问题 Question 和选项 Choice 模型。

最后，再次执行 migrate 命令即可在数据库中创建相应的表及字段关联关系。

```
$ python manage.py migrate
```

综上，每次修改模型时实际上需要做以下几步操作。

（1）对 model.py 模型文件做一些修改。

（2）执行 python manage.py makemigrations 命令，为这些修改创建迁移文件。

（3）执行 python manage.py migrate 命令，将这些修改更新到数据库中。

13.3　构建管理页面

在定义完项目所需的模型后，首要任务之一就是编写一个管理页面，用于将数据添加到模型中。本节继续以投票系统为例，展示如何快速地为网站管理者"构建"一个管理页面，以方便其发布、修改及获取投票信息。这里"构建"用了引号，因为实际上 Django 框架作为一个快速开发框架已经提供了基础的管理页面，对其做一些修改工作即可。

首先，执行下面的命令创建一个后台管理员账号。

```
$ python manage.py createsuperuser
```

根据命令行提示，依次输入网站管理员注册信息，即可完成创建。

```
Username: admin（输入用户名，此处设置为 admin）
Email address:（输入邮箱）
Password:（设置密码，为保证安全，输入的密码不会在命令行中显示）
Password (again):（确认密码，密码同样不会在命令行中显示）
Superuser created successfully.（提示注册成功）
```

按照如上提示，我们建立了一个后台管理账号，并为其设置了用户名、邮箱和密码。需要注意的是，可以为一个项目创建多个后台管理用户，并赋予这些用户不同的权限。

此时，通过"域名/admin"的方式（如在本地部署下默认为 http://127.0.0.1:8000/ admin/）可以打开 Django 框架提供的管理页面。用刚才创建的网站管理员账号登录后，就可以进入如图 13-2 所示的管理页面。然而，该页面中没有任何与投票系统相关的项目。因此，需要将数据模型注册到管理页面中。这十分简单，打开 polls/admin.py 文件，并加入下面的两行代码，即可把模型 Question 注册到管理页面中。

```
from .models import Question
admin.site.register(Question)
```

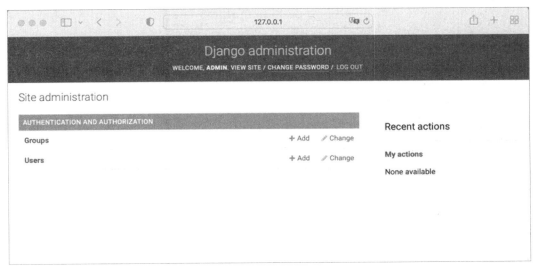

图 13-2　管理页面

此时，再次进入管理页面即可看到 POLLS 选项卡中出现了 Question 选项（见图 13-3），选择该选项即可进入投票问题 Question 的管理页面（见图 13-4）。

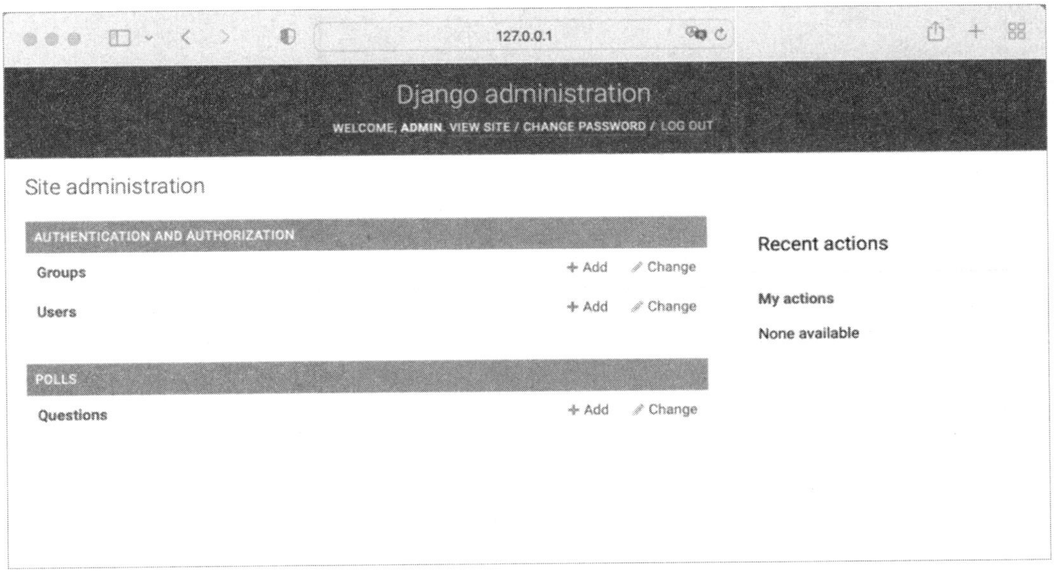

图 13-3　注册了模型 Question 后的管理页面

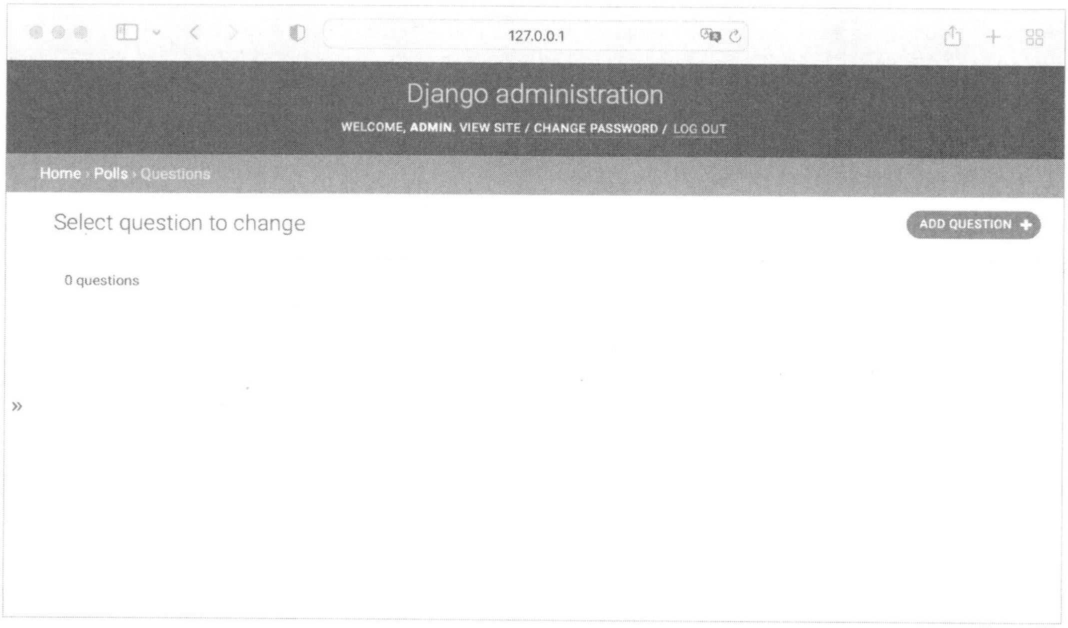

图 13-4　投票问题 Question 的管理页面

通过投票问题 Question 的管理页面（以下简称投票问题管理页面）可以添加、删除或修改一个投票问题。例如，单击 ADD QUESTION 按钮可以添加一个投票问题，如图 13-5 所示。

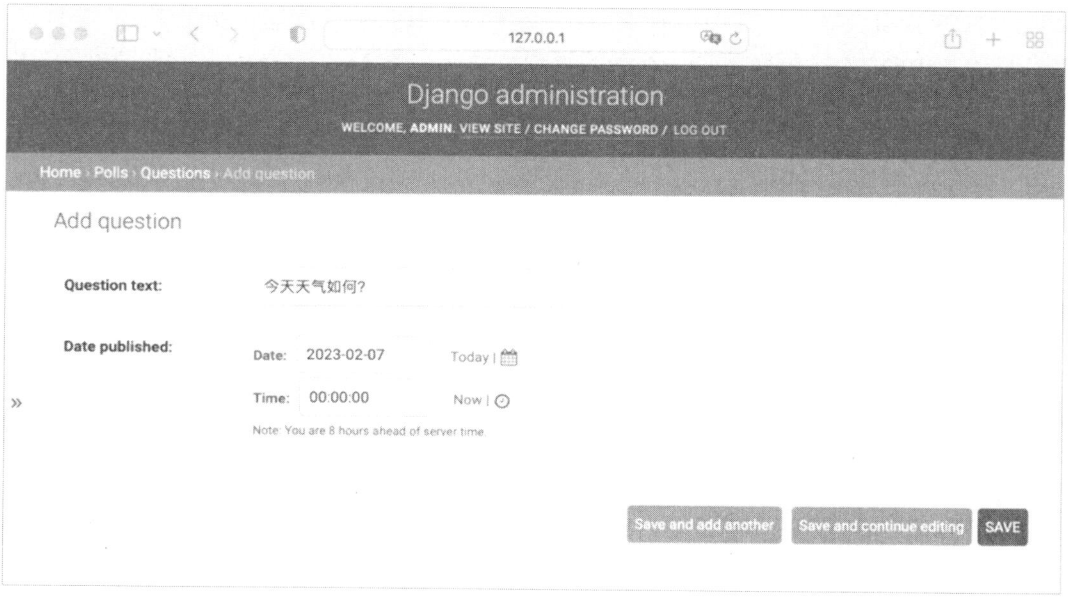

图 13-5　添加投票问题

单击 SAVE 按钮即可添加该投票问题。此时，可以在投票问题管理页面（见图 13-6）

中看到刚才添加的问题，单击该问题可以对其进行编辑和管理，如图 13-7 所示。

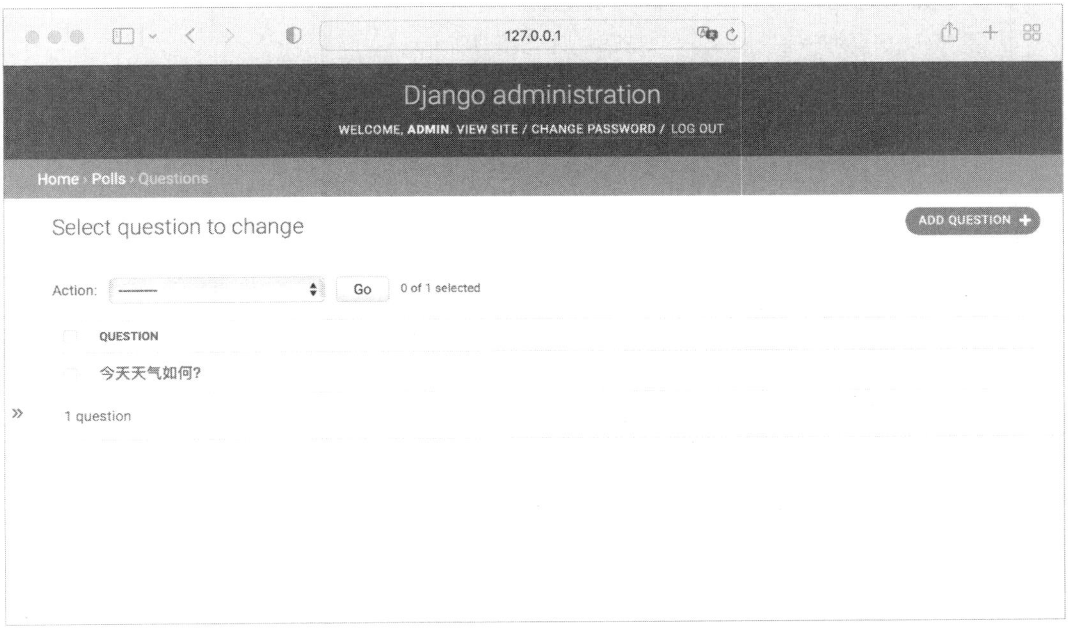

图 13-6　添加新问题后的投票问题管理页面

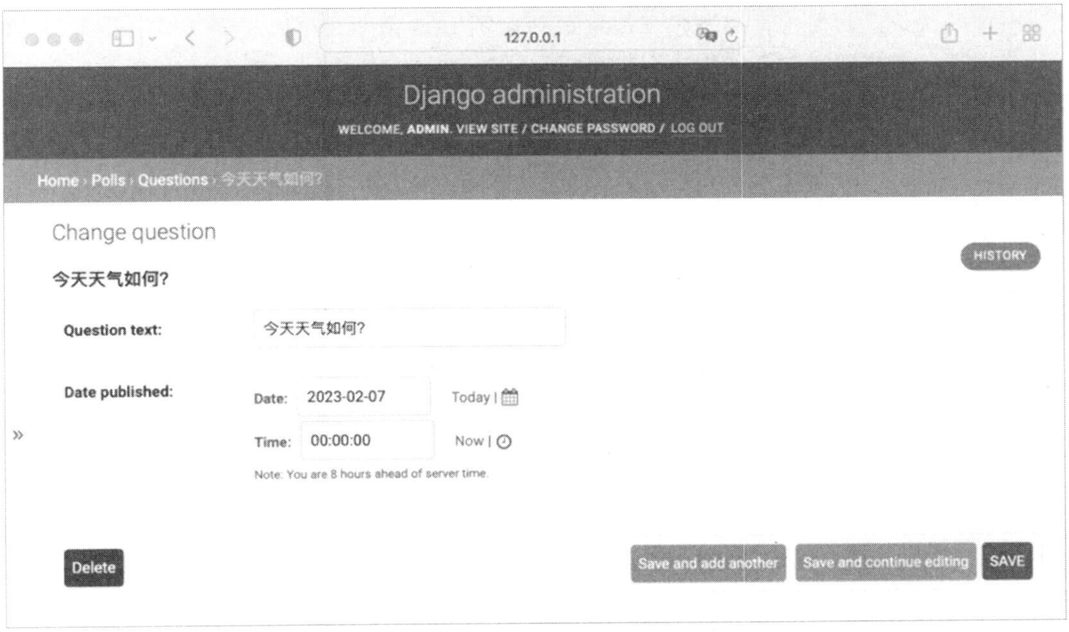

图 13-7　编辑和管理投票问题

　　读者可以使用同样的方法先在管理页面中注册选项 Choice 模型，再依次添加投票问题的若干选项，并通过外键字段 question 与所属的问题对象进行关联。然而，这样做是十分复杂的，下面将介绍一种更为便捷的实现方式——自定义表单（见代码清单 13-3）。

代码清单 13-3　admin.py

```
1    from django.contrib import admin
2    from .models import Choice, Question
3
4    class ChoiceInline(admin.StackedInline):   #默认显示 3 个选项的列表
5        model = Choice
6        extra = 3
7
8        #自定义的投票问题表单
9    class QuestionAdmin(admin.ModelAdmin):
10       fieldsets = [
11           (None, {'fields': ['question_text']}),
12           ('Date information', {'fields': ['pub_date'], 'classes': ['collapse']}),
13       ]   #投票问题和发布时间
14       inlines = [ChoiceInline]   #投票问题的选项
15
16   admin.site.register(Question, QuestionAdmin) #将自定义表单注册到管理页面中
```

在代码清单 13-3 中，通过继承 admin.ModelAdmin 类的子类 QuestionAdmin 定义了一个自定义表单。该表单包括两部分：一部分是问题 Question 本身的字段，即投票问题和发布时间（以默认隐藏选项卡的形式显示）；另一部分是以外键方式与投票问题关联的选项列表 ChoiceInline 类。其中，ChoiceInline 类定义了通过外键与问题关联的模型 Choice，以及默认出现的选项数。最终，该自定义表单页面如图 13-8 所示，可以在同一个页面中填写问题及其选项，若需要添加新的选项，则可以单击 Add another Choice 按钮。在保存后，可以再次通过自定义表单页面修改投票问题及其选项，并查看每个选项的投票次数。

图 13-8　自定义表单页面

至此，基本完成了构建管理页面的工作。当然，还可以对管理页面的很多地方进行个性化修改。例如，可以使如图 13-6 所示的投票问题管理页面显示更多的信息，并添加投票问题过滤功能。

13.4　构建前端页面

本节将继续以投票系统为例介绍如何构建一个面向用户的前端页面。在 Django 框架中，构建前端页面是使用视图和模板相配合的方式实现的。下面将依次介绍这两个概念。

在 Django 框架中，视图是用来定义一类具有相似功能和外观的页面的概念，通常使用一个特定的 Python 函数提供服务，并且与一个特定的模板关联，以生成与用户交互的前端页面。使用视图的方式可以减少重复编写代码。例如，不需要为每个投票问题都编写一个投票页面，而只需使用投票视图来定义这类投票页面。

在这里的投票系统中，将有以下两个视图。

（1）首页视图：最新发布的投票问题的投票表单。

（2）投票功能视图：处理用户的投票行为。

下面将主要介绍这两个视图及其对应模板的构建。视图以 Python 函数的形式编写在应用的 views.py 文件中（polls/views.py），而每个视图所对应的模板存放在应用的模板路径下与应用同名的文件夹中（polls/templates/polls/）。也就是说，模板的作用是描述一类页面应具有的布局样式，而视图会处理用户对此类页面的请求，并"填充"模板最终返回一个具体的 HTML 页面。下面先为首页视图构建一个模板，如代码清单 13-4 所示。

代码清单 13-4　index.html

```
1   <h1>{{ question.question_text }}</h1>
2   {% if error_message %}<p><strong>{{ error_message }}</strong></p>{% endif %}
3   <form action="{% url 'polls:vote' question.id %}" method="post">
4   {% csrf_token %}
5   {% for choice in question.choice_set.all %}
6       <input type="radio" name="choice" id="choice{{ forloop.counter }}"
7       value="{{ choice.id }}" />
8       <label for="choice{{ forloop.counter }}">{{ choice.choice_text }}
9       </label><br />
10  {% endfor %}
11  <input type="submit" value="Vote" />
12  </form>
```

在上面的模板中，将最新投票问题变量 question 及其对应的选项 question.choice_set 集合以超链接列表的形式显示在页面上。这段 HTML 代码之所以被称为模板，是因为随着投票问题变量 question 的改变，其会产生不同的最终页面，并根据投票问题及选项的不同对投票操作做出不同的响应。这是由代码清单 13-5 创建的首页视图 index 和投票视图 vote 两个函数实现的。

代码清单 13-5　views.py

```
1   from django.http import HttpResponse, Http404
2   from django.shortcuts import get_object_or_404, render
```

```
3     from .models import Question, Choice
4
5     def index(request):
6         #获取最新的投票问题，若没有投票问题，则返回 404 错误
7         try:
8             question = Question.objects.order_by('-pub_date')[0]
9         except Question.DoesNotExist:
10            raise Http404("还没有投票问题！")
11            #设定使用代码清单 13-4 中的 question 来填充模板中的变量 question
12        context = {'question': question}
13        #使用 render()函数来填充模板
14        return render(request, 'polls/index.html', context)
15
16    def vote(request, question_id):
17        p = get_object_or_404(Question, pk=question_id)
18        try:
19            #获取被投票的选项
20            selected_choice = p.choice_set.get(pk=request.POST['choice'])
21        except (KeyError, Choice.DoesNotExist):
22            #若没有选择任何选项，则返回投票页面，并提示错误
23            return render(request, 'polls/index.html', {
24                'question': p,
25                'error_message': "您还没有选任何选项！",
26            })    #将错误信息填充到模板中的变量 error_message 上
27        else:
28            #更改数据库，将被投票选项的投票数加 1
29            selected_choice.votes += 1
30            selected_choice.save()
31            return HttpResponse("投票成功！")
```

之后，将视图与 URL 进行绑定即可。在 Django 框架中，用户可以自由地设计自己想要的 URL，并通过项目的 urls.py 和应用的 url.py（polls/urls.py）文件与视图函数进行绑定，如代码清单 13-6 和代码清单 13-7 所示。

代码清单 13-6   urls.py

```
1     from django.urls import path, include
2     from django.contrib import admin
3
4     urlpatterns = [
5         path('polls/', include('polls.urls', 'polls')),
6         path ('admin/', admin.site.urls),
7     ]   #使用 include()函数引用 polls/urls.py 文件
```

代码清单 13-7   polls/urls.py

```
1     from django.urls import re_path
2     from . import views
3     urlpatterns = [
4         re_path (r'^$', views.index, name='index'),
```

```
5        re_path (r'^(?P<question_id>[0-9]+)/vote/$', views.vote, name='vote'),
6    ]   #使用正则表达式匹配 URL，并调用相应的视图
```

代码清单 13-6 和代码清单 13-7 分别使用了 path()和 re_path()函数为视图绑定 URL。re_path()函数除了具有 path()函数的功能，还支持通过正则表达式来匹配 URL，可以在设置复杂路由时使用。在一般情况下，使用 path()函数将 URL 设置为字符串，即可满足大部分开发需求。

至此，已经完成了一个简易投票系统的全部搭建工作。在重启服务器后（因为添加了部分文件），可以通过"域名/polls/"（默认为 http://127.0.0.1:8000/polls/）的方式来访问这个应用。投票首页如图 13-9 所示。选中一个选项，单击投票按钮即可完成投票，投票成功后会跳转到投票成功的提示页面。此时，进入这个问题的管理页面（见图 13-10），可以看到"是个好天气"这个选项的投票数变为了 1。

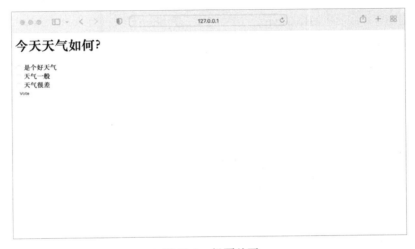

图 13-9　投票首页

图 13-10　投票问题管理页面

小结

本章主要介绍了如何使用 Django 框架建立一个简单的 Web 应用程序。从项目建立到前后端的设计与开发过程中，读者可以对 MVC 设计模式建立初步的认识。

习题

一、选择题

1. Django 框架是一个由（　　）语言编写的开源 Web 应用开发框架。
   A．C++　　　　　　B．Java　　　　　　C．Python　　　　　　D．C#
2. 在项目中，Django 项目的配置文件是（　　）。
   A．__init__.py　　B．settings.py　　C．urls.py　　　　　　D.manage.py
3. Django 框架中默认的数据库是（　　）。
   A．SQLite　　　　　B．PostgreSQL　　C.MySQL　　　　　　D.Oracle
4. 在模型定义中，DateField 用于保存（　　）信息。
   A．字符串　　　　　B．整数　　　　　　C．年月日　　　　　　D．时分秒
5. 以下哪一个文件代表视图页面（　　）。
   A．urls.py　　　　　B．view.py　　　　　C．admin.py　　　　　D．models.py

二、判断题

1. Django 框架可以提供全套的 Web 解决方案，包括服务器、前端开发及数据库交互。
   （　　）
2. manage.py 文件是一个 Python 脚本，该脚本为用户提供了对 Django 项目的多种交互式管理方式。　　　　　　　　　　　　　　　　　　　　　　　　　　　　　（　　）
3. 在数据库设置中，使用 HOST 字段设置的端口。　　　　　　　　　　　　（　　）
4. 在模型中，CharField 是字符串字段，TextField 是文件上传字段，ImageField 是图片上传字段。　　　　　　　　　　　　　　　　　　　　　　　　　　　　　　　（　　）
5. 执行 python manage.py makemigrations 命令，可以在数据库中创建相应表及字段的关联关系。　　　　　　　　　　　　　　　　　　　　　　　　　　　　　　　（　　）

三、填空题

1. $ django-admin_____项目名命令用于创建 Django 项目。
2. 当使用 MySQL 数据库时，应将 ENGINE 项修改为 django.db.backends._____。
3. 启动 Django 项目的服务器的命令是$ python manage.py_____和$ python manage.py_____。

4．DateTimeField 字段类用于存储＿＿＿＿＿＿＿＿。

5．想要在管理页面中实现自定义表单，需要修改＿＿＿＿＿＿＿＿文件。

四、简答题

1．简要说明 Django 框架的优点。

2．在创建应用后（$ python manage.py startapp ****），新生成的目录文件夹下有哪些文件？

3．在 model.py 中定义数据模型后，如何才能使其在数据库中创建相应的表项？

4．简要概述从访问 URL 到执行相应功能的过程。

5．结合本章中的例子，谈谈自己对 MVC 设计模式的认识。

6．概述 Django 框架中数据模型、应用、视图和模板的概念及关系。

五、实践题

1．使用 Django 框架建立一个简单的用户注册和登录页面。

2．使用 Django 框架建立一个博客站点，要求至少可以发布、删除、修改和查看博文。

第 14 章　使用 Python 进行多任务编程

14.1　进程与线程

在计算机科学的背景下，多任务通常是指可以在同一时刻运行多个应用程序，而这里的一个应用程序被称为一个任务。

多任务一方面是操作系统管理同时运行的不同程序的一种方式，另一方面也可以用来最大限度地利用硬件计算资源（如在 N 核处理器中，每个核心都可以完成一个任务，并且同时进行。在极其理想的情况下，计算效率可以提升 N 倍）。后者在当下大数据处理和分析需求，以及硬件计算能力快速提升的双重背景下显得尤为重要。读者可能经常听到并行处理、分布式计算等概念，以及流行的 MapReduce、CUDA 等并行计算平台，这些概念均是多任务协同计算的尝试。本节将首先帮助读者熟悉多任务编程中的两个重要概念——进程与线程。

由于深入剖析进程与线程的内部机制需要诸多先修知识，下面仅尽可能通俗且简要地从一个开发人员的角度介绍这两个概念，详细知识读者可参阅相关书籍。

14.1.1　进程

通俗地说，一个程序的一次独立运行是一个进程，进程是操作系统资源管理的最小单位。

操作系统会隔离每个进程，使开发人员及用户认为每个任务都在独占系统资源，包括内存、处理器等。然而，从实现上看，处理器上只能同时运行有限多的进程。于是，操作系统采用进程调度的方式，多个进程需要排队利用处理器的运算资源。当进程得到处理器资源后，在很短时间内会主动或被动交出处理器，让给下一个进程使用，而自己继续排队等待下一次使用机会，这一过程被称为进程切换。由于轮转时间很短，因此从宏观的视角看，每个程序就像在连续不断地运行着。需要注意的是，这种进程级别的轮转调度需要付出较大时间代价，即进程切换所需的时间是比较长的。

除此之外，这种独占性也意味着进程之间无法直接共享数据，而需要使用进程之间通信，或者其他基于前面章节所介绍的文件系统或数据库系统的方法。

14.1.2　线程

一个进程是程序执行的最小单位，每个处理器的核心上都可以运行一个线程。一个进程中通常包含一个主线程。但为了提高效率，有些程序会使用多线程技术，这时一个进程中会包含多个线程。例如，在一个手机听歌软件中，可能有一个主线程负责刷新页面，另一个线程负责从互联网上下载并缓存歌曲。在这种场景下，多线程还是很有意义的，因为如果刷新页面和连接网络在同一线程中，刷新页面的操作很有可能会因网络的延迟而等待，从而造成页面卡顿，极大地影响用户体验。在 14.1.3 节明确了串行和并行的概念之后，读者会对此有更深的理解。

与进程一样，线程的数目也远远超过了计算资源（处理器的核数）的数量，操作系统会使用类似的调度策略。然而，由于同一进程的多个线程之间共享内存空间，因此线程之间的通信可以十分容易（甚至于不会被发觉）地实现；同一进程内线程之间的切换代价要远小于进程的切换代价，因为在调度过程中只有少量的线程所独有的数据需要切换。因此，线程有时也被称为"轻量级进程"。

14.1.3　串行、并发与并行

了解串行、并发与并行的概念是理解多任务编程的基础。串行是指程序中的每行命令按照其顺序被计算机依次执行，如之前章节中的程序均是串行执行的。并发是指同时运行两个程序，而这两个程序是并列的关系，没有逻辑上的先后关系。并行是指并发的多个程序在同一时刻可以同时执行各自的命令。

例如，有 funcA() 和 funcB() 两个函数。

```python
def funcA():
    for i in ['A','B','C']:
        print(i, end=' ')
def funcB():
    for i in [1,2,3]:
        print(i, end=' ')
```

当调用 funcA() 函数时，程序将依次输出 A、B、C 三个字符，这个顺序是在函数中预先指定好的（字符在 list 中出现的顺序），而函数的每次执行都会按照预先定义顺序地执行，这就是串行的概念。同样，可以使用如下的代码依次调用 funcA() 和 funcB() 两个函数。

```python
funcA();funcB()
```

程序将依次输出："A B C 1 2 3"。

从程序输出结果可以看出，funcB() 函数总是在 funcA() 函数执行完之后执行。也就是说，3 个数字的输出永远在 3 个字符的输出之后。

下面来考虑一种并发的机制，funcA() 和 funcB() 作为两个并列的函数会同时运行。在这种情况下，数字和字符的输出并没有预定的先后关系：funcB() 函数可以在 funcA() 函数之前运行，产生"1 2 3 A B C"的输出。当然，在大多数情况下，这两个函数交替运行，而运行结果交织在一起，"1 A 2 B 3 C""1 2 A B C 3""1 A B 2 3 C"等都是可能的输出结果。稍加观察就可以发现，虽然字母和数字之间有多种输出的排列方式，但是 funcA() 和 funcB() 函数内部的语句仍然是按顺序执行的，即字母总是按字母表的顺序输出，数字总是按从小到大的顺序输出。图 14-1 所示为串行与并发的概念及关系。

在这个例子中，由于 funcA() 和 funcB() 函数需要将字符打印到同一个控制台上，所以无法在同一时刻实现两个函数真正地并行运行。但是，如果假设这两个函数之间不相互"影响"，那么在多核的处理器上，这两个函数是可以并行执行的。图 14-2 可以帮助读者理解并发与并行这个两个概念的异同。

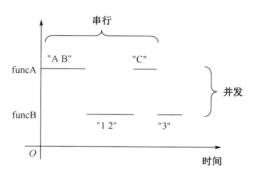

图 14-1　串行与并发的概念及关系

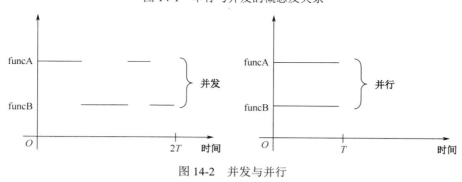

图 14-2　并发与并行

本章将从线程和进程两个级别介绍 Python 中多任务并发和并行的编程实现。

14.2　Python 中的多线程编程

本节将首先介绍如何创建与管理线程，然后介绍多任务编程中最重要的一个问题——"同步"的两种解决方案，即锁机制和使用 Queue 模块构造线程队列。

14.2.1　创建与管理线程

Python 中提供了两个多线程模块：_thread 模块和 threading 模块。其中，_thread 模块是一个较为简单且底层的多线程实现，仅提供原始的线程及互斥锁创建方法；threading 模块是对 thread 模块的扩展，使用该模块可以进行更全面的线程管理。本节将首先简单地介绍_thread 模块中多线程的创建方式，然后重点介绍 threading 模块的使用。

1. 使用_thread 模块创建线程

_thread 模块提供了十分简单的线程创建方法，调用如下函数即可创建一个线程。

```
_thread.start_new_thread ( function, args[, kwargs] )
```

其中，输入参数 function 是一个函数，该函数包含的是要在新创建的线程中执行的代码，该函数执行完后，线程也会终止；args 是一个元组，需要传入函数的参数，若没有需要传入的参数，则需使用空元组；kwargs 是一个可选的参数字典，以字典的方式指定传入 function()函数的参数。

有了这个函数，就可以实现 funcA()和 funcB()函数的并发执行功能了。这里使用向 func()函数传入不同参数的方法分别实现 funcA()和 funcB()函数的功能，如代码清单 14-1 所示。

代码清单 14-1　testThread.py

```
1    import sys
2    import _thread
3    import time
4
5    def func(output_list):
6        for i in output_list:
7            print(i, end='')
8            time.sleep(0.1)                #增强交错执行的效果
9
10   def runFunc():
11       #完成 funcA()函数的功能
12       _thread.start_new_thread(func, (['A', 'B', 'C'],))
13       _thread.start_new_thread(func, ([1, 2, 3],))#完成 funcB()函数的功能
14       time.sleep(1)                     #等待两个线程执行完
15       sys.stdout.flush()                #刷新标准输出缓冲区，以显示完整运行结果
16
17   for i in range(5):                    #观察 5 次运行结果
18       print("#%d:" % i, end='')
19       runFunc()
20       print()
```

【输出结果】

```
#0:A1B2C3
#1:1A2B3C
#2:A1B23C
#3:A1B23C
#4:1A2B3C
```

　　读者可能会注意到，为了保证完整地显示输出结果，在 runFunc()函数后有一行休眠语句，用于等待两个线程执行完后刷新缓冲区再返回主程序。这种实现方式是十分笨拙且低效的（通常会因为无法预估线程的执行时间而设置一个尽可能长的等待时间），在下面的 threading 模块的介绍中，通过更便捷且更高层的方式可以实现这种"等待线程终止"及其他相关的线程管理功能。

2.　使用 threading 模块创建与管理线程

　　使用 threading 模块创建一个线程比使用 thread 模块创建一个线程略微复杂一些，需要进行以下 3 个步骤。

　　（1）定义 threading.Thread 的一个子类。

　　（2）重写该子类的初始化__init__(self [, args])函数，用于指明在新线程执行前需要完成的工作。

　　（3）重写该子类的 run(self, [,args])函数，实现希望该线程在开始执行时要完成的功能。

除了上述两个需要自定义的函数，threading.Thread 类还提供了以下函数用于管理创建的进程。

start()：调用这个函数将开始一个线程的执行。需要注意的是，一个线程只可以被执行一次，第二次调用同一个线程的 start()函数将出现异常。

join()：这个函数将等待线程的终止。

is_alive()：这个函数将测试线程是否还在执行（指 run()函数从开始执行后到终止前的状态）。

接下来使用 threading 模块重写上面示例程序中创建线程的部分，如代码清单 14-2 所示。

代码清单 14-2　testThreading.py

```
1    import threading
2    import time
3    import sys
4
5    class myThread(threading.Thread):
6        def __init__(self, output_list):
7            threading.Thread.__init__(self)
8            self.output_list = output_list      #初始化输出列表
9
10       def run(self):
11           for i in self.output_list:
12               print(i, end='')
13               time.sleep(0.1)                  #增强交错执行的效果
14
15
16   def runFunc():
17       #创建线程
18       thread1 = myThread(['A', 'B', 'C'])
19       thread2 = myThread([1, 2, 3])
20       #开始线程的执行
21       thread1.start()
22       thread2.start()
23       #等待线程的终止
24       thread1.join()
25       thread2.join()
26       sys.stdout.flush()                       #刷新标准输出缓冲区
```

这里使用 join()函数的调用替代了原来 runFunc 中通过 sleep()函数等待线程终止的方式。这样做不需要提前预估线程的执行时间，可以使程序更加健壮且高效，以及增加代码的可读性。

threading 模块还提供了下列静态函数以方便管理全局所有的线程。

threading.active_c ount()：这个函数将返回当前正在执行的线程数目。

threading.enumerate()：这个函数将返回包含所有正在执行线程的列表。

threading.current_t hread()：这个函数将返回当前的线程对象。

14.2.2　锁机制：线程间的同步问题

1．临界区与临界资源

如前面描述的，同一进程内的多个线程共享数据，然而这在方便线程之间通信的同时带来了一个并发访问共享资源时的冲突问题——线程同步。线程同步中最主要的问题在于程序对临界资源与临界区的合理协调管控。其中，临界资源是指同一时间只允许一个线程访问的资源；临界区是指同一时间只允许一个线程执行的一部分代码区域，通常这个区域内包含对临界资源的共享使用。例如，代码清单 14-2 中的控制台可以被看作一个临界资源，同一时间内不可以有两个线程同时向控制台缓冲区中写入内容。但这一临界资源是由系统处理的，在代码中还遇到一些自定义的临界资源，共享变量便是其中一种。读者需要在程序中谨慎小心地处理这些临界资源，否则程序结果将与预期结果产生很大偏差。

代码清单 14-3 中的全局变量 count，用于统计一个计数器启动的线程数。

代码清单 14-3　criticalSection.py

```
1    import threading,sys,time
2    count = 0
3
4    class myThread(threading.Thread):
5        def run(self):
6            global count
7            time.sleep(0.1)
8            count += 1
9
10   for i in range(500):
11       thread = myThread()
12       thread.start()
13   for i in range(500):
14       thread.join()
15   print(count)
```

【输出结果】

```
481
```

由【输出结果】可知，在执行了 500 个线程后，全局变量 count 的值不是 500 而是 481（这一数字可能因每次运行而不同）。这是因为对全局变量 count 的增 1 操作实际上不是由一条底层机器命令完成的（术语为"不是原子操作"），读者可以理解为该条语句被分解为以下 3 条。

```
tmp <- count          #将内存中全局变量 count 的值取到一个加法寄存器 tmp 中
tmp <- tmp + 1        #将加法寄存器 tmp 增 1
count <- tmp          #将增 1 后的加法寄存器 tmp 写回到内存的全局变量 count 中
```

当有多个线程同时执行全局变量 count 的增 1 操作时，会出现两个线程同时取出全局变量 count 的值到两个不同的加法寄存器 tmp 中，并分别增 1 后写回的情况，这样两个线程的运行只会造成全局变量 count 增 1 而不是增 2，但这也不是造成上述结果唯一的原因。另一个可能的原因是，一个线程取到全局变量 count 中的值后因排队而没有及时将增 1 后的 tmp 值写回，直到若干进程从开始执行到结束才将 tmp 值写回，这样导致这些进程对全局变量 count 的增加都变成无效的操作。

这里，全局变量 count 就是临界资源，而其增 1 命令就是临界区内的语句。由此可知，合理地控制对共享临界资源的访问和临界区代码的执行是非常重要的。下面将介绍如何使用锁机制来解决线程同步的问题。

2. 互斥锁

锁机制是处理同步问题的常用方法，其思想是保证临界区只有一个线程可以进入，一旦有线程进入就"锁上"该临界区（开始执行临界区内的代码），直到线程释放这个锁，其他线程才可进入该临界区。在 Python 中，threading 模块提供了 Lock 互斥锁类，其 acquire() 方法可以实现"锁定"临界区，release() 方法可以实现"解锁"临界区。下面将锁机制加入前面的计数器程序中，以实现计数器对进程数的准确统计，如代码清单 14-4 所示。

代码清单 14-4　mutualExclusion.py

```
1    import threading,sys,time
2    count = 0
3    class myThread(threading.Thread):
4        def run(self):
5                global count
6                time.sleep(0.1)
7                threadLock.acquire()          #获得锁
8                count += 1                     #临界区代码
9                threadLock.release()           #释放锁
10
11   threadLock = threading.Lock()             #建立锁对象
12   for i in range(500):
13       thread = myThread()
14       thread.start()
15   for i in range(500):
16       thread.join()
17   print(count)
```

【输出结果】

```
500
```

由上面的程序可知，此时计数器工作正常，输出结果和预期结果一致。当一个线程在执行全局变量 count 增 1 操作前，会先调用 acquire() 方法请求获得锁将临界区"锁上"，而如果之前线程获得了锁，即已经将临界区"锁定"，那么这个请求将被放入一个等待队列，直到获得了锁的线程执行完临界区中的代码，调用 release() 方法释放锁，才允许等待队列中的一个线程获取锁。这样可以保证一次只有一个线程对全局变量 count 进行访问，完成对其的读写。

但是，读者也需要了解锁机制可能带来一些新的问题。其中，最常见的问题就是死锁，即两个或两个以上的线程在执行过程中因争夺资源而导致的互相等待的现象。

代码清单 14-5 展示了死锁。

代码清单 14-5　deadlock.py

```
1    import threading
2
3    counterA = 0
4    counterB = 0
5    mutexA = threading.Lock()
6    mutexB = threading.Lock()
7    class MyThread(threading.Thread):
8        def run(self):
9            self.fun1()
10           self.fun2()
11
12       def fun1(self):
13           global mutexA, mutexB
14           if mutexA.acquire():
15               print("I am %s , get mutex: %s" %(self.name, "A"))
16               if mutexB.acquire():
17                   print("I am %s , get mutex: %s" %(self.name, "B"))
18                   mutexB.release()
19           mutexA.release()
20
21       def fun2(self):
22           global mutexA, mutexB
23           if mutexB.acquire():
24               print("I am %s , get mutex: %s" %(self.name, "B"))
25               if mutexA.acquire():
26                   print("I am %s , get mutex: %s" %(self.name, "A"))
27                   mutexA.release()
28           mutexB.release()
29
30   for i in range(0, 100):
31       my_thread = MyThread()
32       my_thread.start()
```

【输出结果】

```
I am Thread-10801 , get mutex: ResA
I am Thread-10801 , get mutex: ResB
I am Thread-10801 , get mutex: ResBI am Thread-10802 , get mutex: ResA
```

　　由上面的程序可知，程序会在这里挂起而不再产生新的输出，这就是发生了死锁。从【输出结果】中不难发现发生死锁的原因，线程 10801 获得了互斥锁 A，而其想在获得互斥锁 B 之后再释放互斥锁 A；线程 10802 获得了互斥锁 B，而其想在获得互斥锁 A 之后再释放互斥锁 B。如此，两个线程会互相等待，谁都无法继续执行，其他线程也会因为无法获得任意一个互斥锁而陷入无限等待。

　　死锁的解决方案有多种。例如，简单的单线程自锁可以使用 threading 模块中的 Lock 类来解决，稍微复杂的一些死锁情况还可借助 Condition 类进行处理。没有操作系统知识的读

者对这些概念的接受可能有一定困难，故本书对此不展开介绍，感兴趣的读者可以参考
Python 的相关书籍。

14.2.3　queue 模块：队列同步

虽然使用 threading 模块中提供的功能可以完成大多数线程同步的需求，然而依靠互斥
锁等机制实现线程同步是十分复杂的，并且对初学者来说稍不注意就会导致死锁等现象的
发生。幸运的是，Python 中实现了支持多线程共享的队列模块——queue。用户可以简单地
使用 queue 模块提供的数据结构来实现线程同步。

下面先简单地介绍一下 queue 模块。queue 模块中提供了 3 种数据结构：先入先出队列
Queue 类，后入先出"队列"（栈数据结构，而非队列）LifoQueue 类和按优先级高低决定
出队顺序的优先级队列 PriorityQueue 类。这 3 种数据结构都实现了锁原语，能够在多线程
中直接使用，即当多个线程同时执行这些数据结构的入队、出队等操作时，这些数据结构
都会自动保证多个线程不发生冲突。queue 模块的 Queue 类有以下几个常用方法，其他两
个类与此类似。

（1）Queue.get()：从队列中获取一个元素，并将其从队列中删除（出队）。

（2）Queue.put(item)：将 item 添加到队列中（入队）。

（3）Queue.qsize()：返回队列的大小。

（4）Queue.empty()：判断队列是否为空，若为空，则返回 True，否则返回 False。

（5）Queue.full()：如果队列已满（队列大小等于由对象创建时指定的 maxsize，若创
建时没有给出，或者小于或等于 0，则认为该队列是无限长的队列），则返回 True，否则
返回 False。

（6）Queue.join()：阻塞调用线程，直到队列中的所有任务被处理掉。

（7）Queue.task_done()：在完成队列中的某项工作之后，需要使用该函数向队列发送一
个信号，以帮助阻塞在 Queue.join()函数的线程判断队列中的任务已全部被完成，从而不必
再继续阻塞地运行下去。

其中，后两个方法为用户提供了十分便利的线程同步工具：每当有数据加入队列时，
未完成的任务数就会增加。当处理相关任务的线程调用 task_done()函数（意味着取得任务
并完成了队列中的一项任务）时，未完成的任务数就会减少。当未完成的任务数降到 0 时，
join()函数就会解除阻塞。

下面通过一个 Web 页面爬虫程序的例子说明如何使用 Queue 实现多线程同步，如代码
清单 14-6 所示。在这个任务中，需要获取若干 URL 所指向的页面，并输出前 1024 字节的
内容。由于不同 URL 的获取并不相关，所以希望使用多线程的方式高效地完成该任务。

代码清单 14-6　crawler.py

```
1    import queue, threading, urllib.request
2    hosts = ["https://yahoo.com", "https://baidu.com",
3      "https://ibm.com", "https://apple.com"]  #等待被获取的 URL 列表
4    Queue = queue.Queue()
5
```

```
6    class ThreadUrl(threading.Thread):
7        def __init__(self, queue):
8                threading.Thread.__init__(self)
9                self.queue = queue
10
11       def run(self):
12           while True:
13                       #从任务队列中取出一个 URL
14                       host = self.queue.get()
15                       #获取页面内容
16                       url = urllib.request.urlopen(host)
17                       print(url.read(1024).decode("utf-8"))
18                       #发出有一项任务已完成的信号
19                       self.queue.task_done()
20
21   #建立爬虫线程
22   for i in range(3):
23       t = ThreadUrl(Queue)
24       t.setDaemon(True)        #将进程设置为守护进程
25       t.start()
26   #将需要获取的 URL 加入队列
27   for host in hosts:
28       Queue.put(host)
29   #等待所有线程任务完成
30   Queue.join()
31   print("Done!")
```

在上述程序中，创建了 3 个爬虫线程 ThreadUrl 并发完成队列 Queue 中指定 URL 的页面获取任务，并使用队列 Queue 的 join()方法等待由其指定的 URL 获取任务的完成。在每个线程中，首先使用 get()方法从队列 Queue 中得到一个 URL，然后获取该 URL 对应的页面内容并输出，最后使用 task_done()方法通知被 join()方法所阻塞的主线程，以判断队列 Queue 的任务是否已全部完成。也就是说，当最后一个线程完成任务并调用 task_done()方法（也是第 5 次调用 task_done()方法）后，所有任务完成，主线程解除阻塞，继续执行下面的代码，输出 "Done!"。需要注意的是，在运行进程前已经使用 setDaemon()方法将进程设置为守护线程，使得主线程在结束时会终结所有守护线程。（Python 中主线程会等待所有非守护线程终止后再终止。）这种方式创建了一种简单的方式以控制程序流程，因为对队列执行 join 操作后即可退出主线程，而不用手动终结所有线程。

在类似的程序中，还可以根据不同任务的重要程度，使用优先级队列 PriorityQueue 实现将重要任务先分发给线程，不太重要的任务后分发给线程的功能。为了指定优先级，可以使用 PriorityQueue.put((priority, item))的方式插入元素 item，并给予其优先级 priority（值越小，优先级越高）。

使用 queue 模块还可以很容易地实现更为复杂的多线程任务。例如，下面使用两个队列扩展代码清单 14-6，实现同步进行获取多线程页面和挖掘页面内容（提取页面中的题目）的功能，如代码清单 14-7 所示。

代码清单 14-7　super_crawler.py

```
1    import queue, threading, urllib.request
2    from bs4 import BeautifulSoup
3    hosts = ["https://yahoo.com", "https://baidu.com",
4      "https://ibm.com", "https://apple.com"]
5    Queue = queue.Queue()
6    out_queue = queue.Queue()
7
8    class ThreadUrl(threading.Thread):
9
10       def __init__(self, queue, out_queue):
11           threading.Thread.__init__(self)
12           self.queue = queue
13           self.out_queue = out_queue
14
15       def run(self):
16           while True:
17               #从任务队列中取出一个 URL
18               host = self.queue.get()
19               #获取页面内容
20               url = urllib.request.urlopen(host)
21               chunk = url.read()
22               #将获取到的内容加入到挖掘页面内容的队列中
23               self.out_queue.put(chunk)
24               #发出有一项任务已完成的信号
25               self.queue.task_done()
26
27   class DatamineThread(threading.Thread):
28
29       def __init__(self, out_queue):
30           threading.Thread.__init__(self)
31           self.out_queue = out_queue
32
33       def run(self):
34           while True:
35               chunk = self.out_queue.get()
36               #使用 BeautifulSoup 解析页面内容
37               soup = BeautifulSoup(chunk, features="html.parser")
38               print soup.findAll(['title'])
39               #发送任务完成信号
40               self.out_queue.task_done()
41
42   #创建获取页面线程
43   for i in range(5):
44       t = ThreadUrl(Queue, out_queue)
45       t.setDaemon(True)
46       t.start()
```

```
47    for host in hosts:
48        Queue.put(host)
49  #创建挖掘页面内容线程
50    for i in range(5):
51            dt = DatamineThread(out_queue)
52            dt.setDaemon(True)
53            dt.start()
54  #等待获取页面和挖掘页面内容任务的完成
55  Queue.join()
56  out_queue.join()
```

14.3　Python 中的进程编程

14.3.1　创建与终止进程

Python 在 os 模块中提供了两种进程创建方式：system()函数和 exec 家族函数。这两个函数各有异同，分别适用于不同的创建进程需求。在介绍完创建线程后，接下来介绍在 Python 中终止进程的方法。当掌握创建和终止进程后，本书将带领读者编写一个简易的控制台（类似于 UNIX Shell 或 Windows 系统中的命令行）。

1. 使用 system()函数创建进程

使用 os 模块的 system()函数创建新进程是一个简单的方式，其语法如下。

```
status = system(command)
```

其中，command 是新创建的进程将要执行的字符串命令，status 是新进程是否正确执行的返回值，若返回值为 0，则通常表示创建进程运行成功。利用该函数可以帮助用户执行系统命令。例如，下面的代码可以创建一个新进程执行 ls 命令（Linux 命令），输出当前文件夹下的文件列表，这和在命令行中输入 ls 命令是同样的效果。

```
if os.system("ls") == 0:
    print("以上是当前文件夹下的文件列表.")
```

2. 使用 exec 家族函数和 fork()函数创建子进程

exec 家族包含 8 个类似的函数，其参数输入各有差别，共同的特性是可以执行新的程序替代原来的 Python 进程。也就是说，在执行这个函数后，原来的 Python 进程将不再存在，所以这个函数不会返回。下面列出了这 8 个 exec 家族函数的原型。

```
os.execl(path, arg0, arg1, )
os.execle(path, arg0, arg1, , env)
os.execlp(file, arg0, arg1, )
os.execlpe(file, arg0, arg1, , env)
os.execv(path, args)
os.execve(path, args, env)
os.execvp(file, args)
os.execvpe(file, args, env)
```

其中，path 用于指定新执行程序的路径；file 表示要执行的程序（在函数名没有 p 的函数中，会在系统环境变量 PATH 中定位 file 程序，否则需使用 path 指明完整路径）；args 表示程序的输入参数；env 可以通过字典的方式设置新进程执行时的环境变量。

一个简单的例子是，当执行完自己的程序后，需要转入另外一个程序的执行（可以是任意可执行程序，不必是 Python 程序，假设为 "a.out"，则调用参数为 "-a"）。此时，exec家族函数即可帮助用户完成这项任务，即创建一个新进程替代原来的 Python 程序，示例代码如下。

```
import os
#完成一些任务（代码略去）
os.execl('./a.out','-a')    #执行 a.out，替代原来的 Python 进程
```

但是，exec 家族函数只是起到了替代原有进程的作用，在实际使用中，该函数通常与os 模块的 fork()函数配合使用，以达到创建新进程功能。fork()函数的功能是创建一个新的子进程。与一般函数不同，fork()函数的一次执行会有两次返回，一次是在主进程中（返回子进程号），另一次是在子进程中（返回 0）。通常而言，创建一个子进程的框架如下。

```
pid = os.fork()
if pid == 0:
        实现子进程完成的功能，如用 exec 家族函数执行新程序
        execl('./a.out','-a')
else:
        执行主进程接下来的任务
```

这种由 fork()函数和 exec()家族函数配合使用创建进程的方式与 system()函数提供创建进程的方式不同，前者创建的子进程会与主进程并发执行，而后者只能等 system()函数创建的新进程执行完并返回后，主进程才可以继续执行。

3. 使用 sys.exit()函数终止进程

sys.exit()函数是常规的进程终止方式，在进程终止前，会执行一些清理工作，同时将返回值返回给调用进程（如 os.system()函数的返回值）。使用该返回值可以判断程序是正常退出还是因异常而终止的。exit()函数的调用语法如下。

```
sys.exit(exit_code)
```

其中，由 exit_code 指定返回给调用进程的返回值。同时，exit()函数的调用意味着自身进程的终结，所以与 exec 家族函数一样，该函数调用也不会有返回值。

14.3.2　实例：编写简易的控制台

在学习了创建和终止进程后，可以使用 system()函数和 exit()函数编写一个简易的控制台，如代码清单 14-8 所示。

代码清单 14-8　cmd.py

```
1    import os
2    import sys
3
4    while True:
5        print(">>", end='')
6        line = sys.stdin.readline()
7        if line.split() == []:
8            print("请输入要执行的命令.")
```

```
 9              continue
10         if line.split()[0] == "exit":
11              print("再见!")
12              sys.exit(0)
13         if os.system(line) == 0:
14              print("%s 命令执行成功!" % line.split()[0])
15         else:
16              print("糟糕! %s 命令执行失败!" % line.split()[0])
```

在上面的程序中，首先主进程不断读取命令，若命令为空，则提示用户输入要执行的命令；若命令为 exit，则调用 exit()函数退出该程序。当读取到一条正常的命令时，程序会调用 system()函数创建新进程完成该命令，并利用其返回值判断该命令是否执行成功。

当然，该程序的实现比较简单，其实命令的解析和执行工作仍是由 system()函数交给系统的控制台程序执行的。感兴趣的读者可以尝试通过 fork()函数与 exec 家族函数配合使用的方式实现一个具有命令解析和执行功能的控制台程序。

14.3.3　使用 subprocess 模块进行多进程管理

14.3.1 节中介绍的创建和终止进程是较为底层的实现方式，使用前面介绍的操作创建和管理进程会十分复杂。Python 2.4 之后版本引入了 subprocess 模块，提供了较为高级的进程管理功能。在 subprocess 模块中，多进程的管理功能主要源于 Popen 类的灵活使用，下面将介绍这个类的使用方法。

通过调用 subprocess.Popen()函数可以创建一个 Popen 类的对象，一个 Popen 对象对应于一个新的子进程，而用户通过操作该对象可以实现管理进程。例如，可以使用下面的代码创建一个运行 ping 命令的子进程。

```
import subprocess
#在下面的代码中，-c4 表示发送 4 次 ping 报文（在 Windows 系统中使用-n 4）
child = subprocess.Popen('ping -c4 baidu.com',shell=True)
```

Popen 对象的常用属性主要有以下几个。

（1）pid：子进程的进程号。

（2）returncode：子进程的返回值。如果进程还没有结束，则返回 None。

（3）stdin：子进程的标准输入流对象。

（4）stdout：子进程的标准输出流对象。

（5）stderr：子进程的标准日志流对象。

其中，后 3 个属性可以在 Popen 类的构造函数中设置。

Popen 对象的常用成员函数主要有以下几个。

（1）wait()：等待子进程结束，设置并返回 returncode 属性。例如，上面的例子调用 child.wait()后将等待子进程发送 4 次 ping 报文并完成结果统计。

（2）poll()：检查子进程是否已经结束，设置并返回 returncode 属性。

（3）kill()：结束子进程。

（4）terminate()：停止子进程（与 kill()方法在实现上略有差别）。

（5）send_signal(signal)：向子进程发送信号。

（6）communicate(input=None)：与子进程进行交互。

其中，后两个成员函数是进程之间通信的两种方式，将在 14.3.4 节中详细介绍。

14.3.4 进程之间的通信

如 14.1.1 节中介绍的，进程之间的数据独立性使得进程通信成为一个重要问题。本节将主要介绍两种简单的进程通信方式：信号和管道。

1. 使用信号进行进程通信

信号处理是进程之间通信的一种方式。信号是操作系统提供的一种软件中断，是一种异步的通信方式。例如，在控制台中按中断键（快捷键为 Ctrl+C），操作系统会生成一个中断信号（SIGINT）并发送给当前运行的程序；应用程序会检查是否有信号传来，当发现中断信号后会调用该信号对应的信号处理程序终止该进程，完成系统向该进程的通信过程。当然，信号并不只局限于中断信号，还包括很多，用户甚至可以自己定义。更重要的是，针对每个信号，不同的程序可以设置不同的自定义信号处理程序（除少数几个系统不允许自定义处理的信号之外）。

在 Python 中，可以使用 signal 模块中的 signal()函数定义进程针对不同信号自定义的处理程序。例如，可以重新定义当前进程对中断信号（SIGINT）的处理。

sigint_handler()函数（原型为 sigint_handler(signum, frame)）展示了信号处理程序的函数原型。其中，参数 signum 是信号；frame 是进程栈的状况。需要说明的是，signal 模块中提供了系统支持的多种信号（如 signal.SIGINT），这些信号只是数值，但使用该方式可以提高代码的跨平台可移植性，也可以增强代码的可读性。

如前面介绍的，使用 Popen 对象的 send_signal()函数可以向子进程发送信号。事实上，os 模块也提供了 kill(pid, signal)函数，可以向任意进程发送信号。其中，pid 是接收信号方的进程号；signal 是要发送的信号。代码清单 14-9 展示了如何实现主进程与计数子进程之间的通信。

代码清单 14-9　counter.py

```
1    import signal,sys
2
3    count = 0
4
5    #SIGUSR1 处理程序
6    def add(signum, frame):
7        global count
8        count += 1
9        print("计数器加 1.")
10
11   #SIGUSR2 处理程序
12   def show(signum, frame):
13       print("计数器当前值为%d." % count)
14   #SIGINT 处理程序
15   def sigint_handler(signum, frame):
```

```
16        print("谢谢使用！")
17        sys.exit(0)
18
19   signal.signal(signal.SIGUSR1,add)
20   signal.signal(signal.SIGUSR2,show)
21   signal.signal(signal.SIGINT,sigint_handler)
22   while True:
23        pass
```

在上面的代码中，将自定义信号 SIGUSR1（其实也可以使用一个没有被其他信号占用的数值来替代）定义为计数器的加 1 信号，自定义信号 SIGUSR2 定义为计数器报数信号，并使用 signal()函数制定了相应的处理函数。该计数器将一直在 while 死循环中等待信号的到来，直到收到 SIGINT 信号才终止。

2. 使用管道进行进程通信

一个进程的输出（如标准输出）作为另一个进程的输入（如标准输入），通过这种方式完成的进程之间信息交换就是管道通信。在 Python 中实现管道通信首先需要在 Popen 类的构造函数参数列表中将想要参与管道通信的流对象（stdin、stdout、stderr）指定为 subprocess.PIPE，然后在主进程中使用子进程的流对象：主进程可以通过管道将数据传入子进程的标准输入 stdin，也可以通过标准输出 stdout 和标准日志 stderr 接收子进程传来的信息；子进程可以直接从标准输入 stdin 中获得主进程传入的数据，并将需要传给主进程的内容以标准输出 stdout 的形式传出。

代码清单 14-10 使用管道通信的方式实现主进程和子进程之间的简易问答系统。首先，编写子进程程序，用于负责回答主进程提出的问题。该程序从标准输入 sys.stdin（见第 10 章）中读入主进程通过管道传输过来的问题，并根据预定的对照词典 answer_dict 回答主进程的问题，问题答案将通过管道以标准输出的方式返回给主进程。

代码清单 14-10　response.py

```
1    import sys
2
3    answer_dict = {"Hello!":"Hello, nice to meet u.",
4          "Thanks.":"At your service.",
5          "Who are you?":"I'm a robot"
6          }
7    while True:
8        line = sys.stdin.readline()
9        question = line.strip() #去除字符串前后的空白字符
10       if question in answer_dict:
11           print(answer_dict[question])
12       else:
13           print("Sorry, I can't get it.")
14       sys.stdout.flush()
```

在主进程中建立子进程，并将主进程与子进程以管道的形式进行"连接"，随后向子进程提出几个问题，以测试问答系统，如代码清单 14-11 所示。

代码清单 14-11　question.py

```
1    from subprocess import *
2
3    response_robot=Popen("python response.py", stdin=PIPE, stdout=PIPE,
4    shell=True, encoding='utf-8')
5    question_list = ["Hello!\n","Thanks.\n","Can you sing?\n"]
6    for question in question_list:
7        print("Q:%s"%question, end='')
8        response_robot.stdin.write(question)
9        response_robot.stdin.flush()
10       answer= response_robot.stdout.readline()
11       print("A:%s" % answer, end='')
12       response_robot.terminate()
```

【输出结果】

```
Q:Hello!
A:Hello, nice to meet u.
Q:Thanks.
A:At your service.
Q:Can you sing?
A:Sorry,I can't get it.
```

此外，Popen 类提供了 communicate()方法帮助用户完成主进程与子进程之间的管道通信，其原型如下。

```
stdout_data, stderr_data = proc.communicate(input)
```

该方法会将字符串 input 传入子进程的标准输入流对象 stdin，并返回从子进程的标准输出流对象 stdout 和标准日志流对象 stderr 中获得的数据。

小结

本章首先简要介绍了线程和进程，然后介绍了 Python 中的多线程和多进程两种多任务编程的实现方式（其中，多个线程由于共享数据资源，因此同步是多线程中不可忽略的问题。使用互斥锁同步和队列同步可以解决这个问题），最后介绍了信号和管道两种进程之间的通信方式（多个进程由于各自独享内存空间，因此进程之间的通信成为一个需要解决的问题）。

习题

一、选择题

1. 下列属于 Python 提供的多线程模块的是（　　　　）。
   A. _thread　　　　B. thread　　　　C. thr　　　　D. threadin
2. 下列用来等待线程终止的函数是（　　　）。
   A. join()　　　　B. start()　　　　C. is_alive()　　　　D. run()

3．在 Python 中，队列模块返回队列大小的方式是（　　　）。

　　A．Queue.size()　　　　　　　　B．Queue.get()

　　C．Queue.empty()　　　　　　　D．Queue.full()

4．（　　　）不是 exec 家族函数。

　　A．execvpe()　　　　B．execcp()　　　　C．execlp()　　　　D．execple()

5．（　　　）是 Python 的基本输出函数名。

　　A．print　　　　　　B．printf　　　　　C．puts　　　　　　D．output

二、判断题

1．一个程序的一次独立运行是多个进程。　　　　　　　　　　　　　（　　　）

2．锁机制是处理同步问题的常用方法。　　　　　　　　　　　　　　（　　　）

3．Queue.join()函数的含义是阻塞调用线程，直到队列中的所有任务被处理掉。

　　　　　　　　　　　　　　　　　　　　　　　　　　　　　　　（　　　）

4．使用 sys.exit()函数可以终止进程。　　　　　　　　　　　　　　（　　　）

5．在 Python 中，主线程会等待所有非守护线程终止后再终止。　　（　　　）

三、填空题

1．进程之间的通信方式为＿＿＿＿＿＿＿和＿＿＿＿＿＿＿。

2．多进程管理可以使用＿＿＿＿＿＿＿模块。

3．在 PriorityQueue 中，priority 越小，优先级越＿＿＿＿＿＿＿。

4．操作系统会隔离每个＿＿＿＿＿＿＿，使开发人员及用户认为每个任务都在独占系统资源，包括内存、处理器等。

5．一个进程是程序执行的最小单位，每个处理器的核心上都可以运行一个＿＿＿＿＿＿＿。

四、简述题

1．简述线程与进程、并发与并行这两组概念的异同点。

2．简述 Python 中实现多线程的两种方式。

3．列举 Python 中进程之间通信的两种方式。

4．简述 sigint_handler()函数的作用。

5．简述管道通信的过程。

五、实践题

1．使用互斥锁以较为底层的方式实现 14.2.3 节中 crawler.py 的队列同步。

2．在不使用 system()函数的条件下，实现与 14.3.2 节中类似的控制台程序。（提示：配合使用 fork()函数和 exec 家族函数。）

参 考 文 献

[1] BILL LUBANOVIC. Python 及其应用[M]. 丁嘉瑞，梁杰，禹常隆，译. 北京：人民邮电出版社，2016.

[2] LAURA CASSELL，ALAN GAULD. Python 项目开发实战[M]. 高弘扬，卫莹，译. 北京：清华大学出版社，2015.

[3] 张志强，赵越，等. 零基础学 Python[M]. 北京：机械工业出版社，2015.

[4] 梁勇. Python 程序设计[M]. 李娜，译. 北京：机械工业出版社，2015.

[5] 周元哲. Python 程序设计基础[M]. 北京：清华大学出版社，2015.

[6] 董付国. Python 程序设计[M]. 北京：清华大学出版社，2015.

[7] 明日科技. Python 从入门到精通[M]. 2 版. 北京：清华大学出版社，2020.

[8] 董付国. Python 程序设计[M]. 3 版. 北京：清华大学出版社，2021.

[9] 周维柏，陈颂丽，翁权杰. Python 程序设计[M]. 北京：中国铁道出版社，2022.

[10] 郑述招，何雪琪，杨忠明. Python 程序设计项目教程：从入门到实践[M]. 北京：电子工业出版社，2023.